用主題範例
學運算思維與程式設計

使用 mBot 機器人與 Scratch3.0(mBlock5)
含 AIoT 應用專題

王麗君 編著

程式檔案、範例教學影片下載說明:

本書程式檔案、範例教學影片請至台科大圖書網站(http://tkdbooks.com/)圖書專區下載;或可直接於台科大圖書網站首頁,搜尋本書相關字(書號、書名、作者),進行書籍搜尋,搜尋該書後,即可下載本書程式檔案、範例教學影片內容。

序言　　　　　　　　　　　　　　　Preface

　　美國總統歐巴馬曾說：「不要只是滑手機，自己寫個程式吧！不要只是下載最新的 App 而已，自己設計一個吧！」。在資訊科技瞬息萬變的今日，人類的生活與科技已密不可分，舉凡從行動通訊的語音辨識到無人駕駛電動車，人工智慧、機器學習、物聯網等資訊科技技術已廣泛應用在日常生活中。因此，在享受科技帶來便利生活的背後，理解資訊科技隱涵的程式概念、能夠寫程式才是王道。在這波全球資訊科技浪潮下，很高興台灣在 12 年國民教育課程改革中新增資訊科技課程，強調「資訊」與「科技」的整合，以「做、用、想」的方式，培養學生運算思維、邏輯思考能力及問題解決能力。

　　在程式設計工具中 Scratch 是美國麻省理工學院媒體實驗室（MIT Media LAB）所發展的程式語言，它是一套圖形化介面程式語言，只要輕鬆堆疊積木，就能將自己的想法轉換成互動故事、藝術、音樂、遊戲或動畫，培養邏輯思考能力、創造力與想像力，適合初學者學習。

　　但是在軟體程式設計能實現創意想法的同時，如何將軟體程式設計與硬體感測器結合，並廣泛應用在日常生活的問題解決？

　　mBot 機器人由童心制物（Makeblock）設計，將 Scratch 加上硬體設備積木，改編成 mBlock 程式語言，藉以驅動 Arduino 相關的感測器，讓每個人在動手實做時，能夠體驗機器人、程式設計與 Arduino 電子電路整合的學習經驗。

　　本書適合程式語言初學者或已學過程式語言，想要精進程式言語在生活中問題解決的學習者、以及對動手實作有興趣，想要創造智能生活或智慧機器人的學習者。本書建構 mBot 機器人動手實做範例與 mBot 應用在人工智慧、物聯網及機器深度學習進階範例，循序漸進引導腦力激盪與創意，獻給對機器人及程式設計有興趣的您。現在就讓我們一起體驗程式設計與機器人結合的創意學習經驗吧！

王麗君　謹致

目錄

1 Chapter　認識 mBot 機器人

1-1　mBot 機器人簡介　2
1-2　mBot 機器人組裝方式　5
1-3　mBlock 5 程式語言簡介　7
1-4　mBot 機器人連接方式　14
1-5　手機遙控 mBot 機器人　22
1-6　紅外線遙控 mBot 機器人　25

2 Chapter　光線控制 mBot 機器人運動

2-1　光線控制 mBot 機器人運動元件規劃　32
2-2　蜂鳴器：播放快樂頌　34
2-3　LED 燈：閃爍彩虹 LED　39
2-4　直流馬達：鍵盤控制 mBot 運動　42
2-5　光線感測器：光控 LED 燈亮度　45
2-6　控制程式執行流程　48
2-7　即時執行光線控制 mBot 機器人　50
2-8　上傳執行光線控制 mBot 機器人　52
mBot 補給站：mBot 偵測是否有人　57

3 Chapter　超音波無人 mBot 自動車

3-1　超音波無人 mBot 自動車元件規劃　62
3-2　按鈕：按下按鈕直線競速　63
3-3　超音波感測器：倒車雷達　66
3-4　控制程式重複執行　69
3-5　即時執行超音波無人 mBot 自動車　70
3-6　上傳執行超音波無人 mBot 自動車　73
mBot 補給站：mBot 顯示方向燈　77

Contents

Chapter 4 循線自走車 mBot

- 4-1 mBot 循線自走車元件規劃 ... 82
- 4-2 循線感測器：mBot 辨識黑與白 ... 84
- 4-3 mBot 即時執行自動循黑線前進 ... 94
- 4-4 mBot 閃爍方向燈 ... 98
- 4-5 mBot 上傳執行自動循黑線前進 ... 100
- 4-6 mBot 即時執行自動循白線前進 ... 101
- 4-7 mBot 上傳執行自動循白線前進 ... 104
- mBot 補給站：mBot 循著顏色移動 ... 108

Chapter 5 mBot 鎖定鑽石互動遊戲

- 5-1 mBot 鎖定鑽石互動遊戲規劃 ... 112
- 5-2 設備傳遞感測器數值給角色 ... 113
- 5-3 光線感測器控制角色移動 ... 116
- 5-4 角色金幣移動 ... 120
- 5-5 角色碰到角色 ... 124
- 5-6 遊戲結束 ... 130
- mBot 補給站：顯示鑽石數量 ... 134

Chapter 6 mBot 自走車與物聯網大數據

- 6-1 物聯網 ... 138
- 6-2 mBot 與物聯網互動流程規劃 ... 142
- 6-3 角色說出天氣資訊 ... 144
- 6-4 mBot 輸入數據圖表 ... 147
- 6-5 下載與分析數據圖表 ... 149
- 6-6 mBot 應用人工智慧物聯網 ... 151
- mBot 補給站：自製溫濕度感測器 ... 155

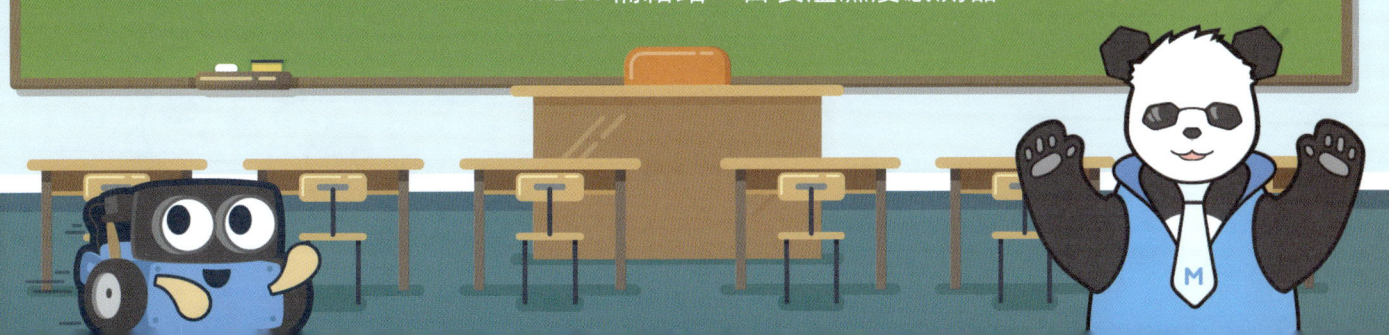

目錄

7 Chapter 人工智慧 mBot 自走車

7-1 人工智慧	160
7-2 人工智慧辨識流程規劃	170
7-3 語音控制 mBot 循線	171
7-4 文字控制 mBot 避開障礙物	173
7-5 人臉情緒控制 mBot 唱歌	175
mBot 補給站：人工智慧 mBot 循線唱歌	180

8 Chapter mBot 與機器深度學習

8-1 機器深度學習	186
8-2 mBot 與機器深度學習互動規劃	188
8-3 訓練模型	190
8-4 檢驗機器深度學習	193
8-5 mBot 應用機器深度學習	198
mBot 補給站：人工智慧 mBot 辨色前進	204

9 Chapter Halocode 遙控 mBot 賽車

9-1 Halocode 遙控 mBot 專題規劃	208
9-2 Halocode 連接無線網路	213
9-3 Halocode 發送雲訊息	214
9-4 角色接收雲訊息	215
9-5 mBot 接收廣播移動	217
mBot 補給站：百變人工智慧光環板	221

附錄

附錄一 遵行標誌	226
附錄二 學習評量參考解答	227

Chapter 1

認識 mBot 機器人

本章將認識 mBot 機器人與硬體組成元件、下載並安裝 mBlock 5 程式語言、組裝 mBot 機器人並設定連接方式,再利用電腦、手機與紅外線遙控器遙控 mBot 機器人。

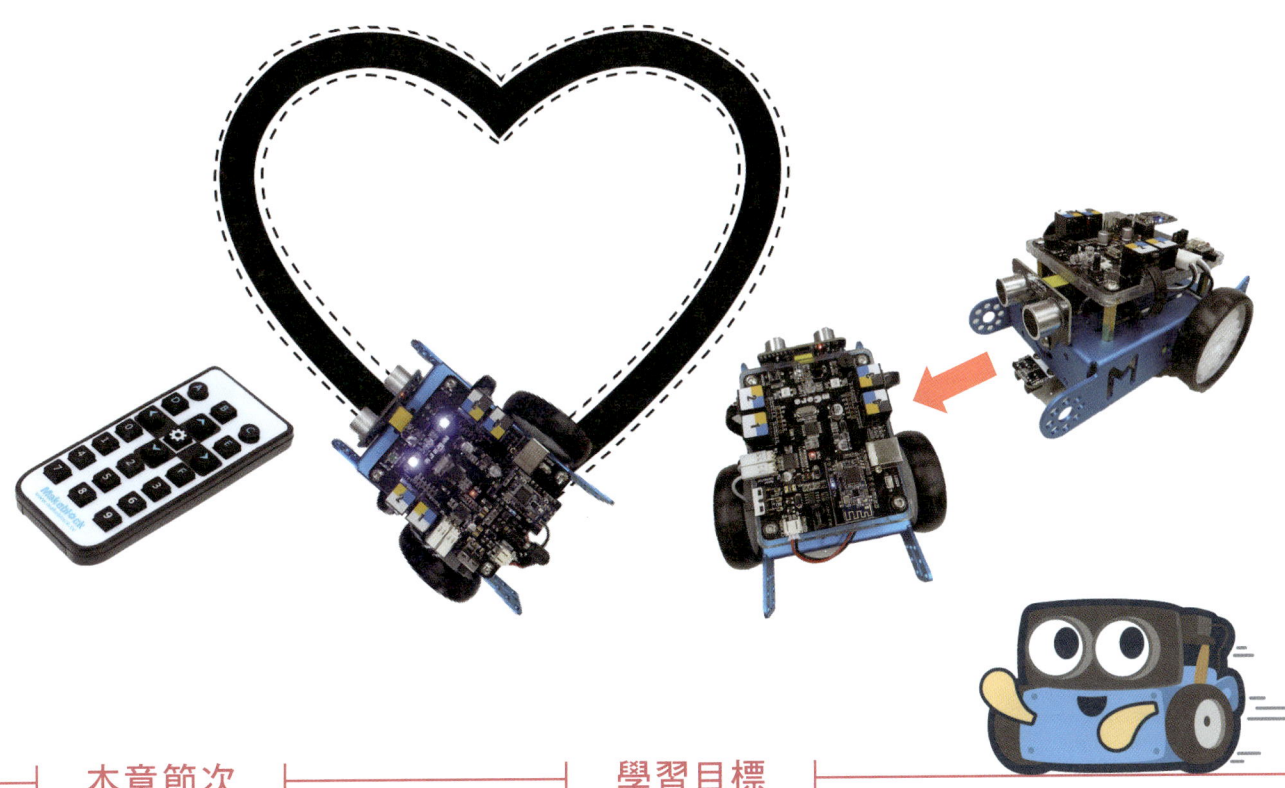

本章節次

1-1 mBot 機器人簡介
1-2 mBot 機器人組裝方式
1-3 mBlock 5 程式語言簡介
1-4 mBot 機器人連接方式
1-5 手機遙控 mBot 機器人
1-6 紅外線遙控 mBot 機器人

學習目標

1. 認識 mBot 機器人硬體組成元件。
2. 能夠下載並安裝 mBlock 5 程式。
3. 能夠利用連接 mBot 機器人設計程式。
4. 能夠利用手機遙控 mBot 機器人。
5. 能夠利用紅外線遙控器遙控 mBot 機器人。

1-1 mBot 機器人簡介

　　mBot 機器人由童心制物（Makeblock）設計以鋁合金材質製造，分成藍牙版與 2.4G 無線版，利用手機、平板、電腦，以 mBlock 5 程式語言設計程式控制 mBot 機器人或應用紅外線遙控器遙控 mBot 機器人。童心制物團隊將美國麻省理工學院（MIT）的 Scratch 3 擴展為 mBlock 程式語言，藉以驅動機器人、Arduino、micro:bit 等硬體裝置，讓每個人在動手實作 mBot 機器人，同時體驗機器人（Robotics）、程式設計（Programming）與 Arduino 電子電路整合的學習經驗。

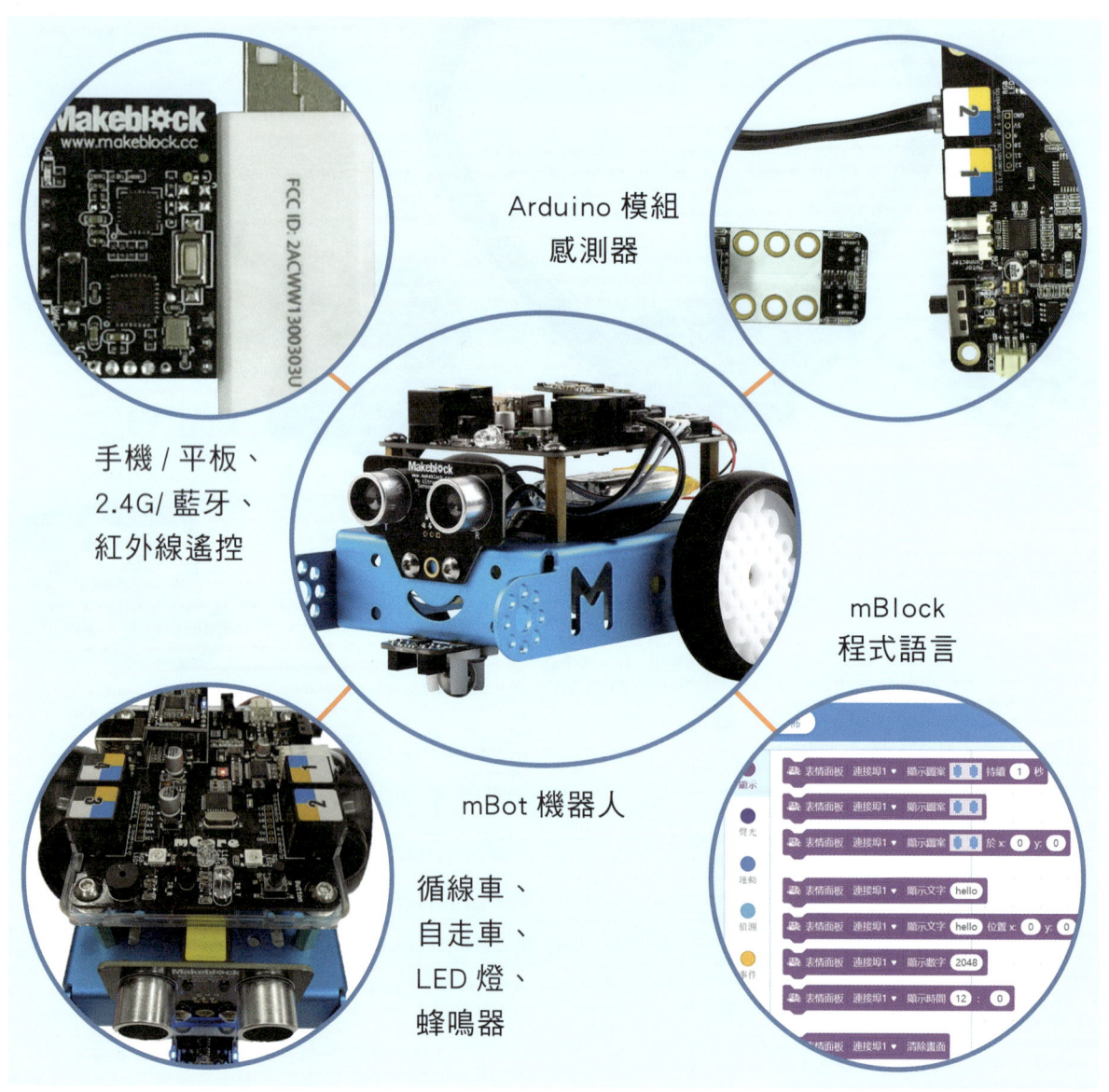

一 mBot 機器人硬體元件

mBot 機器人硬體組成的元件包含：mCore 主控板、藍牙或 2.4G 無線模組、超音波感測器、循線感測器、馬達與紅外線遙控器。

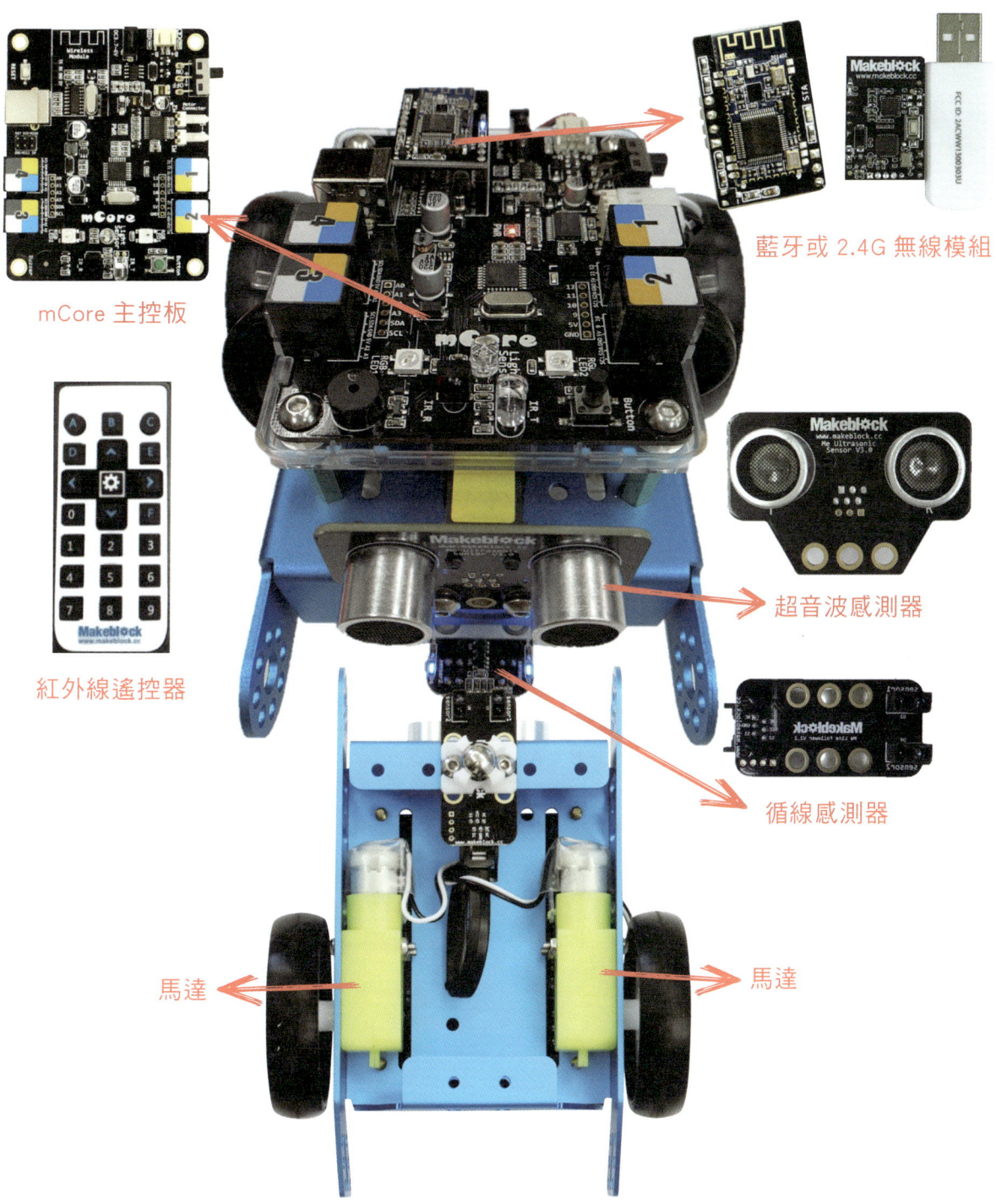

- mCore 主控板
- 藍牙或 2.4G 無線模組
- 紅外線遙控器
- 超音波感測器
- 循線感測器
- 馬達
- 馬達

mCore 主控板

mCore 主控板（mCore Main Control Board）內建光線感測器、RGB LED 燈、蜂鳴器、紅外線接收與發射、按鈕、RJ25 連接埠、馬達連接埠、USB 連接埠、電源開關、重置按鈕等。

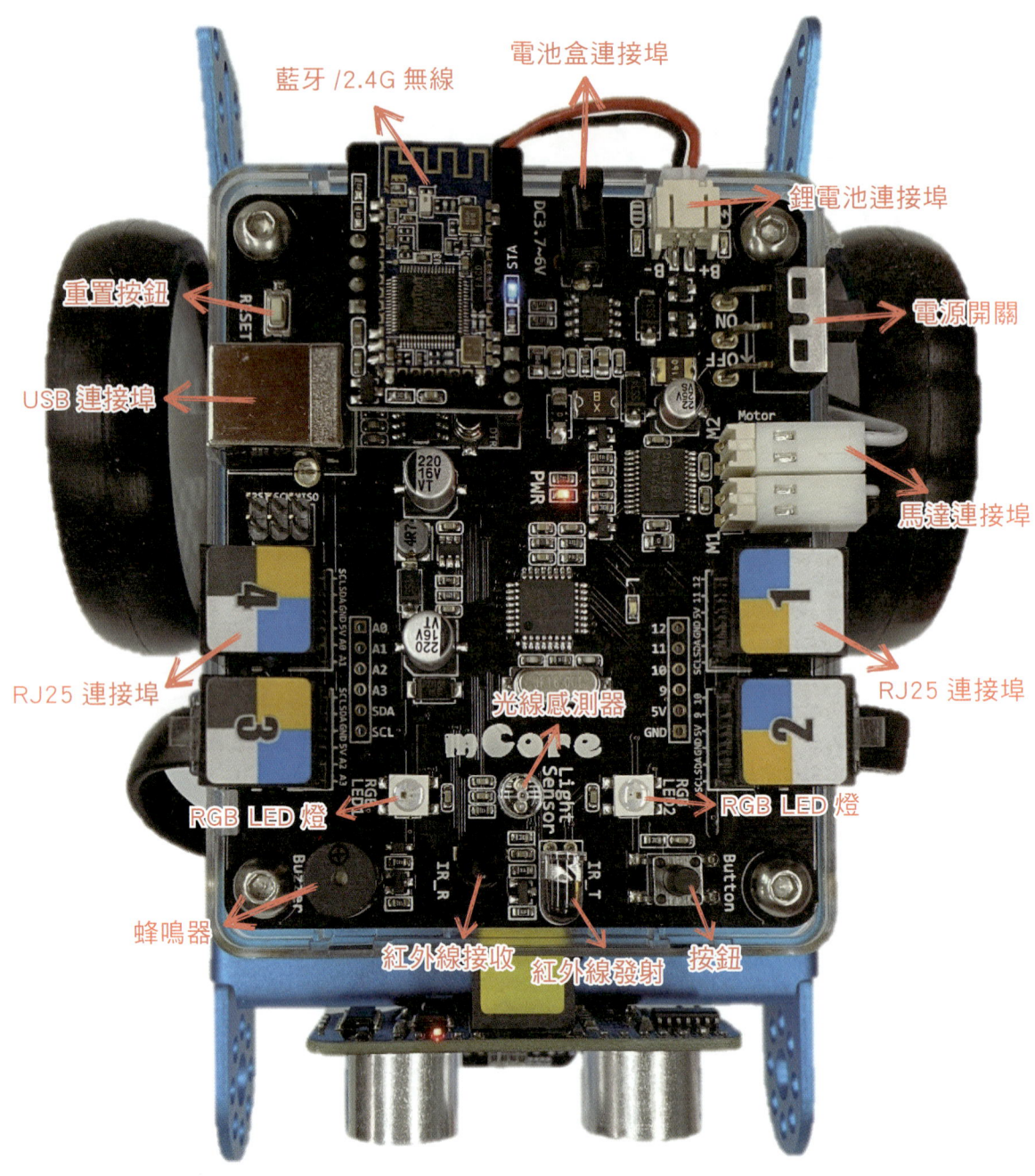

1-2　mBot 機器人組裝方式

mBot 機器人組裝方式如下：

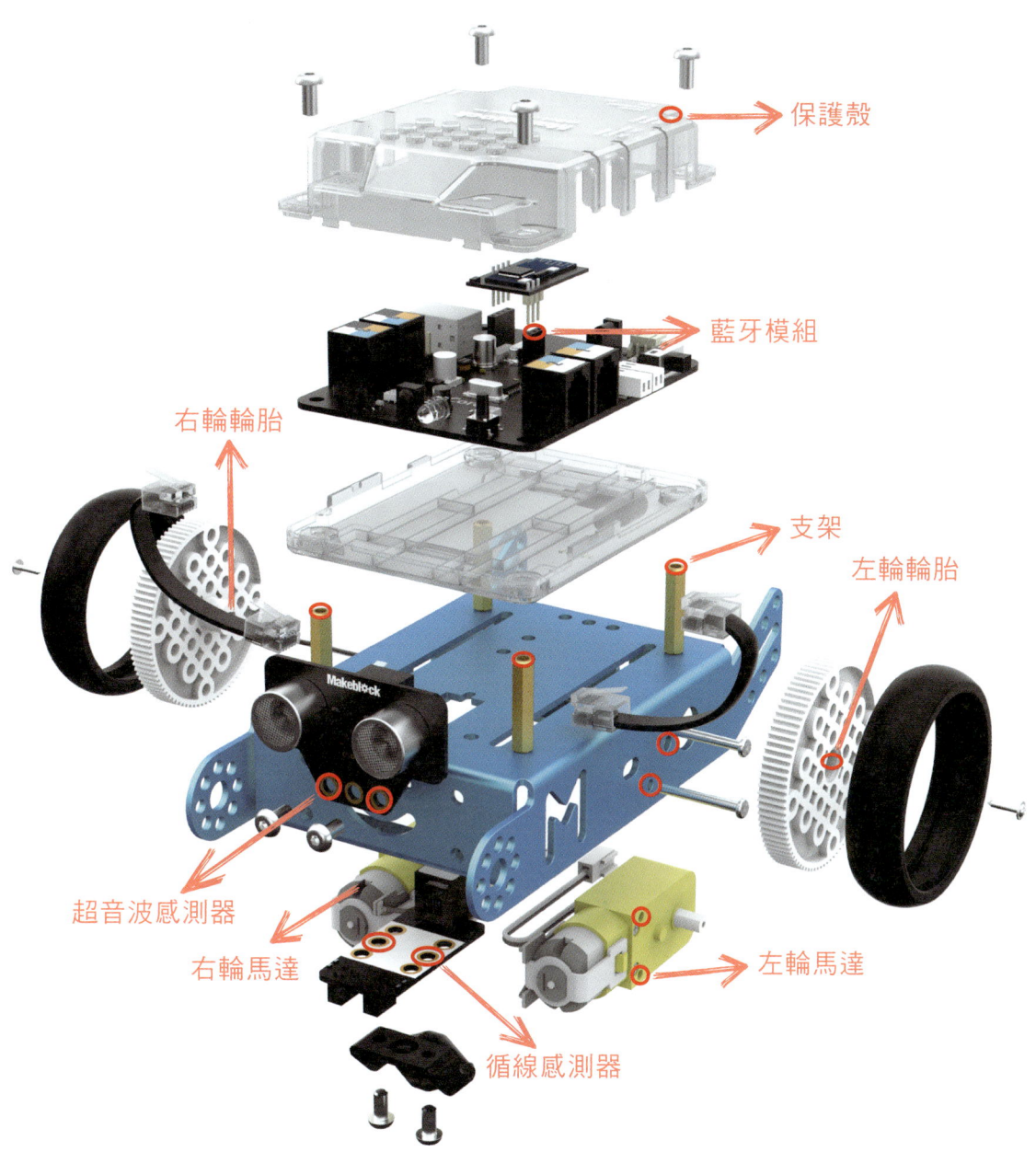

註 請將螺絲鎖在紅色標註的位置。

mBot 機器人出廠時內建程式，因此，在接線時須使用預設的連接埠，程式才能正確執行，mBot 接線方式與組裝完成如下：

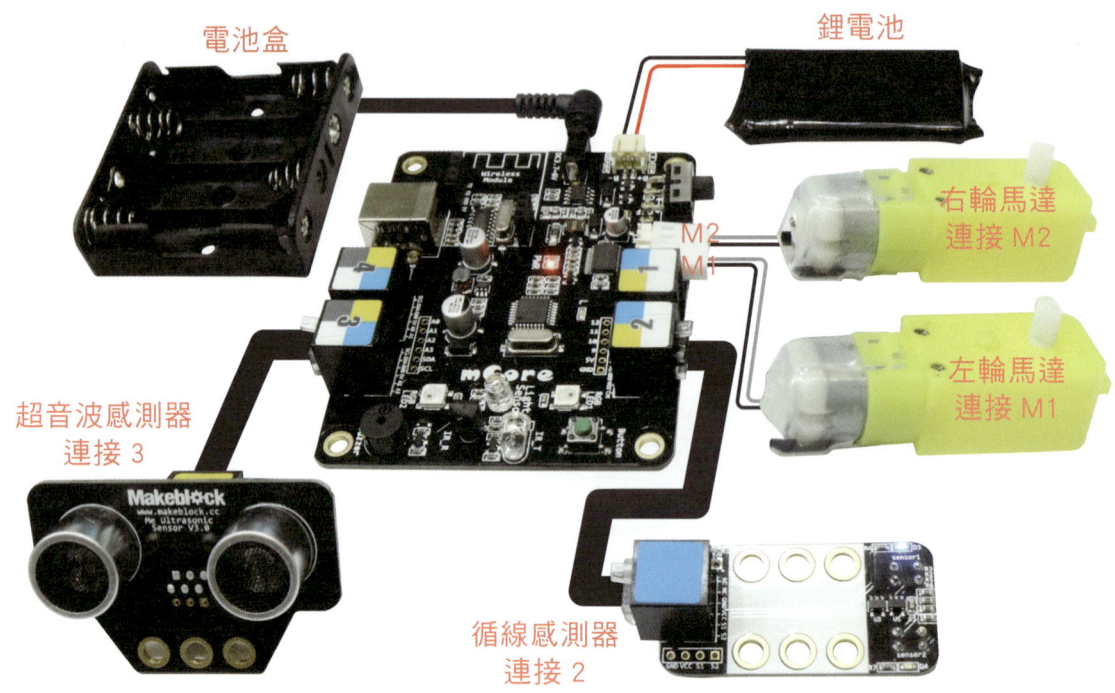

Chapter 1　認識 mBot 機器人

1-3　mBlock 5 程式語言簡介

　　mBlock 5 程式語言改編自美國麻省理工學院媒體實驗室（MIT Media Lab）的 Scratch 3 程式，能夠以視覺化圖形積木、Arduino C 或 Python 編輯程式。

一　安裝 mBlock 5 程式

　　mBlock 5 程式分為連線版與離線版。連線版利用 mBlock 官方網站的「在線編程」在網路連線狀態下編輯程式；離線版則是將 mBlock 5 下載到電腦安裝，在沒有網路連線狀態下編輯程式。

1 開啟瀏覽器，輸入 mBlock 5 官方網站網址：【https://mblock.cc/zh-cn/】。

2 點選【下載】。

3 點選【下載 Windows 版】，下載完成，點按【V5.2.0.exe】，開始安裝。

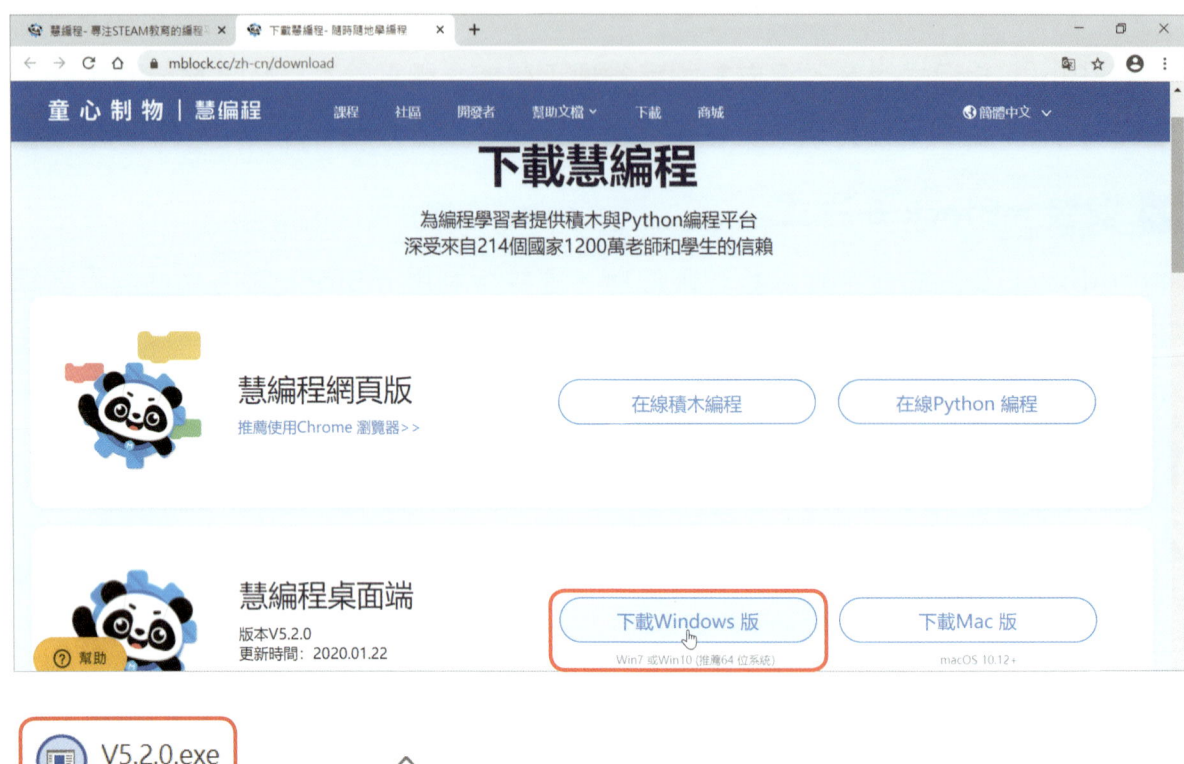

4 點選【繁體中文】，再按【確定】。

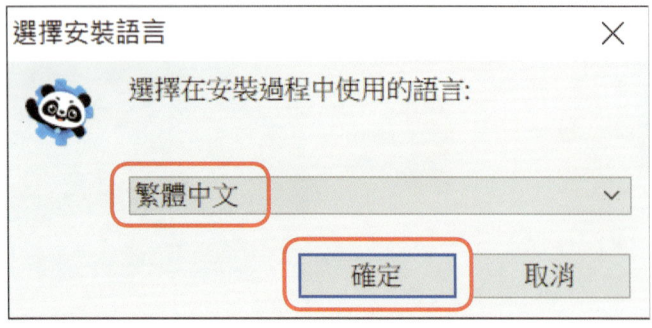

5 按 3 次【下一步】，確認「安裝路徑」、「開始功能表的資料夾」與「建立桌面圖示」，再按【安裝】，開始安裝。

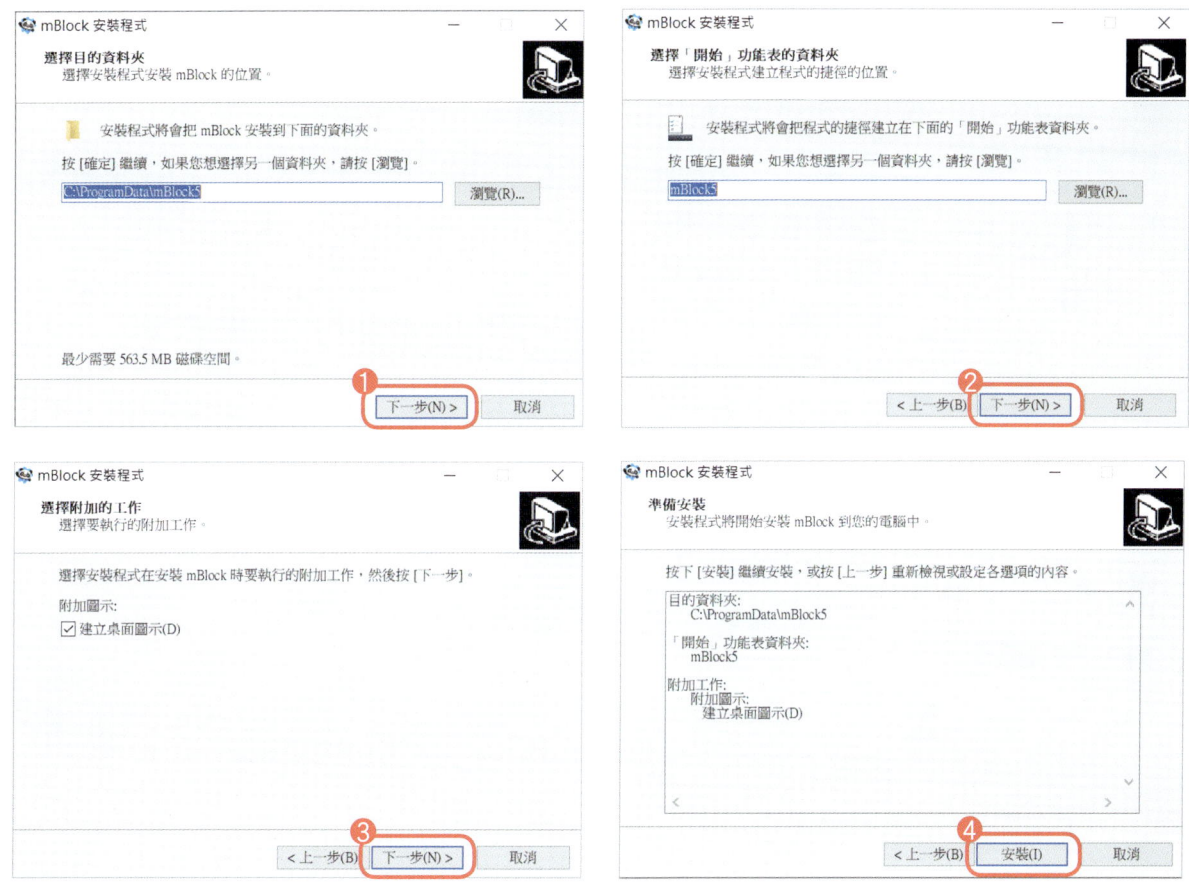

6 安裝完成，點按【完成】，自動開啟 mBlock 5 視窗。

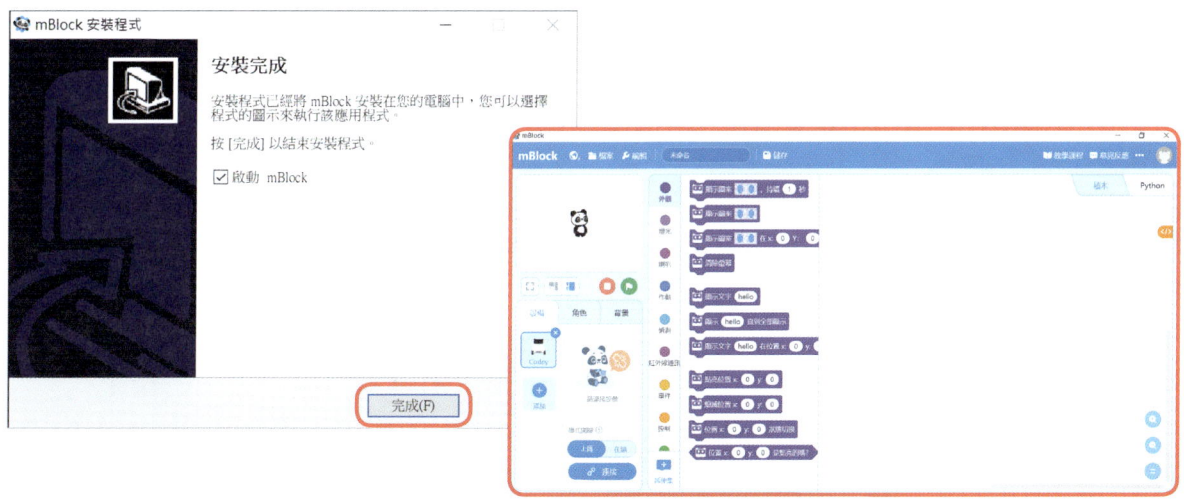

註 本書範例及操作畫面以 V5.2.0 版本為主。

二 mBlock 5 程式設計視窗

mBlock 5 程式視窗主要分成：❶功能選單；❷舞台；❸設備、角色與背景；❹積木；❺程式。

註 mBlock5 開啟預設的設備是「Codey」（程小奔）。

1 功能選單

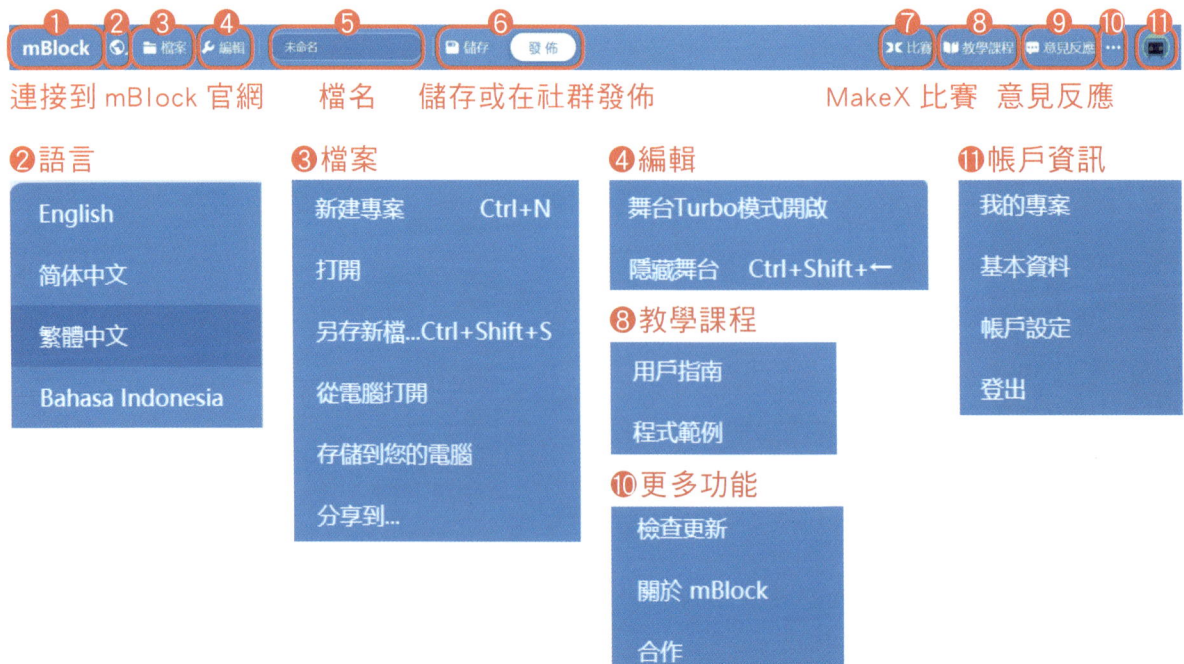

2 舞台

舞台用來預覽程式執行結果，舞台相關功能包括：

Ⓐ 全螢幕
Ⓑ 大舞台
Ⓒ 小舞台
Ⓓ 停止程式執行
Ⓔ 開始執行程式

Ⓐ 全螢幕

Ⓑ 大舞台

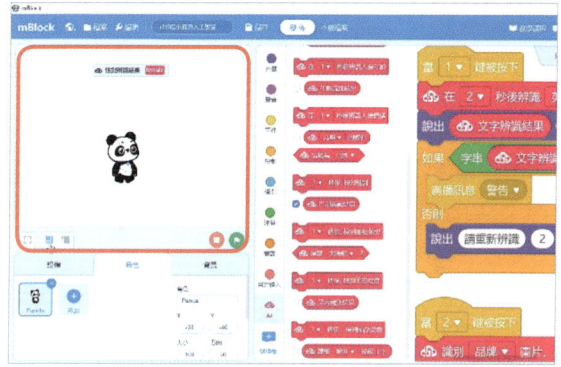

Ⓒ 小舞台

3 設備、角色與背景

切換設備、角色與背景相關的功能、積木與程式編輯區。

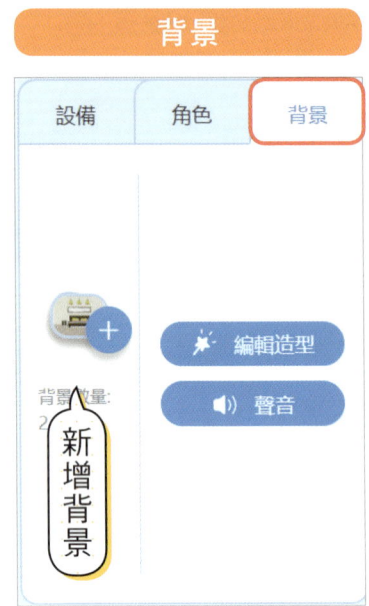

4 積木

當設備、角色與背景切換時，積木程式隨著變換，程式的積木以顏色與形狀區分程式執行的功能。

5 程式

程式區能夠切換積木、Arduino C 或 Python 程式語言的編輯視窗，設備與角色可編輯的程式語言不同，分述如下：

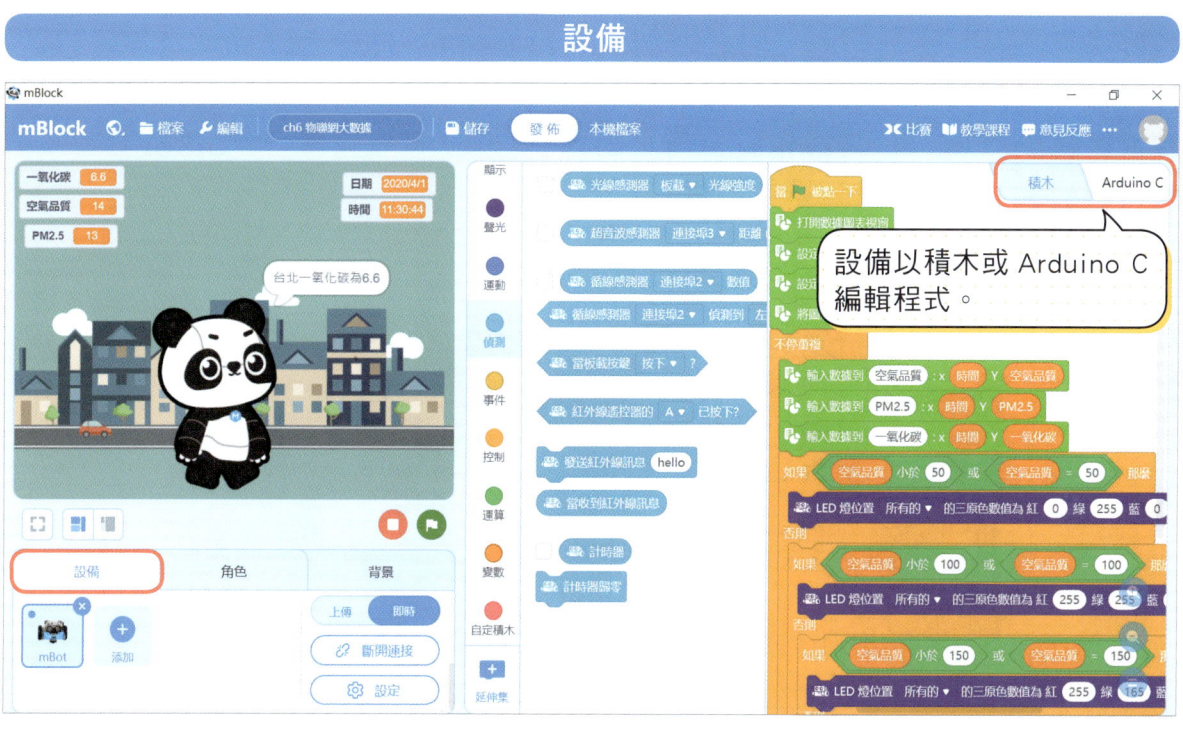

用主題範例學運算思維與程式設計

1-4　mBot 機器人連接方式

mBot 機器人連接電腦的方式包括：USB 連接線、藍牙無線與 2.4G 無線。

一　USB 連接電腦與 mBot 機器人

利用 USB 以有線方式連接電腦與 mBot 機器人時，能夠以「即時」模式執行程式或將程式「上傳」到 mBot 執行。同時，能夠「更新韌體」將 mBot 恢復原廠預設的程式。操作方法如下：

1 將 mBot 的 USB 序列埠與電腦的 USB 連接。

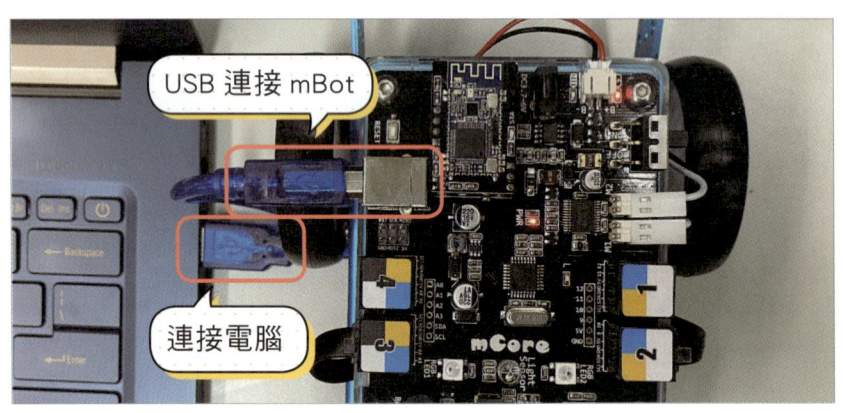

2 開啟 mBlock 5，在「設備」按 ，點選【mBot】，再按【確認】。

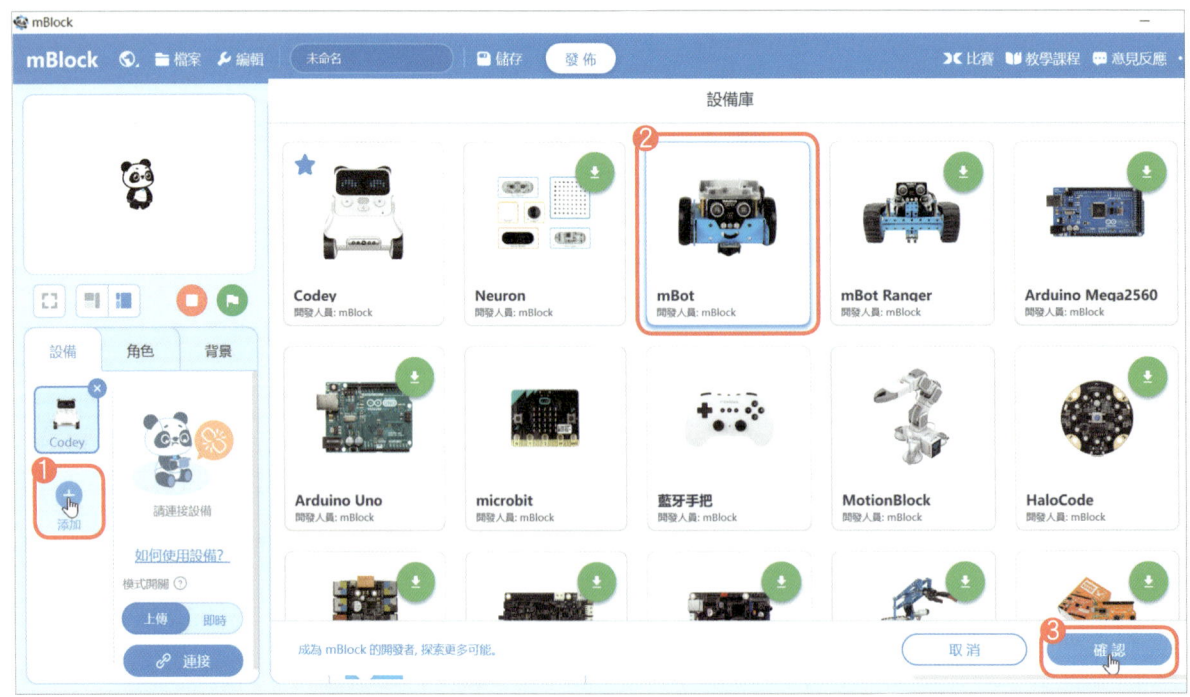

註　設備庫中如果顯示 ⬇ 裝置更新圖示，先點選 【裝置更新】。

14

Chapter 1　認識 mBot 機器人

3 按【連接】，點擊【USB】連線，電腦顯示連接序列埠「COM14」，再按【連接】，將電腦連接 mBot。

4 點按 Codey 的 ⊗【刪除】，刪除 Codey（程小奔機器人）。

用主題範例學運算思維與程式設計

 mBot 操作提示

查詢 USB 連接埠的方法

每台電腦連接 mBot 的連接埠（COM 值）都不相同，以 Windows 10 為例，查詢連接埠的方法如下：

1 在電腦桌面「本機」圖示按右鍵，點選【管理 > 裝置管理員】，在連接埠（COM 和 LPT）裝置顯示【USB-SERIAL CH340（COM14）】，COM14 就是 mBot 與電腦的連接埠。

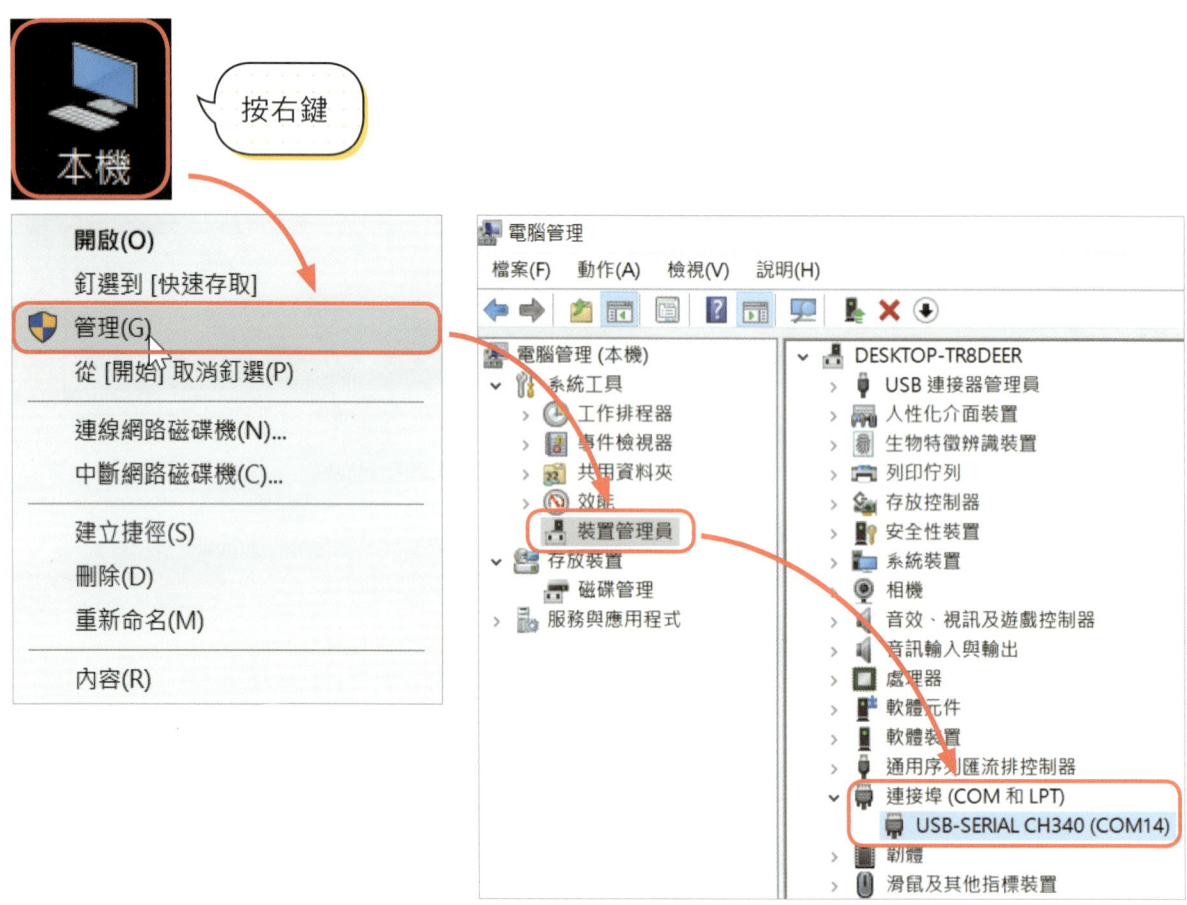

2 如果無法顯示「連接埠」（COM 值），請連接 mBlock 5 官方網站下載並安裝 mLink，mLink 內含 mBot 的 USB 驅動程式。

 **mBot 操作提示**

mBot 更新韌體

　　mBot 更新韌體時必須連接 USB 以有線的方式更新，更新的方式如下：

1 以 USB 連接 mBot，如果出現「更新」提示，先點選【更新】，再按【更新韌體】。

2 更新韌體分成兩種版本：

(A) 線上更新韌體：更新完 mBot「嗶一聲」，更新 mCore 主控板上感測器的程式或自訂程式，上傳讓 mBot 執行。

(B) 原廠韌體：更新完 mBot「嗶 Do Re Mi 三聲」，恢復原廠預設程式，利用「手機」或「紅外線遙控器」，讓 mBot 展示原廠循線車、避障車等程式。

二 藍牙無線連接電腦與 mBot 機器人

藍牙連線時，mBot 先安裝「藍牙模組」，在 mBlock 5 連接時點選【藍牙】。藍牙連線方式能夠以手機或電腦，設定「即時」模式連接 mBot，但無法將寫好的程式上傳到 mBot 執行，也無法執行更新韌體，操作方法如下：

1 將藍牙模組安裝在 mCore 主控板。

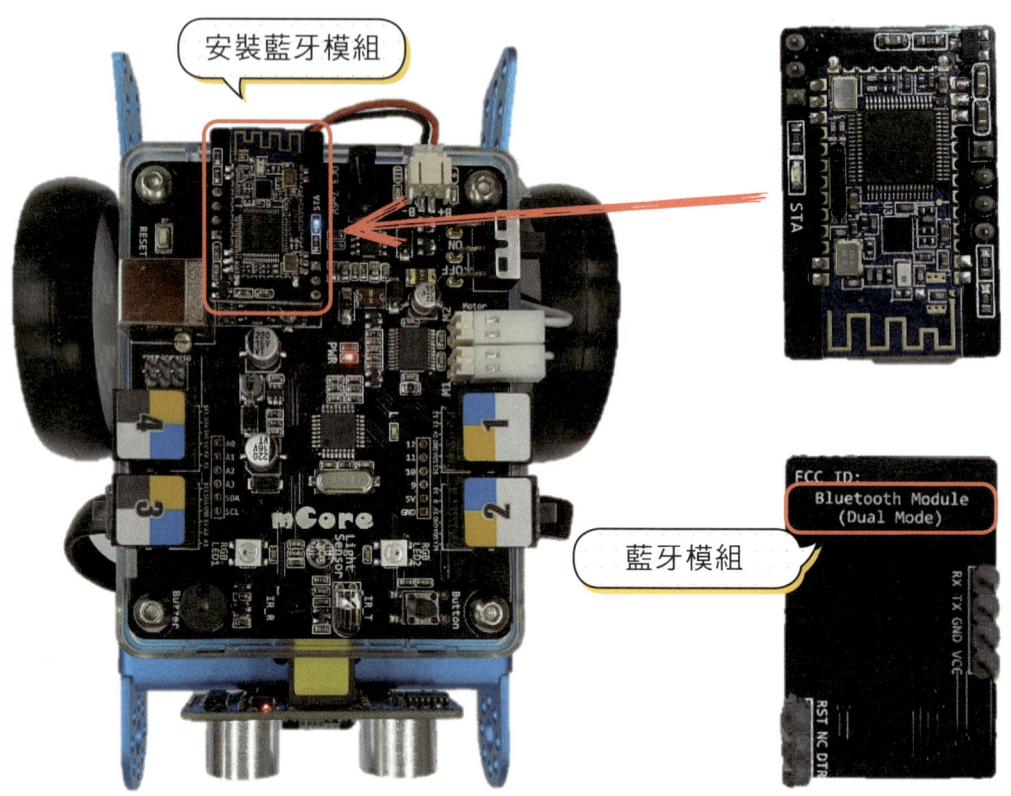

2 開啟 mBlock 5，在「設備」按 ，點選【mBot】，再按【確認】。

18

3 按 連接 ，點擊選單的【藍牙】，電腦顯示「Makeblock_LE」，再按【連接】，將電腦連接 mBot。

 **mBot 操作提示**

mBot 藍牙連接

利用藍牙連接 mBot 與電腦時，首先確認電腦有藍牙設備、正確安裝藍牙驅動程式，同時開啟電腦藍牙。如果電腦藍牙無法正確連接 mBot，請參閱官網說明：
https://www.mblock.cc/doc/en/faq/bluetooth.html

三 2.4G 無線連接電腦與 mBot 機器人

2.4G 連線時，mBot 先安裝「2.4G 模組」，再將 2.4G 的無線序列埠連接電腦。在 mBlock 5 連接時點選【2.4G】，2.4G 連線方式僅能以「即時」模式連接 mBot 設計程式，無法將寫好的程式上傳到 mBot 執行，操作方法如下：

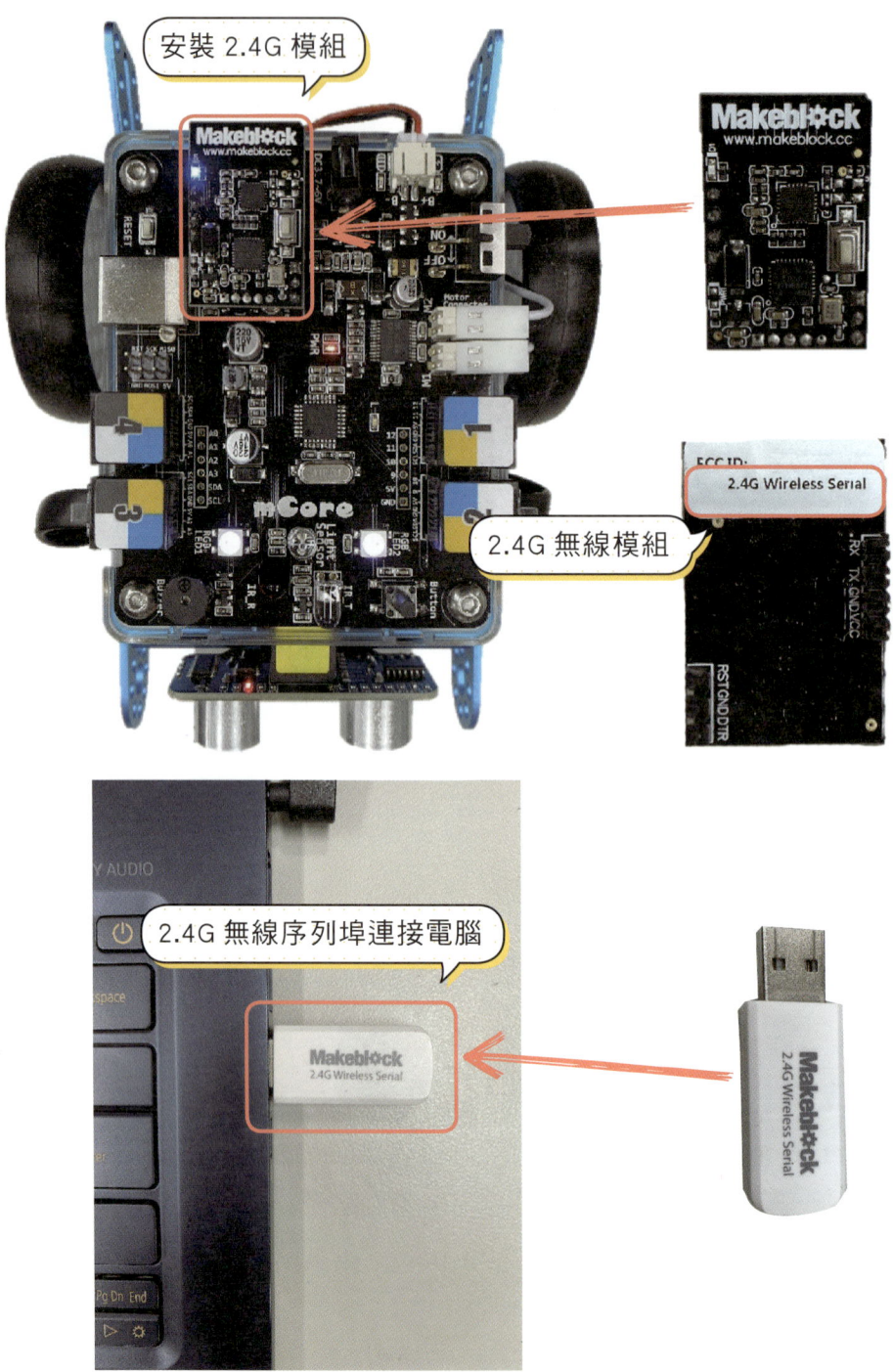

註 藍牙或 2.4 G 模組的外觀隨著版本不同略有差異，藍牙模組背面標註 Bluetooth，2.4 G 模組的背面則標註 2.4 G Wireless Serial。

1 按 [🔗 連接]，點擊選單的【2.4 G】，電腦顯示「Makeblock 2.4G Wireless Serial」（2.4G 無線序列埠），再按【連接】，將電腦連接 mBot。

2 連接成功之後，2.4 G 模組上方藍色 LED 燈停止閃爍，同時 mBlock5 顯示 2.4 G 設備已連接。

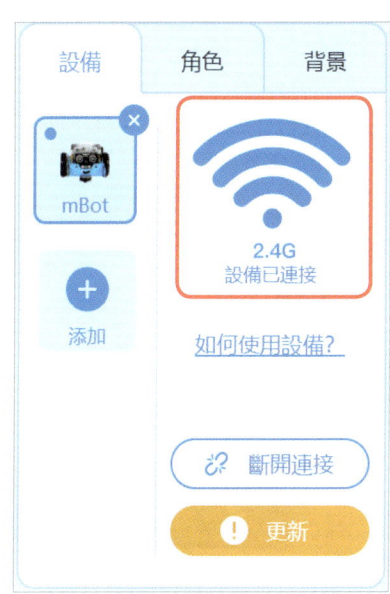

1-5 手機遙控 mBot 機器人

利用手機或平板遙控 mBot 機器人時，僅限用於藍牙版 mBot 機器人，同時先到手機的 APP Store 或 Play 商店下載手機版 mBlock 程式，操作方法如下：

1 開啟手機藍牙。

2 在手機 APP store 輸入【mBlock】，再點選 ☁【下載】，下載完成，點選【打開】。

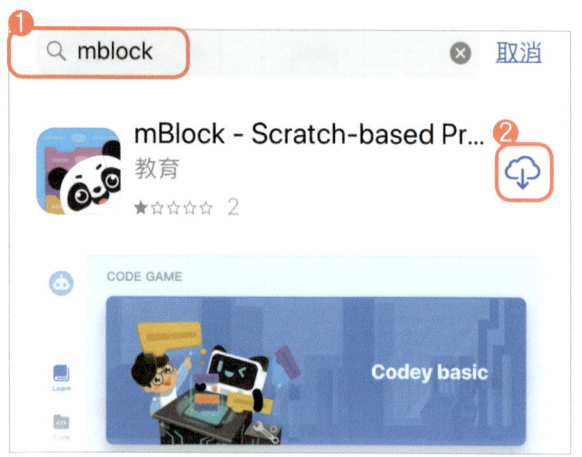
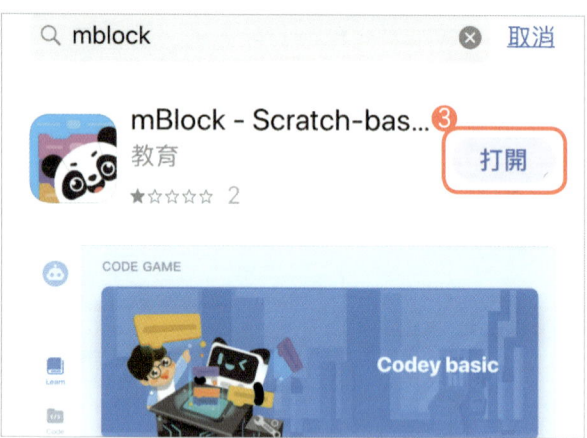

3 點選【編碼】編輯程式，再 ➕ 按【新增】。

4 點選【mBot】，再按右上方【✓】。

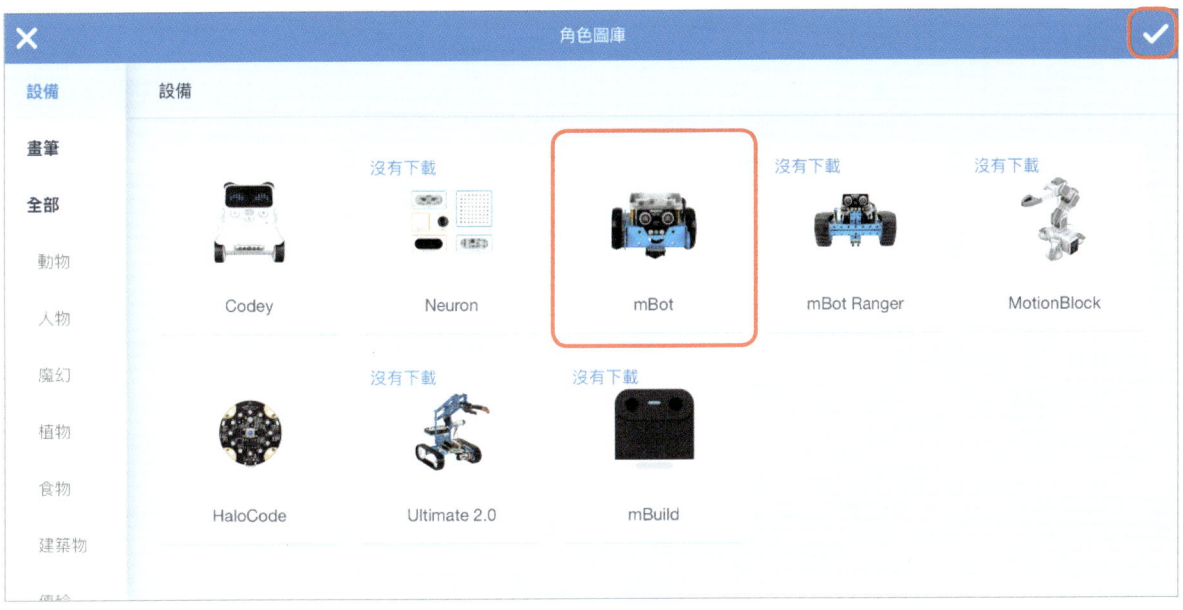

5 點選右上方紅色【藍牙】與【連接】、將手機靠近 mBot。

6 連線成功，點擊【返回到程式碼】開始編輯程式。

用主題範例學運算思維與程式設計

7 行動版 APP 與電腦版 mBlock 功能、視窗與操作方式相同。

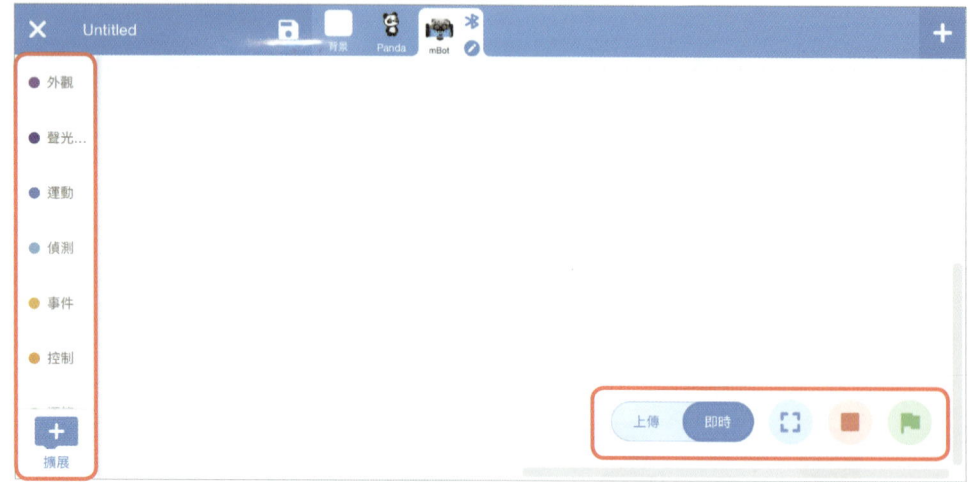

8 手機與 mBot 連線成功之後，mBot 藍牙模組上的藍色 LED 會停止閃爍。

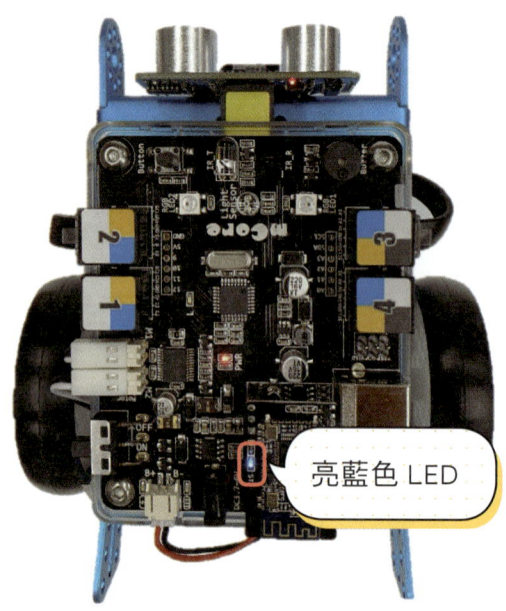

亮藍色 LED

mBot 操作提示

1 手機開啟藍牙的方法

在手機按【設定 > 藍牙 > 開啟】，開啟手機藍牙。

2 以電腦或手機連接 mBot 機器人，同一時間只能有一種連線方式（USB 或藍牙擇一），不能同時使用電腦 USB 連線與手機藍牙連線。

1-6　紅外線遙控 mBot 機器人

　　利用紅外線遙控器遙控 mBot 機器人時，mBot 機器人更新韌體的版本為「原廠韌體」。紅外線遙控器（IR）遙控原理是利用 mCore 主控板上的紅外線接收（IR_R），接收紅外線遙控器的訊號。紅外線接收方式與遙控器主要預設功能如下：

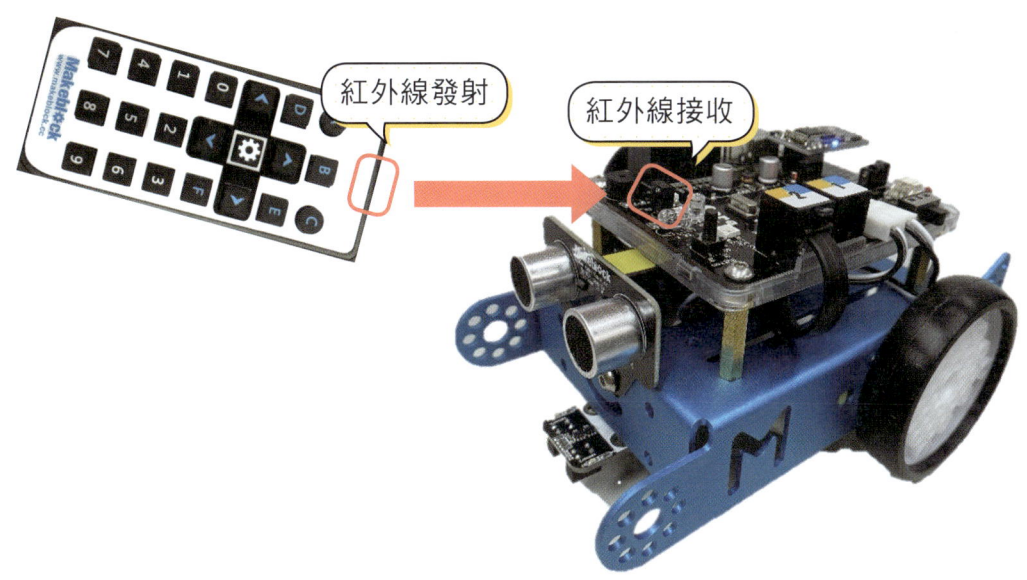

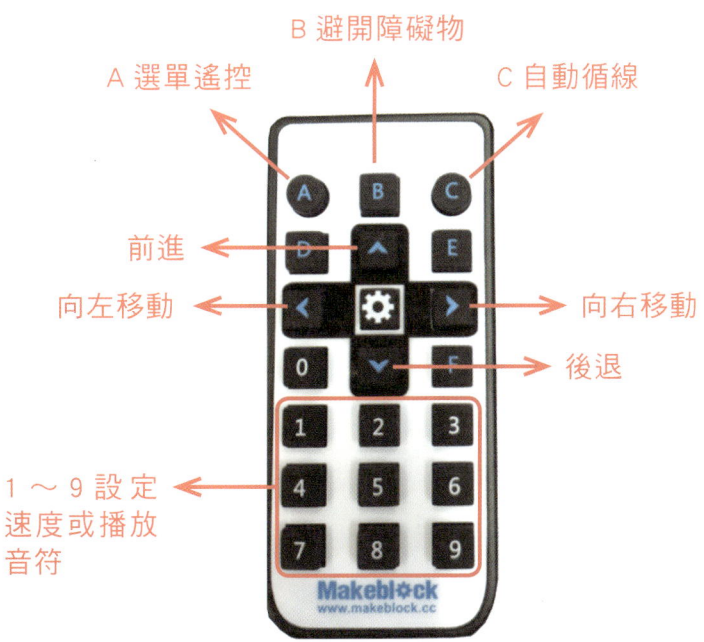

實作範例

ch1-1　紅外線遙控器遙控 mBot 機器人

1 點選【連接 > 設置 > 更新韌體 > 原廠韌體】，恢復原廠預設程式。

2 將 mBot 放在循線紙上，將紅外線遙控器對準 mBot 的紅外線接收（IR_R）。

① **按 A 選單遙控**

- 按下遙控器 A 按鈕、再按 ■（上）、■（下）、■（左）、■（右），檢查 mBot 是否上、下、左、右移動。

- 按 1～9 調整 mBot 速度。

　執行結果：□能夠前後左右移動　□無法移動，
原因：＿＿＿＿＿＿＿＿＿＿＿＿＿＿＿＿＿＿＿＿＿＿＿。

mBot 操作提示

如果按下 A、B、C 選單完全沒反應，請重新操作下列步驟：

1 將 mBot 重新插上 USB 與電腦連線。

2 更新原廠韌體。

② **按 B 避開障礙物**

- 按下遙控器 B 按鈕，檢查 mBot 是否自動避開障礙物。

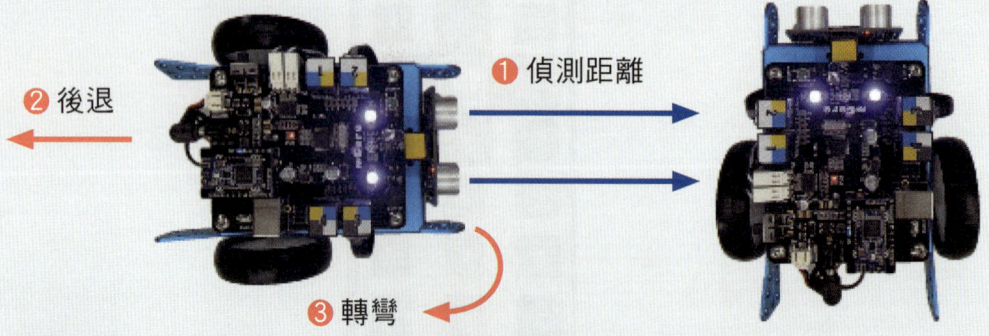

　執行結果：□自動避開　□無法避開，原因：＿＿＿＿＿＿。

③ 按 C 循黑線前進

- 按下遙控器 C 按鈕，檢查 mBot 是否依循黑色的線前進。

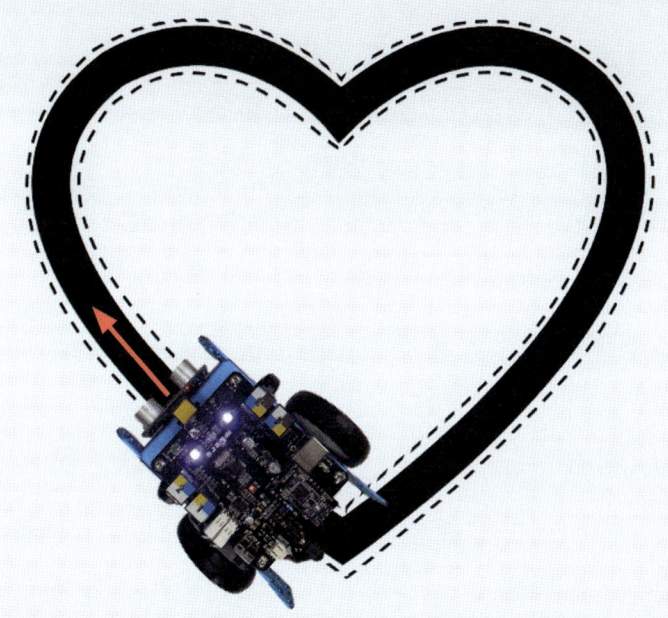

 執行結果：□循線前進　□無法循線前進，
原因：_____。

 **mBot 操作提示**

沒有避開障礙物或沒有循黑線原因：

1. 將馬達 M1 與 M2 的插頭線互換，可能是前後馬達的線插反了。

2. 原廠程式預設的連接埠中，超音波感測器連接埠是 3，循線感測器連接埠是 2。

Chapter 1　學習評量

一、選擇題

_____ 1. 關於 mBot 機器人簡介，何者「錯誤」？
(A) 由童心制物（Makeblock）設計製造
(B) 無法使用手機或平板設計程式
(C) 以 mBlock 5 程式語言，設計程式控制 mBot 機器人
(D) mBot 機器人分成藍牙版與 2.4G 無線版。

_____ 2. 下列敘述中哪一個「不屬於」mBot 機器人的硬體組成元件？
(A) 藍牙模組或 2.4G 無線模組　(B) 超音波感測器
(C) 循線感測器　(D) 聲音感測器。

_____ 3. 下列關於 mCore 主控板相關功能的敘述，何者「錯誤」？
(A) 內建光線感測器　(B) 內建 LED 燈
(C) 內建紅外線遙控器　(D) 內建蜂鳴器。

_____ 4. 下列關於 mBot 機器人組裝與接線的敘述，何者「正確」？
(A) mBot 機器人出廠時內建程式，因此在接線時須使用預設的連接埠，程式才能正確執行
(B) 循線感測器預設連接埠是 3
(C) 超音波感測器預設連接埠是 2
(D) 左輪馬達連接 M2，右輪馬達連接 M1。

_____ 5. 如果在 mBlock 5 中想要設計 mBot 機器人程式，應該使用下列哪一個選項？
(A) 角色　(B) 設備　(C) 背景　(D) 造型。

_____ 6. 在 mBlock 5，如果想設計 mBot 機器人程式，除了「積木」，還能夠使用下列哪一種程式語言？
(A) Python　(B) JavaScript　(C) Arduino C　(D) Scratch。

_____ 7. 如果想讓 mBot 機器人發出聲音，會使用哪一個硬體元件？
(A) 蜂鳴器　(B) LED 燈　(C) 喇叭　(D) 藍牙。

Chapter 1　學習評量

_____ 8. 下列何者「不屬於」mBot 機器人的連接方式？
(A) 藍牙無線　　(B) 2.4G 無線　　(C) USB 連接線　　(D) 5G 無線。

_____ 9. 當使用紅外線遙控器遙控 mBot 機器人時，利用 mCore 主控板上的哪一個硬體元件接收紅外線遙控器的訊號？
(A) 紅外線發送（IR_T）　　　　(B) 紅外線接收（IR_R）
(C) 藍牙模組　　　　　　　　　(D) 無線模組。

_____ 10. 如果想要讓 mBot 機器人執行自動避開障礙物的功能，應該要使用下列哪一個感測器？
(A) 超音波感測器　　　　　　　(B) 循線感測器
(C) 蜂鳴器　　　　　　　　　　(D) LED 燈。

二、實作題

1. 請利用 USB 連接 mBot 機器人，讓 mBot 機器人前進、後退、左轉與右轉各 1 秒之後停止。

2. 請利用手機連接 mBot 機器人，讓 mBot 機器人前進、後退、左轉與右轉各 1 秒之後停止。

MEMO

Chapter 2

光線控制 mBot 機器人運動

本章將設計以靜制動 mBot 機器人，當 mBot 機器人處於暗處時靜止不動，如果處於明亮處 mBot 機器人直線前進並點亮 LED 燈。

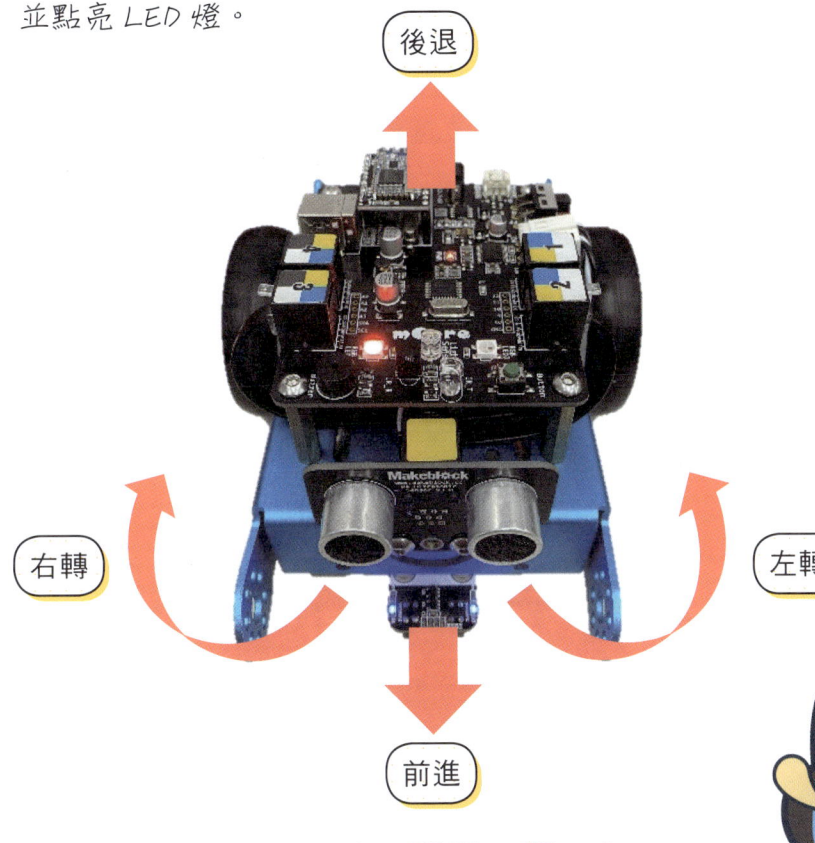

後退
右轉
左轉
前進

本章節次

2-1 光線控制 mBot 機器人運動元件規劃
2-2 蜂鳴器：播放快樂頌
2-3 LED 燈：閃爍彩虹 LED
2-4 直流馬達：鍵盤控制 mBot 運動
2-5 光線感測器：光控 LED 燈亮度
2-6 控制程式執行流程
2-7 即時執行光線控制 mBot 機器人
2-8 上傳執行光線控制 mBot 機器人
mBot 補給站：mBot 偵測是否有人

學習目標

1. 理解 mCore 主控板的蜂鳴器、光線感測器、LED 與馬達。
2. 能夠應用蜂鳴器播放音符。
3. 能夠應用馬達設計 mBot 運動。
4. 能夠應用光線感測器控制 mBot 運動。
5. 能夠控制 LED 開啟與關閉。
6. 能夠理解 mBot 即時與上傳模式執行的差異。

2-1 光線控制 mBot 機器人運動元件規劃

本章將利用 mBot 機器人的蜂鳴器、光線感測器、LED 燈與馬達，設計光線控制 mBot 機器人運動。當 mBot 機器人啟動時，播放嗶嗶聲、如果環境光線強度大於 500 時，mBot 前進並點亮紅色 LED 燈，如果光線強度小於或等於 500，mBot 機器人關閉 LED 燈並停止移動。

一 光線控制 mBot 機器人運動元件規劃

光線控制 mBot 機器人將應用的元件包括：蜂鳴器、光線感測器、LED 燈與馬達，每個元件在 mCore 主控板上的位置與功能如下：

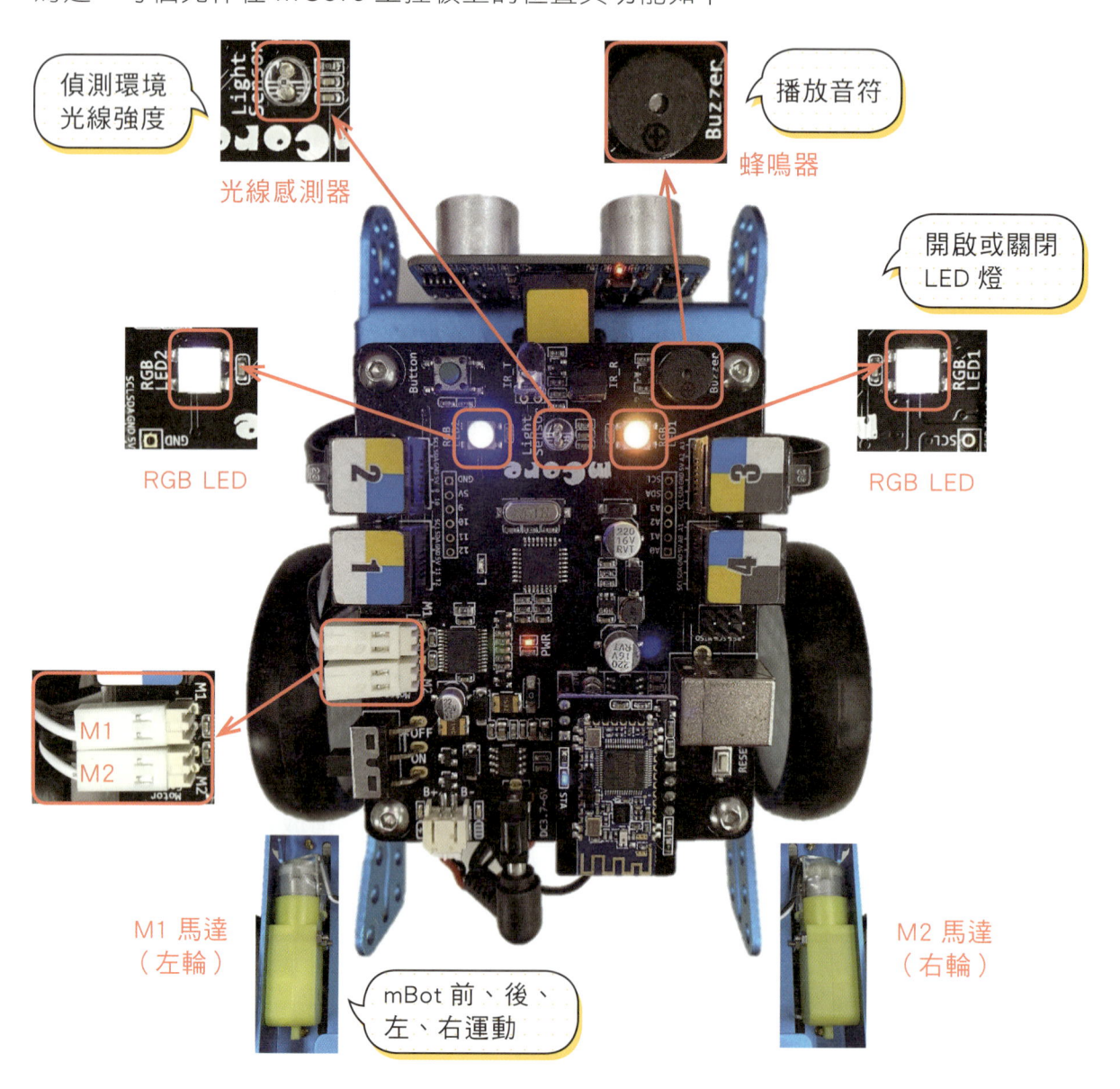

偵測環境光線強度
光線感測器

播放音符
蜂鳴器

開啟或關閉 LED 燈

RGB LED

RGB LED

M1 馬達（左輪）

M2 馬達（右輪）

mBot 前、後、左、右運動

二 光線控制 mBot 機器人運動執行流程

光線控制 mBot 機器人運動執行流程圖如下：

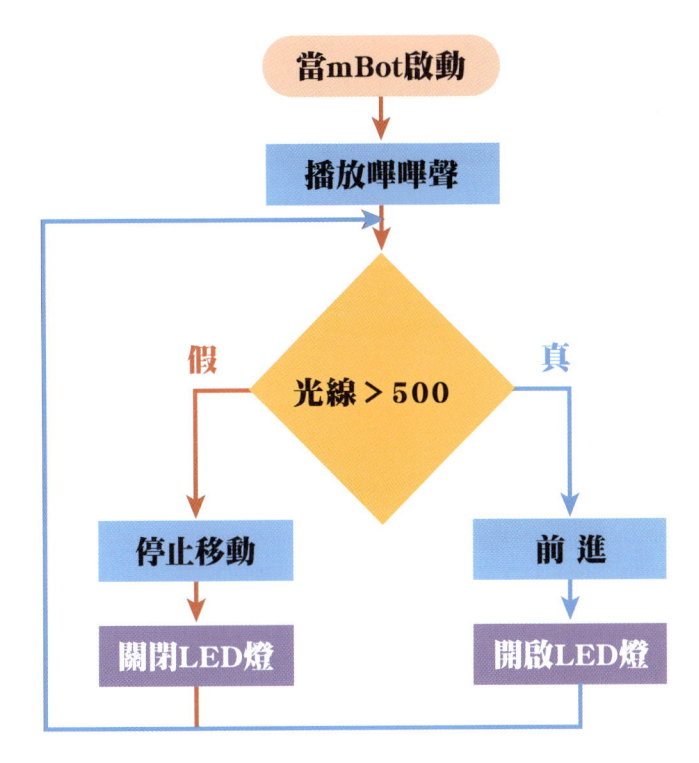

```
當mBot啟動
    ↓
播放嗶嗶聲 ←──────────────┐
    ↓                      │
  光線＞500                 │
  ┌──假──┐ ┌──真──┐        │
  ↓       ↓       ↓        │
停止移動          前 進      │
  ↓               ↓         │
關閉LED燈      開啟LED燈 ────┘
```

2-2 蜂鳴器：播放快樂頌

一 蜂鳴器積木功能

聲光積木主要用來驅動蜂鳴器播放音符，相關積木功能如下：

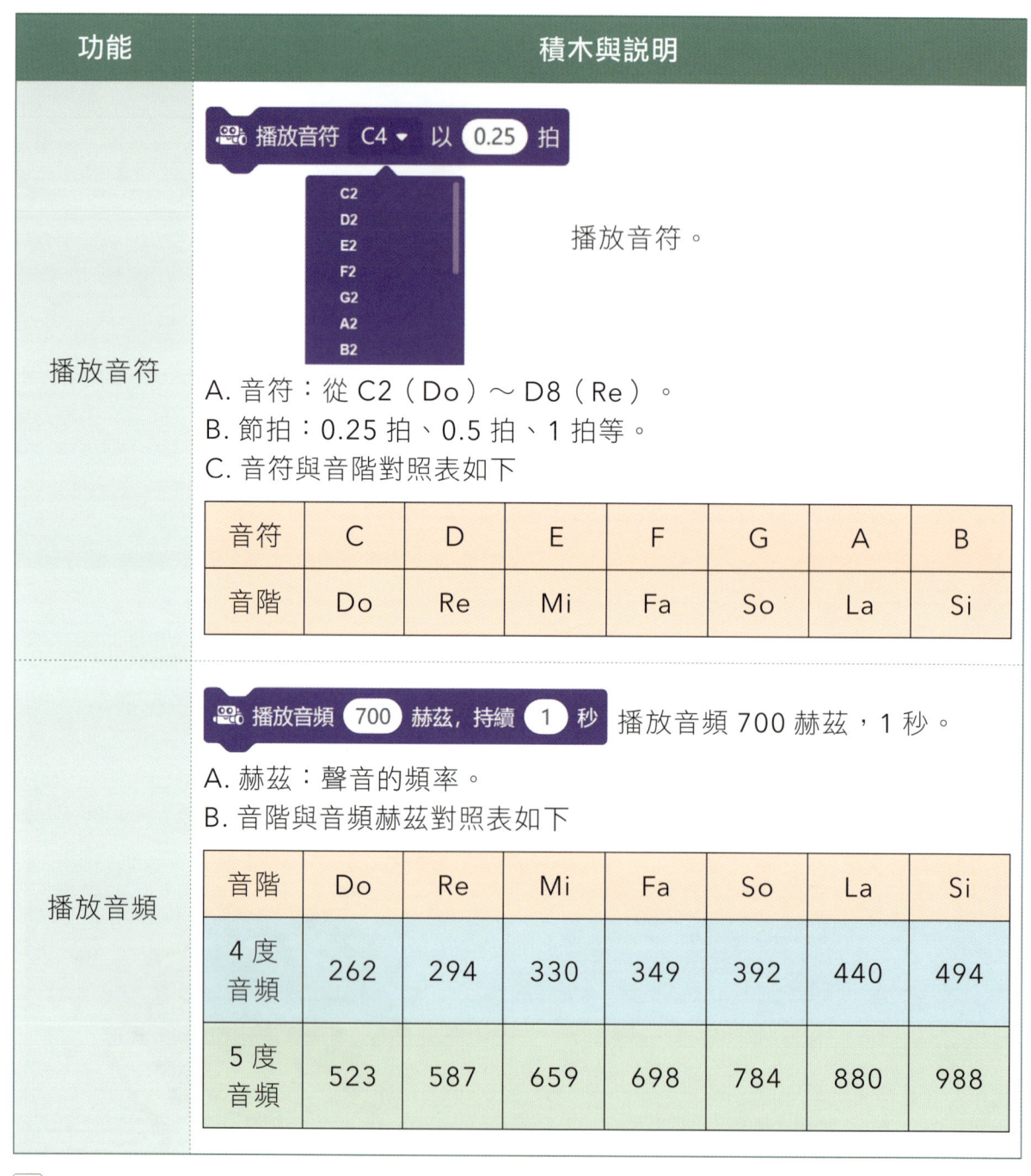

功能	積木與說明
播放音符	播放音符 C4 以 0.25 拍 下拉選單：C2、D2、E2、F2、G2、A2、B2… 播放音符。 A. 音符：從 C2（Do）～ D8（Re）。 B. 節拍：0.25 拍、0.5 拍、1 拍等。 C. 音符與音階對照表如下 | 音符 | C | D | E | F | G | A | B | | 音階 | Do | Re | Mi | Fa | So | La | Si |
播放音頻	播放音頻 700 赫茲，持續 1 秒　播放音頻 700 赫茲，1 秒。 A. 赫茲：聲音的頻率。 B. 音階與音頻赫茲對照表如下 | 音階 | Do | Re | Mi | Fa | So | La | Si | | 4 度音頻 | 262 | 294 | 330 | 349 | 392 | 440 | 494 | | 5 度音頻 | 523 | 587 | 659 | 698 | 784 | 880 | 988 |

註 4 度音頻等同於 C4，D4，…，B4 音符，例如：262 音頻與 C4 相同都是音階 Do；5 度音頻等同於 C5，D5，…，B5 音符，例如 523 音頻與 C5 相同都是音階 Do。

Chapter 2　光線控制 mBot 機器人運動

實作範例

ch2-1　蜂鳴器播放音符

請設計讓 mBot 蜂鳴器播放音符。

1 將 USB 連接電腦與 mBot，開啟 mBot 機器人電源。

2 在「設備」按 ➕添加，新增 mBot，點選【連接 >COM 值 > 連接】，並選擇 【即時】模式。

3 點按 Codey 的 ❌【刪除】。

4 點選 聲光，拖曳 播放音頻 700 赫茲，持續 1 秒，輸入【262】，聆聽蜂鳴器播放哪一個音階？

執行結果：播放音階＿＿＿＿＿。

5 點選 事件 與 聲光，拖曳下圖積木，點擊積木，聆聽蜂鳴器播放哪一首歌？

當 ▶ 被點一下
播放音符 G4 以 0.25 拍
播放音符 E4 以 0.25 拍
播放音符 E4 以 0.25 拍
播放音頻 349 赫茲，持續 0.25 秒
播放音頻 294 赫茲，持續 0.25 秒
播放音頻 294 赫茲，持續 0.25 秒

執行結果：＿＿＿＿＿＿。

35

實作範例

ch2-2　蜂鳴器播放快樂頌

請利用網際網路搜尋你最喜歡的歌曲，或將下列快樂頌的音譜轉換成音符或音頻，以 mBot 機器人的蜂鳴器播放。

一、快樂頌音譜

音階	Mi Mi Fa So	So Fa Mi Re	Do Do Re Mi	Mi Re Re
音符	E4 E4 F4 G4	G4 F4 E4 D4	C4 C4 D4 E4	E4 D4 D4

音階	Mi Mi Fa So	So Fa Mi Re	Do Do Re Mi	Re Do Do
音符	E4 E4 F4 G4	G4 F4 E4 D4	C4 C4 D4 E4	D4 C4 C4

音階	Re Re Mi Do	Re Mi Fa Mi Do	Re Mi Fa Me Re	Do Re So
音符	D4 D4 E4 C4	D4 E4 F4 E4 C4	D4 E4 F4 E4 D4	C4 D4 G3

音階	Mi Mi Fa So	So Fa Mi Re	Do Do Re Mi	Re Do Do
音符	E4 E4 F4 G4	G4 F4 E4 D4	C4 C4 D4 E4	D4 C4 C4

mBot 操作提示

第一段與第二段只有最後三個音符不同，其餘相同、第四段與第二段相同。

二 快樂頌程式設計

1 按 ⬤ 自訂積木，點選【新增積木指令】，輸入【第一段】，再按【確認】，定義快樂頌「第一段」積木。

2 點選 ⬤ 聲光，拖曳快樂頌定義的第一段積木如下圖。

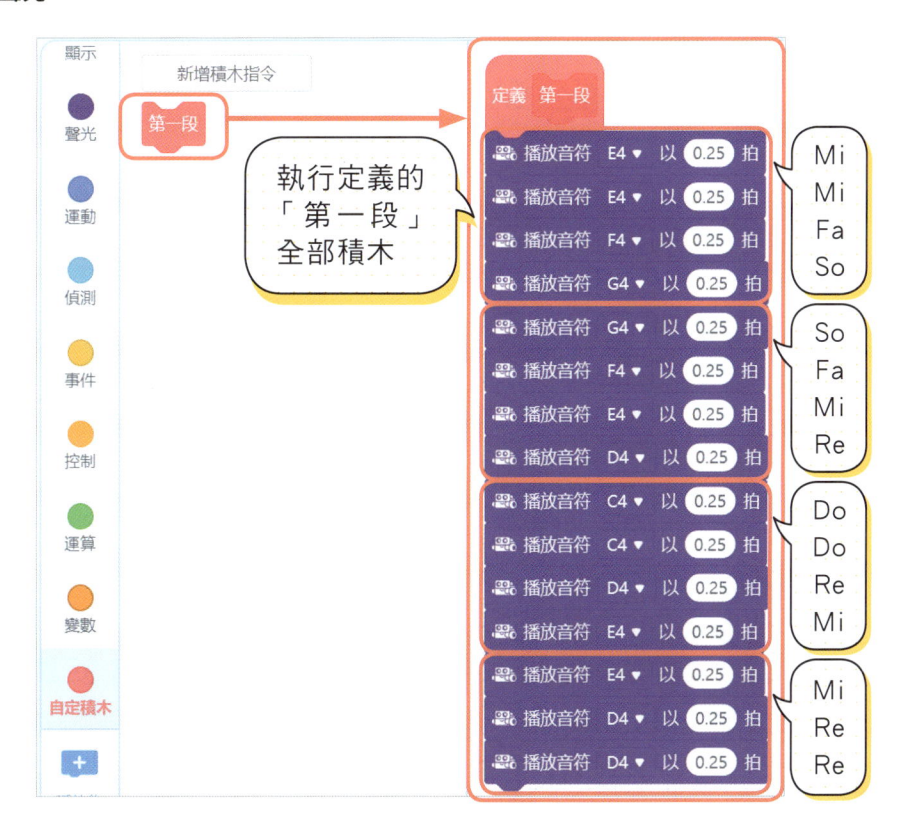

執行定義的「第一段」全部積木

- 播放音符 E4 以 0.25 拍
- 播放音符 E4 以 0.25 拍
- 播放音符 F4 以 0.25 拍
- 播放音符 G4 以 0.25 拍

Mi Mi Fa So

- 播放音符 G4 以 0.25 拍
- 播放音符 F4 以 0.25 拍
- 播放音符 E4 以 0.25 拍
- 播放音符 D4 以 0.25 拍

So Fa Mi Re

- 播放音符 C4 以 0.25 拍
- 播放音符 C4 以 0.25 拍
- 播放音符 D4 以 0.25 拍
- 播放音符 E4 以 0.25 拍

Do Do Re Mi

- 播放音符 E4 以 0.25 拍
- 播放音符 D4 以 0.25 拍
- 播放音符 D4 以 0.25 拍

Mi Re Re

用主題範例學運算思維與程式設計

3 重複上述步驟，定義【第二段】、【第三段】、【第四段】積木，並依據快樂頌音譜，拖曳下圖積木。

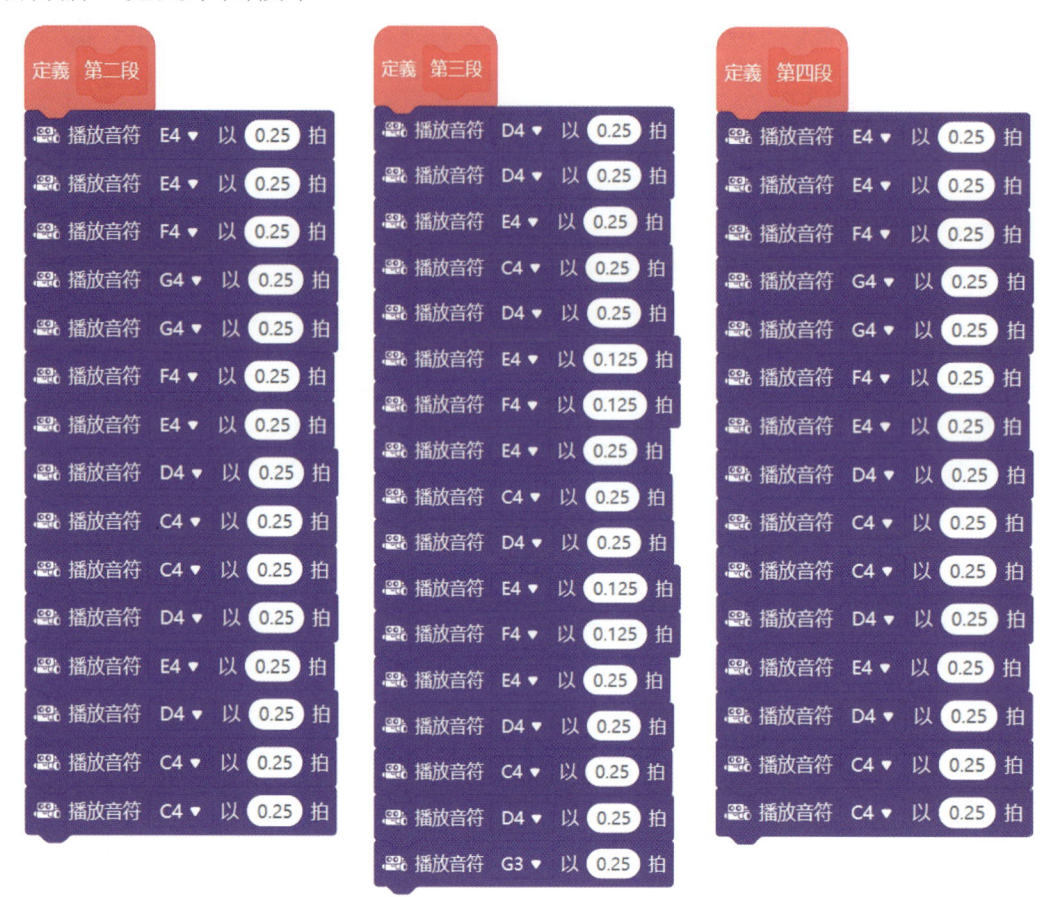

定義 第二段	定義 第三段	定義 第四段
播放音符 E4 以 0.25 拍	播放音符 D4 以 0.25 拍	播放音符 E4 以 0.25 拍
播放音符 E4 以 0.25 拍	播放音符 D4 以 0.25 拍	播放音符 E4 以 0.25 拍
播放音符 F4 以 0.25 拍	播放音符 E4 以 0.25 拍	播放音符 F4 以 0.25 拍
播放音符 G4 以 0.25 拍	播放音符 C4 以 0.25 拍	播放音符 G4 以 0.25 拍
播放音符 G4 以 0.25 拍	播放音符 D4 以 0.25 拍	播放音符 G4 以 0.25 拍
播放音符 F4 以 0.25 拍	播放音符 E4 以 0.125 拍	播放音符 F4 以 0.25 拍
播放音符 E4 以 0.25 拍	播放音符 F4 以 0.125 拍	播放音符 E4 以 0.25 拍
播放音符 D4 以 0.25 拍	播放音符 E4 以 0.25 拍	播放音符 D4 以 0.25 拍
播放音符 C4 以 0.25 拍	播放音符 C4 以 0.25 拍	播放音符 C4 以 0.25 拍
播放音符 C4 以 0.25 拍	播放音符 D4 以 0.25 拍	播放音符 C4 以 0.25 拍
播放音符 D4 以 0.25 拍	播放音符 E4 以 0.125 拍	播放音符 D4 以 0.25 拍
播放音符 E4 以 0.25 拍	播放音符 F4 以 0.125 拍	播放音符 E4 以 0.25 拍
播放音符 D4 以 0.25 拍	播放音符 E4 以 0.25 拍	播放音符 D4 以 0.25 拍
播放音符 C4 以 0.25 拍	播放音符 D4 以 0.25 拍	播放音符 C4 以 0.25 拍
播放音符 C4 以 0.25 拍	播放音符 C4 以 0.25 拍	播放音符 C4 以 0.25 拍
	播放音符 D4 以 0.25 拍	
	播放音符 G3 以 0.25 拍	

4 點選 **事件** 與 **自訂積木**，拖曳下圖積木，點擊積木或 🟢，播放快樂頌。

當 🏁 被點一下
第一段
第二段
第三段
第四段

｜mBlock5 概念提示｜

利用 **自訂積木**，以 定義 第一段 積木定義「第一段」執行的程式積木。定義完成之後，只要拖曳 第一段 積木，就能執行 定義 第一段 積木的功能。

2-3　LED 燈：閃爍彩虹 LED

　　mBot 主控板內建 LED 燈，主要功能在提供紅（R）、綠（G）、藍（B）等不同顏色的 LED 燈，分成板載 RGB LED1 與 RGB LED2，兩個 LED 燈可以分別設定開、關與顏色，相關積木功能如下：

功能	積木與說明
定時點亮 LED	`LED 燈位置 全部 的顏色設為 ● 持續 1 秒` 下拉選單：所有的／左／右 設定 LED 亮燈的位置、顏色與時間，1 秒後自動關閉 LED。 位置：全部（左右皆亮）、右（LED1）與左（LED2）。
點亮 LED	`LED 燈位置 全部 的顏色設為 ●` 點亮 LED 不關閉。
設定顏色	`LED燈位置 全部 的配色數值為 紅 255 綠 0 藍 0` 設定 LED 亮燈的位置、顏色與亮度。 位置：全部（左右皆亮）、右（LED1）與左（LED2）。 LED 亮度：0～255。 0：關閉，255 最亮。
關閉 LED	`LED 燈位置 所有的 的三原色數值為 紅 0 綠 0 藍 0` 關閉 LED：紅色 0、綠色 0、藍色 0。

實作範例

ch2-3　mBot 閃爍 LED 彩虹

請設計讓 mBot 的 LED 燈閃爍彩虹七彩顏色。

設定 LED 彩虹七種顏色的方法包括：設定顏色或設定 RGB 數值配色。

① **設定顏色**

1 將 mBot 設定為  【即時】模式，點選 聲光 ，點擊積木 `LED 燈位置 全部▼ 的顏色設為 ● 持續 1 秒` 的顏色，再拖曳顏色。

2 重複步驟 1，拖曳下圖紅、橙、黃、綠、藍、靛、紫七種顏色，當按下鍵盤按鍵 a 時，開始閃爍彩虹七彩顏色。

② 設定 RGB 數值配色

彩虹的七彩色紅、橙、黃、綠、藍、靛、紫，以 RGB 配色的數值如下：

顏色	紅	橙	黃	綠	藍	靛	紫
R（紅）	255	255	255	0	0	43	87
G（綠）	0	165	255	255	0	0	0
B（藍）	0	0	0	0	255	255	255

1 點選 聲光，在積木區設定下圖 LED 燈參數，並以積木 等待 1 秒，控制 LED 點亮的時間。

2 按下鍵盤按鍵 b 時，開始閃爍彩虹七彩顏色。

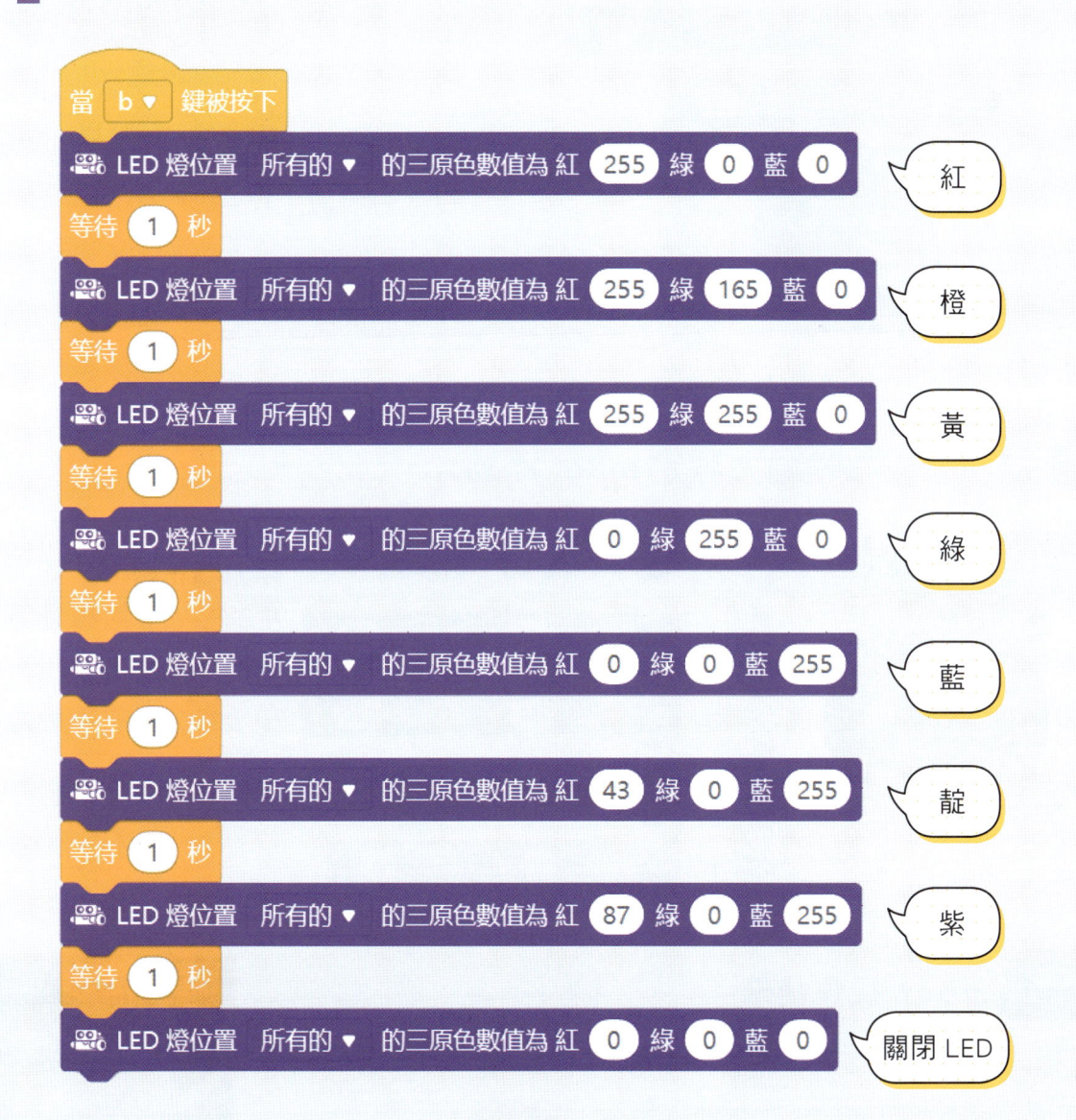

當 b 鍵被按下

LED 燈位置 所有的▼ 的三原色數值為 紅 255 綠 0 藍 0 — 紅
等待 1 秒
LED 燈位置 所有的▼ 的三原色數值為 紅 255 綠 165 藍 0 — 橙
等待 1 秒
LED 燈位置 所有的▼ 的三原色數值為 紅 255 綠 255 藍 0 — 黃
等待 1 秒
LED 燈位置 所有的▼ 的三原色數值為 紅 0 綠 255 藍 0 — 綠
等待 1 秒
LED 燈位置 所有的▼ 的三原色數值為 紅 0 綠 0 藍 255 — 藍
等待 1 秒
LED 燈位置 所有的▼ 的三原色數值為 紅 43 綠 0 藍 255 — 靛
等待 1 秒
LED 燈位置 所有的▼ 的三原色數值為 紅 87 綠 0 藍 255 — 紫
等待 1 秒
LED 燈位置 所有的▼ 的三原色數值為 紅 0 綠 0 藍 0 — 關閉 LED

2-4 直流馬達：鍵盤控制 mBot 運動

mBot 左右兩側各有一個直流馬達，左輪連接在 M1、右轉連接在 M2，用來驅動輪軸，讓 mBot 能夠前進、後退、左轉或右轉，直流馬達相關積木主要功能如下：

一 mBot 運動

功能	積木	說明
定時運動	1. 前進，動力 50 %，持續 1 秒 2. 後退，動力 50 %，持續 1 秒 3. 左轉，動力 50 %，持續 1 秒 4. 右轉，動力 50 %，持續 1 秒	1. 以 50% 動力前進 1 秒後停止。 2. 以 50% 動力後退 1 秒後停止。 3. 以 50% 動力左轉 1 秒後停止。 4. 以 50% 動力右轉 1 秒後停止。
重複運動	前進 ▼ ，動力 50 % ✓ 前進 　後退 　左轉 　右轉	以 50% 動力重複前進、後退、左轉或右轉，不停止。
停止	停止運動	停止馬達運轉。

註 動力範圍從 -100% ～ 100%。

二 以左輪或右輪動力設定 mBot 運動

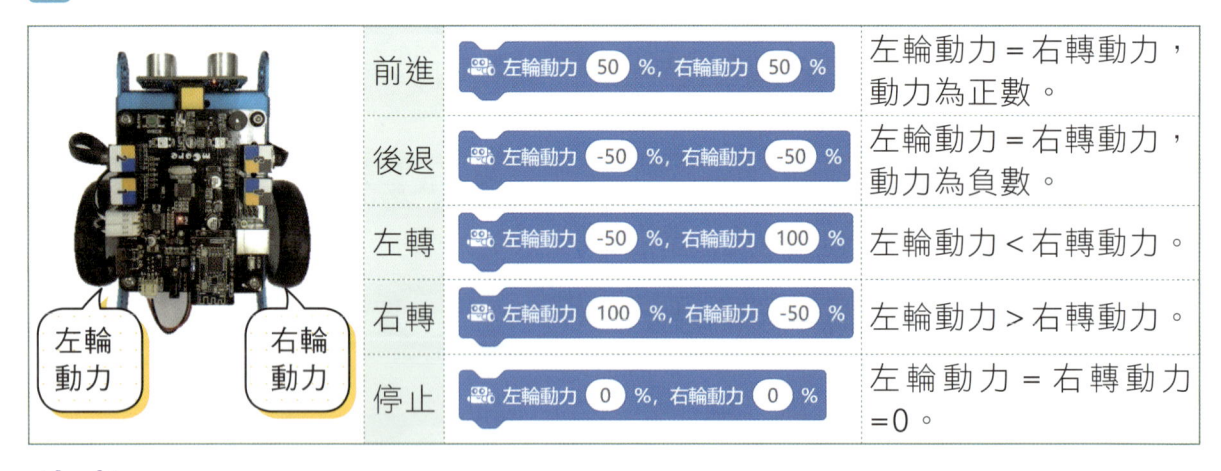

左輪動力　右輪動力	前進	左輪動力 50 %，右輪動力 50 %	左輪動力 = 右轉動力，動力為正數。
	後退	左輪動力 -50 %，右輪動力 -50 %	左輪動力 = 右轉動力，動力為負數。
	左轉	左輪動力 -50 %，右輪動力 100 %	左輪動力 < 右輪動力。
	右轉	左輪動力 100 %，右輪動力 -50 %	左輪動力 > 右輪動力。
	停止	左輪動力 0 %，右輪動力 0 %	左輪動力 = 右輪動力 = 0。

mBot 操作提示

如果機器人前進與後退相反，就是 M1 與 M2 馬達的連接埠相反，將兩者對調即可正常前進與後退。

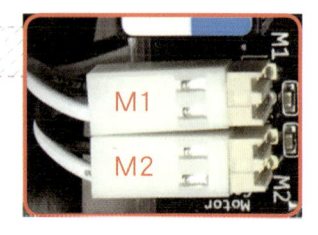

實作範例

ch2-4　鍵盤控制 mBot 運動

請利用鍵盤的上、下、左、右鍵，控制 mBot 前進、後退、左轉與右轉，同時左轉與右轉時，分別點亮左側與右側的 LED 燈。

1 將 mBot 設定為 【即時】模式，點選 事件，拖曳下圖積木，分別點選【上移鍵】、【下移鍵】、【左移鍵】、【右移鍵】。

2 點選 運動，拖曳 4 個 前進, 動力 50 %，分別點選【前進】、【後退】、【左轉】、【右轉】。

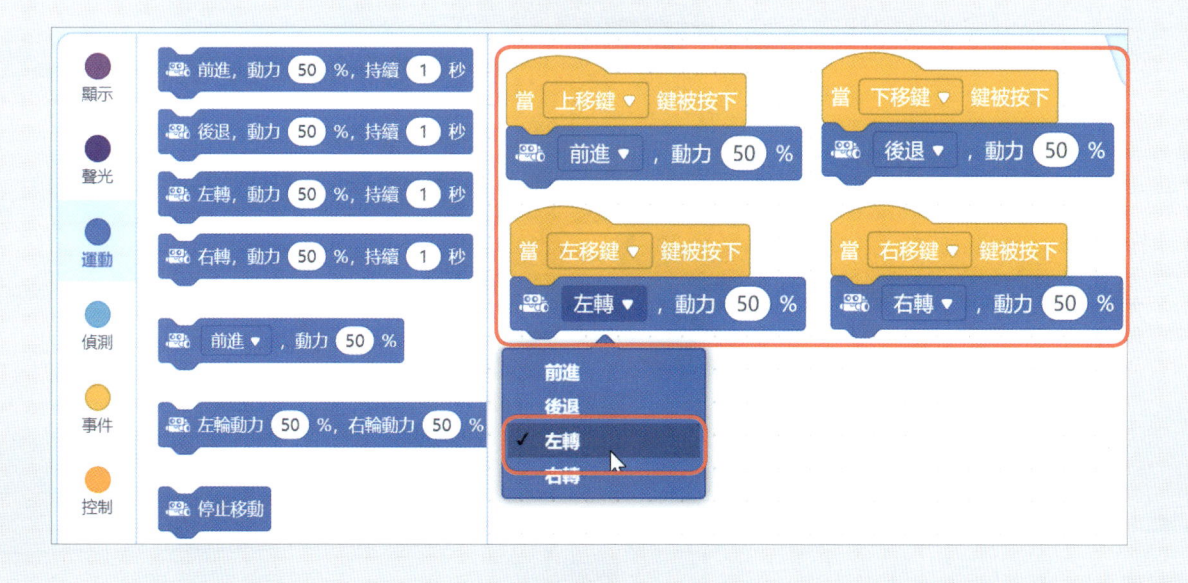

用主題範例學運算思維與程式設計

3 點選 聲光，拖曳 [LED 燈位置 全部 的顏色設為 ●]，分別設定為【左】與【右】，並拖曳 [LED 燈位置 所有的 的三原色數值為 紅 0 綠 0 藍 0]，將參數值設為 0，關閉 LED 燈。

4 按下鍵盤的↑、↓、←、→鍵，檢查 mBot 是否前進、後退、左轉與右轉。

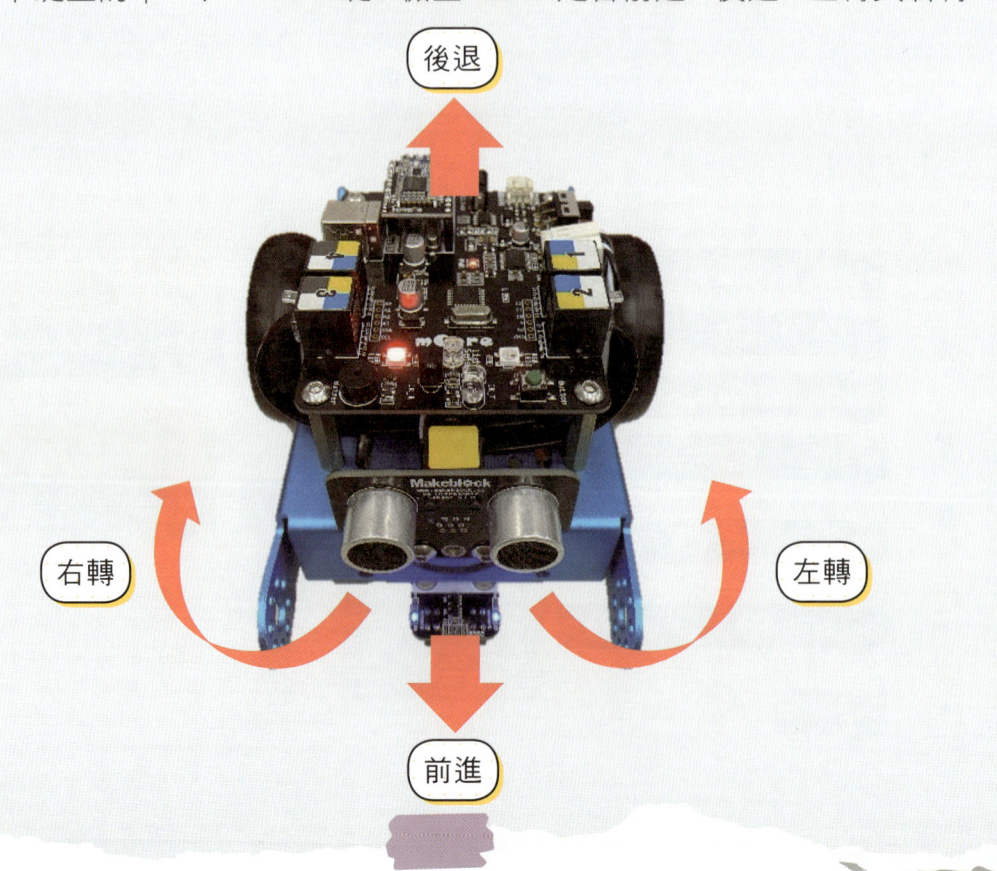

後退

前進

右轉

左轉

44

Chapter 2　光線控制 mBot 機器人運動

2-5　光線感測器：光控 LED 燈亮度

mBot 主控板內建光線感測器用來偵測環境的光線值。

功能	積木	說明
傳回光線值	光線感測器 板載 光線強度	傳回板載（mCore 主控板）光線感測器的光線強度。光線強度範圍從 0 ～ 1000。

實作範例

ch2-5　光控 LED 燈亮度

請設計利用 mBot 的光線感測器控制 LED 燈的亮度。當光線愈亮時，LED 燈的亮度愈亮、光線愈暗，LED 燈的亮度愈暗。

1 將 mBot 設定為 上傳 即時 【即時】模式。

2 點選 偵測，勾選 ☑ 光線感測器 板載 光線強度 ，檢查舞台顯示的光線強度為何？

執行結果：＿＿＿＿＿＿＿。

3 遮住光線感測器，檢查舞台顯示的光線強度為何？

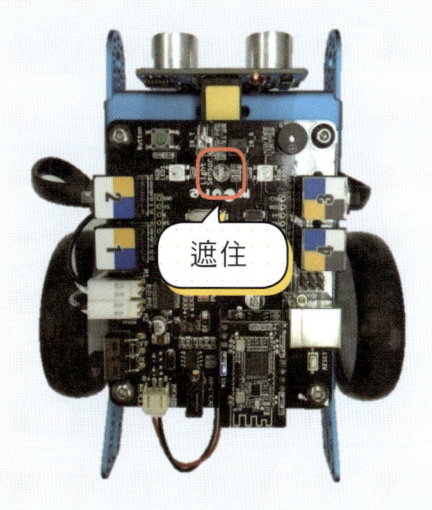

執行結果：＿＿＿＿＿＿＿。

遮住

45

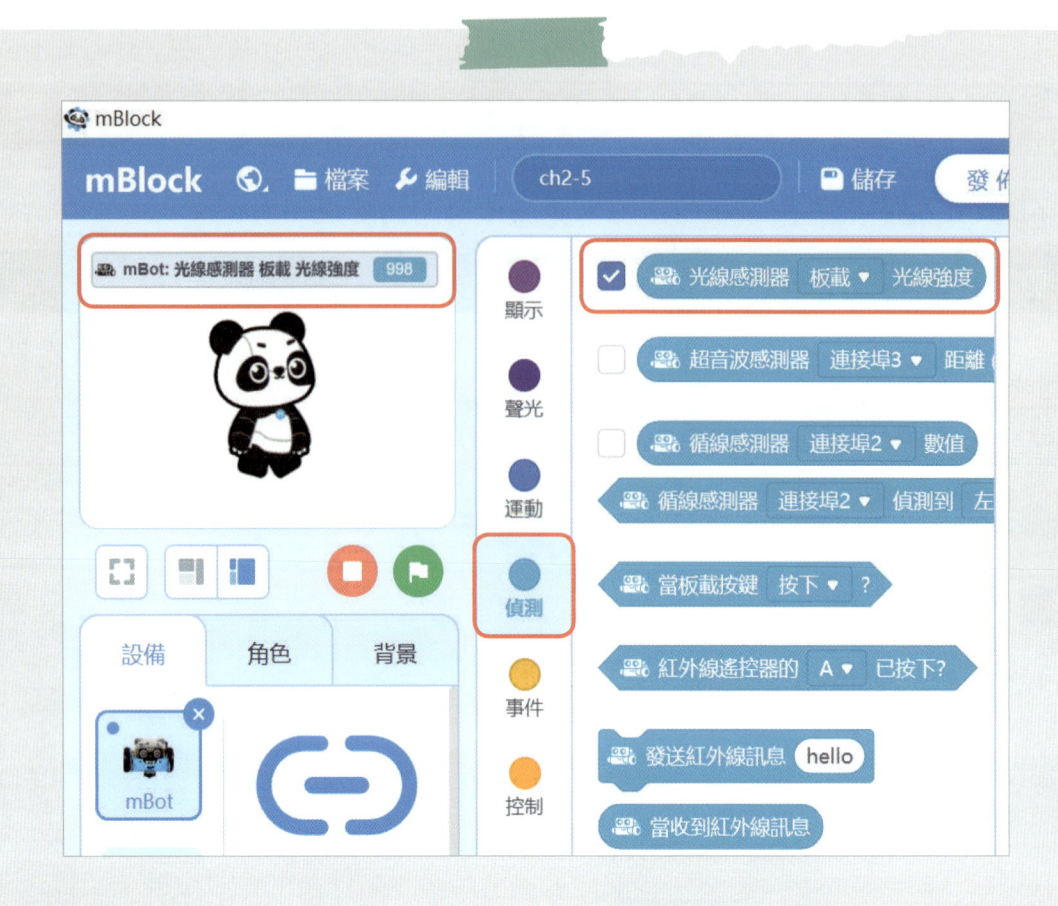

用主題範例學運算思維與程式設計

mBot 操作提示

在 上傳 / 即時 「即時」模式才能夠顯示即時的光線強度。

4 點選 事件、控制 與 聲光，拖曳下圖積木，點亮 LED 燈。

Chapter 2　光線控制 mBot 機器人運動

5 按 ●運算 與 ●偵測，拖曳下圖積木，將紅、綠、藍參數值設定為「光線強度除以 4」。

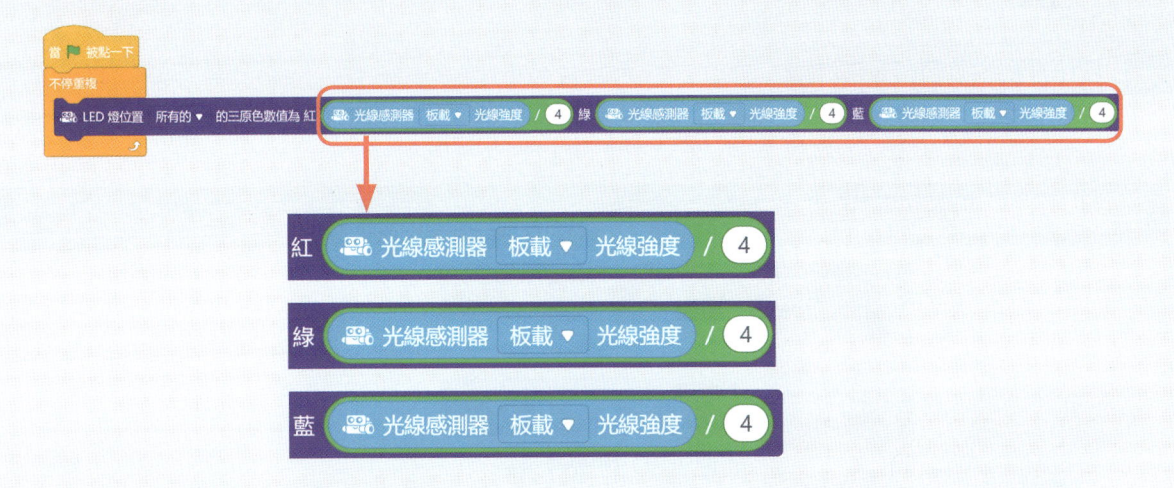

6 點擊 ▶，遮住光線感測器，或將 mBot 放在明亮處，檢查 LED 燈是否隨著環境的明暗改變亮度。

mBlock5 概念提示

1. 在 ●運算 積木中，能夠計算數學相關的運算。

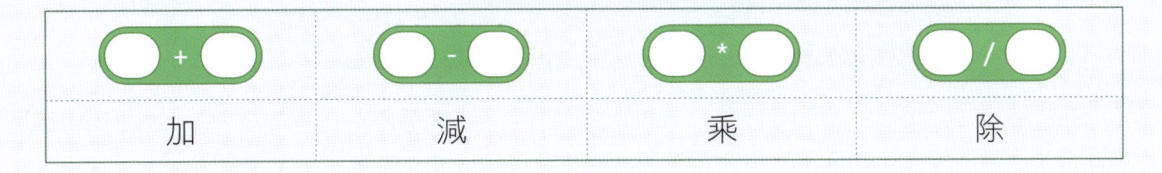

● + ●	● - ●	● * ●	● / ●
加	減	乘	除

2. 光線感測器的光線強度範圍介於 0 ～ 1000 之間；LED 燈的亮度範圍介於 0 ～ 255 之間。因此，將光線強度除以 4，讓 LED 的亮度介於 0 ～ 255 之間。

47

2-6 控制程式執行流程

在 控制 類別積木中，能夠控制程式的執行時間或依據條件判斷決定執行流程。

一 控制程式執行時間

「等待 1 秒」積木能夠控制程式執行的等待時間。

控制等待時間	控制 LED 燈亮 1 秒
等待 1 秒	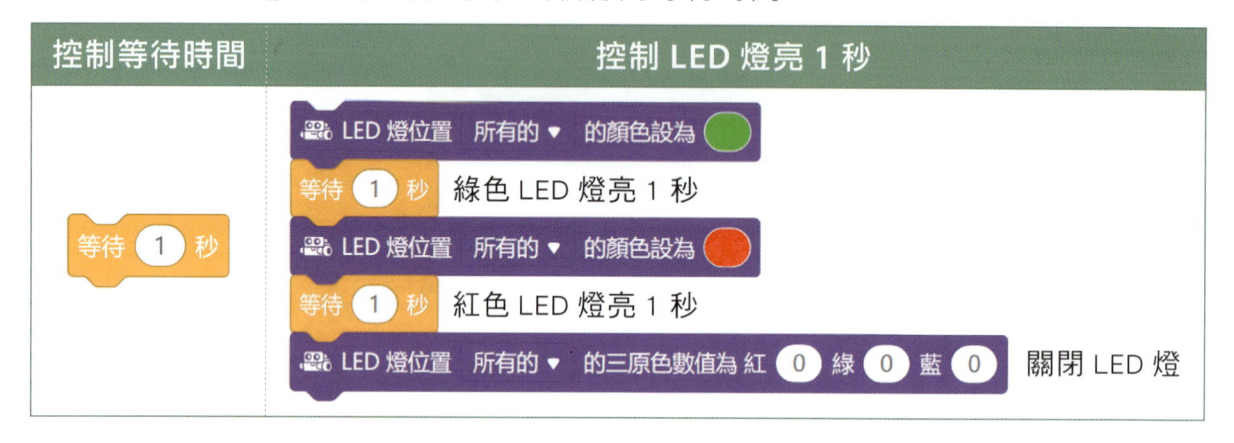 LED 燈位置 所有的▼ 的顏色設為 ●（綠） 等待 1 秒　　綠色 LED 燈亮 1 秒 LED 燈位置 所有的▼ 的顏色設為 ●（紅） 等待 1 秒　　紅色 LED 燈亮 1 秒 LED 燈位置 所有的▼ 的三原色數值為 紅 0 綠 0 藍 0　　關閉 LED 燈

▌mBlock5 概念提示 ▌

如果沒有等待 1 秒，會依據程式執行的時間點亮 LED 燈，LED 燈會快閃綠燈、紅燈之後關閉。

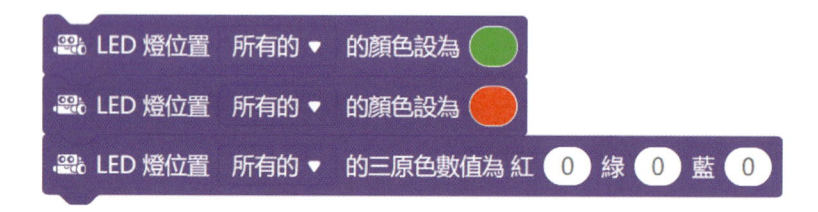

- LED 燈位置 所有的▼ 的顏色設為 ●
- LED 燈位置 所有的▼ 的顏色設為 ●
- LED 燈位置 所有的▼ 的三原色數值為 紅 0 綠 0 藍 0

「等待直到」積木能夠控制程式一直等待，直到條件成立之後才繼續執行下一個積木。

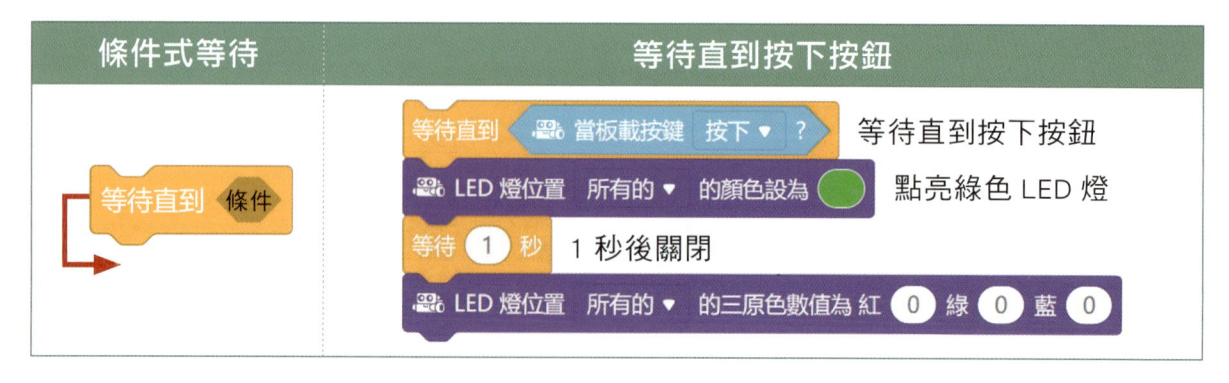

條件式等待	等待直到按下按鈕
等待直到 條件	等待直到 當板載按鍵 按下▼ ?　　等待直到按下按鈕 LED 燈位置 所有的▼ 的顏色設為 ●　　點亮綠色 LED 燈 等待 1 秒　　1 秒後關閉 LED 燈位置 所有的▼ 的三原色數值為 紅 0 綠 0 藍 0

▌mBlock5 概念提示 ▌

如果沒有按下按鈕，程式會一直等待，不會點亮 LED 燈。

二 控制程式執行流程

「如果 - 那麼」與「如果 - 那麼 - 否則」依據條件判斷決定執行流程。

1 如果 - 那麼

「如果 - 那麼」依據條件判斷的結果為「真」才執行那麼內層程式。

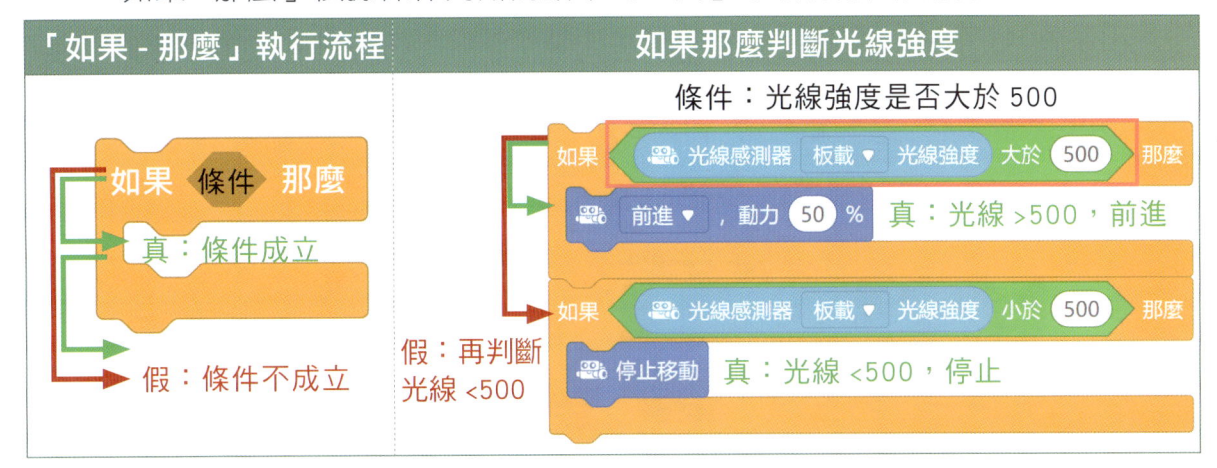

「如果 - 那麼」執行流程	如果那麼判斷光線強度
如果 條件 那麼 真：條件成立 假：條件不成立	條件：光線強度是否大於 500 如果 光線感測器 板載 光線強度 大於 500 那麼 　前進，動力 50 ％　真：光線 >500，前進 假：再判斷光線 <500 如果 光線感測器 板載 光線強度 小於 500 那麼 　停止移動　真：光線 <500，停止

2 如果 - 那麼 - 否則

「如果 - 那麼 - 否則」依據條件判斷的結果的「真」與「假」分別執行不同的流程。

條件為真執行那麼的內層、條件為假執行否則的內層。

「如果 - 那麼 - 否則」執行流程	如果那麼否則判斷光線強度
如果 條件 那麼 真：條件成立 否則 假：條件不成立	條件：光線強度是否大於 500 如果 光線感測器 板載 光線強度 大於 500 那麼 　前進，動力 50 ％　真：光線 >500，前進 否則 　停止移動　假：光線 ≤500，停止

▌mBlock5 概念說明 ▌

在 運算 積木中，能夠判斷兩個運算式之間的關係運算，判斷結果包括：

(1) true（真）；(2) false（假）。

判斷關係	◯ 大於 50 大於	◯ 等於 50 等於	◯ 小於 50 小於
範例	5 大於 -5	5 = -5	5 小於 -5
判斷結果	true（真）	false（假）	false（假）

2-7 即時執行光線控制 mBot 機器人

以即時模式執行程式，mBot 啟動時先播放嗶嗶聲，再判斷環境光線強度。如果光線強度大於 500 時，mBot 前進並點亮紅色 LED 燈，如果光線強度小於或等於 500，mBot 機器人關閉 LED 燈並停止移動。

1 將 mBot 設定為【即時】模式，點選**事件**、**控制** 與 **聲光**，拖曳下圖積木，當程式開始執行時，mBot 發出嗶嗶聲。

2 點選 **控制**、**運算** 與 **偵測**，拖曳下圖積木，判斷光線強度是否大於 500。

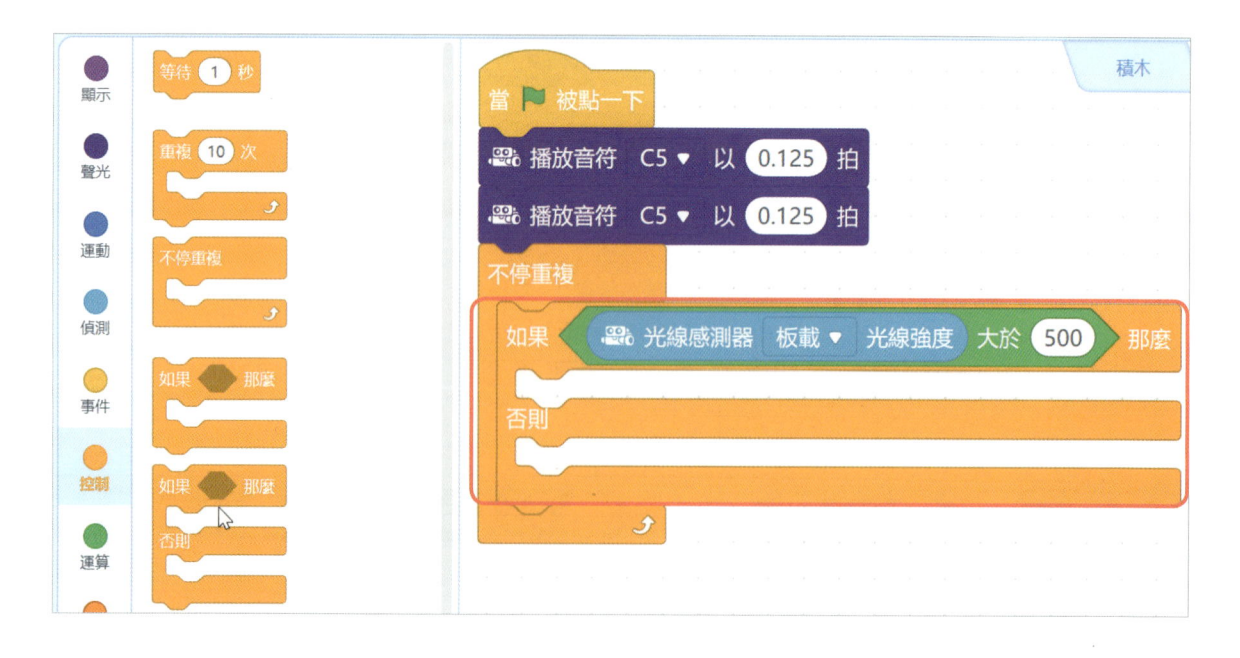

Chapter 2　光線控制 mBot 機器人運動

mBot 操作提示

光線強度 500，依據 mBot 機器人所在環境光線值調整參數。

3 點選 運動 與 聲光，拖曳下圖積木，當光線強度大於 500，mBot 前進並點亮紅色 LED 燈；否則 mBot 機器人關閉 LED 燈並停止移動。

```
當 ▶ 被點一下
播放音符 C5 ▼ 以 0.125 拍
播放音符 C5 ▼ 以 0.125 拍
不停重複
    如果 光線感測器 板載 ▼ 光線強度 大於 500 那麼
        LED 燈位置 所有的 ▼ 的顏色設為 ●
        前進 ▼ ，動力 50 %
    否則
        LED 燈位置 所有的 ▼ 的三原色數值為 紅 0 綠 0 藍 0
        停止移動
```

4 點擊 ▶ ，檢查光線強度大於 500 時，mBot 是否前進，並亮 LED 燈。遮住光線感測器，檢查 mBot 是否停止並關閉 LED 燈。

2-8　上傳執行光線控制 mBot 機器人

　　mBlock 5 程式設計時，以即時模式，測試程式執行是否正確。程式設計完成，開啟上傳模式，將程式上傳 mCore 主控板，以後只要開啟電源，mBot 自動執行光線控制程式。同時，在上傳模式只能有一個 `當 mBot(mcore) 啟動時` 程式。

1 點擊 【上傳】，將 mBot 設定為上傳模式。

2 按 `事件`，拖曳 `當 mBot(mcore) 啟動時`，並複製 `當 ▶ 被點一下` 下方程式。

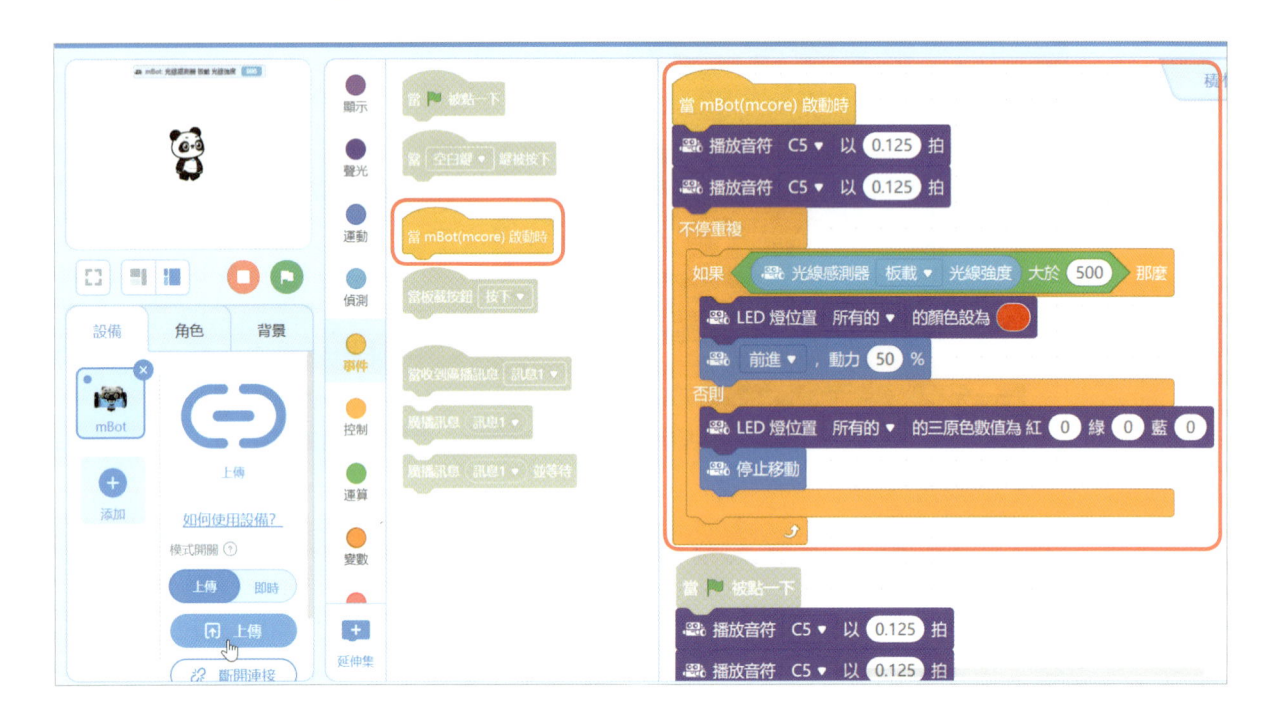

3 點擊 `上傳`，將程式上傳到 mCore 主控板，再斷開電腦與 mBot 連線。只要開啟電源，mBot 偵測環境光線值前進或停止。

Chapter 2　光線控制 mBot 機器人運動

mBlock5 概念說明

比較即時與上傳模式執行的差異：

即時模式

即時模式讓 mBot 與電腦保持即時連線執行程式或傳遞感測器相關的即時資訊。

（圖示說明：感測器能夠連線顯示即時資訊；點擊綠旗執行程式；無法執行；可執行；可以即時執行）

上傳模式

上傳模式需要將程式上傳到 mCore 主控板才能執行。上傳完成之後，斷開 mBot 與電腦連線，只要開啟電源，mBot 就能夠自動執行上傳的程式。

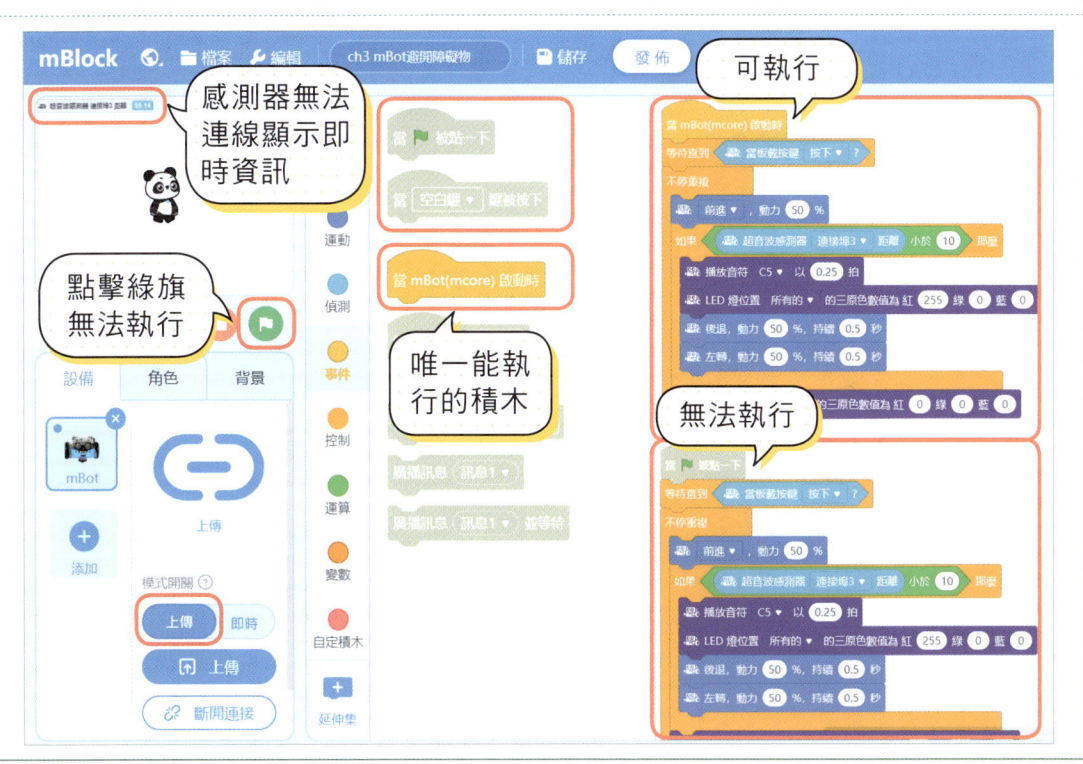

（圖示說明：感測器無法連線顯示即時資訊；點擊綠旗無法執行；唯一能執行的積木；可執行；無法執行）

53

Chapter 2　學習評量

一、選擇題

______ 1. 圖 (一) 中，何者能夠讓 mBot 機器人播放聲音？
(A) A　　(B) B
(C) C　　(D) D。

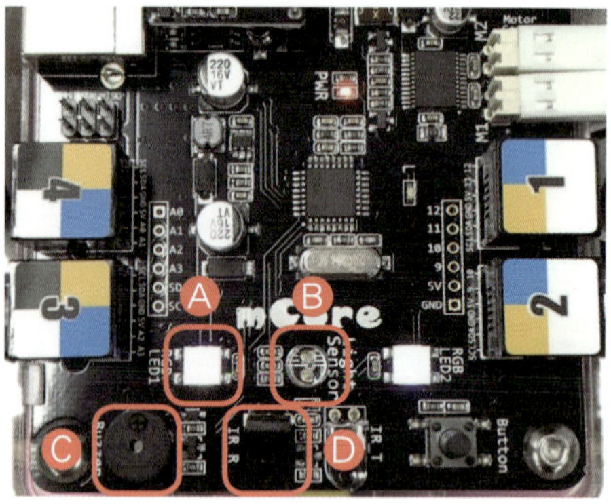

A
B
C
D

圖 (一)

______ 2. 圖 (一) 中，如果想要讓 mBot 機器人閃爍 LED 燈，應該使用哪一個硬體元件？
(A) A　　(B) B
(C) C　　(D) D。

______ 3. 下列關於 mBot 的元件敘述何者「錯誤」？

(A) 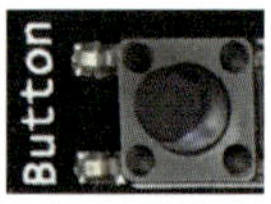
Button
按鈕

(B) 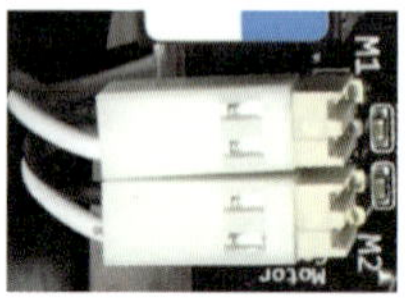

M1
M2

紅外線

(C) 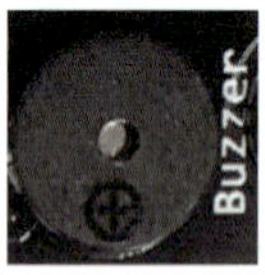
Buzzer
蜂鳴器

(D) 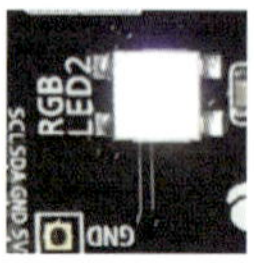

RGB LED2

LED。

______ 4. 如果想要讓 mBot 機器人的蜂鳴器播放聲音，應該使用下列哪一個積木？

(A) 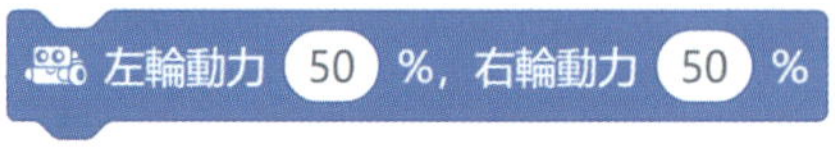
左輪動力 50 %, 右輪動力 50 %

(B) 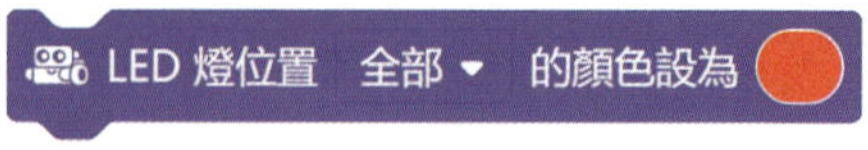
LED 燈位置 全部 的顏色設為

(C) 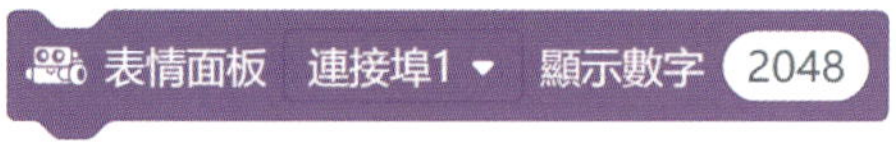
表情面板 連接埠1 顯示數字 2048

(D) 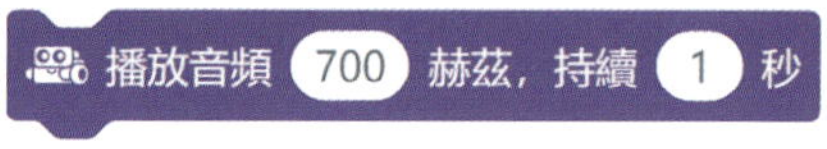
播放音頻 700 赫茲, 持續 1 秒
。

______ 5. 如果想設計讓 mBot「重複前進」，直到按下停止運動才停止，應該使用下列哪一個積木？

(A) 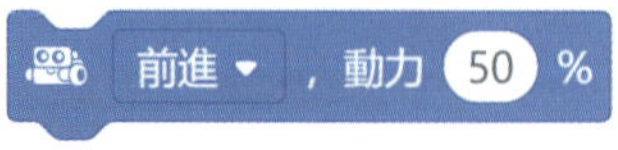
前進 , 動力 50 %

(B) 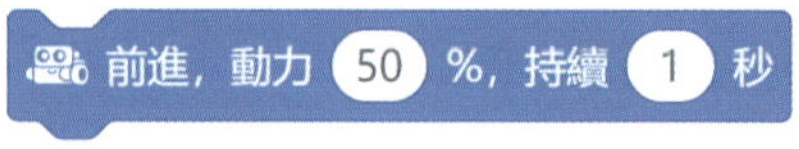
前進, 動力 50 %, 持續 1 秒

(C) 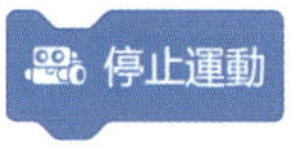
停止運動

(D) 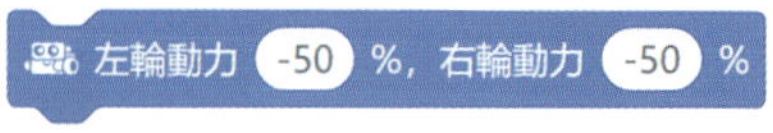
左輪動力 -50 %, 右輪動力 -50 %
。

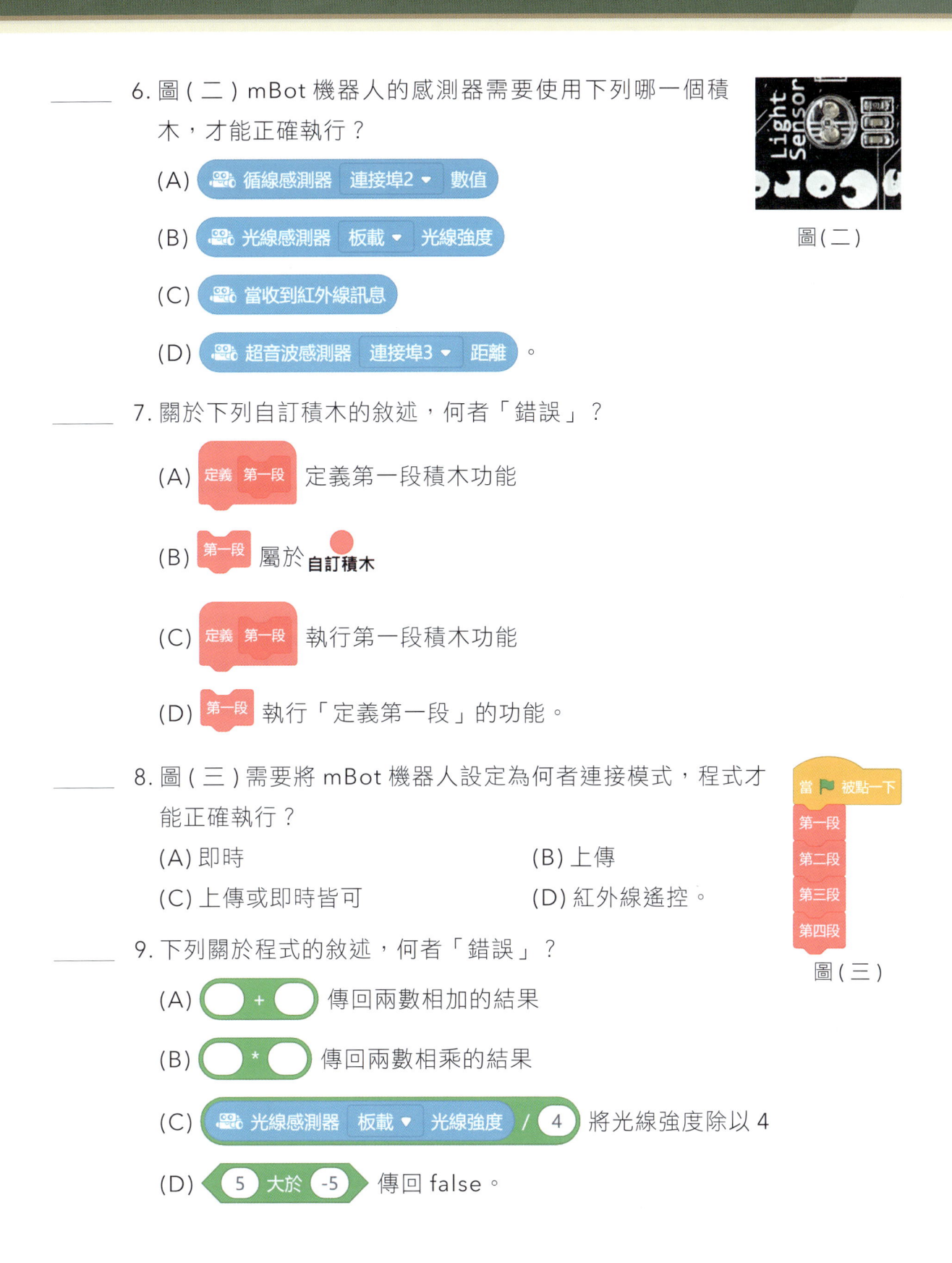

Chapter 2　學習評量

_____ 6. 圖 (二) mBot 機器人的感測器需要使用下列哪一個積木，才能正確執行？

(A) 循線感測器 連接埠2 數值

(B) 光線感測器 板載 光線強度

(C) 當收到紅外線訊息

(D) 超音波感測器 連接埠3 距離 。

圖 (二)

_____ 7. 關於下列自訂積木的敘述，何者「錯誤」？

(A) 定義 第一段　定義第一段積木功能

(B) 第一段　屬於 自訂積木

(C) 定義 第一段　執行第一段積木功能

(D) 第一段　執行「定義第一段」的功能。

_____ 8. 圖 (三) 需要將 mBot 機器人設定為何者連接模式，程式才能正確執行？

(A) 即時　　　　　　　　(B) 上傳
(C) 上傳或即時皆可　　　(D) 紅外線遙控。

_____ 9. 下列關於程式的敘述，何者「錯誤」？

(A) ◯ + ◯　傳回兩數相加的結果

(B) ◯ * ◯　傳回兩數相乘的結果

(C) 光線感測器 板載 光線強度 / 4　將光線強度除以 4

(D) 5 大於 -5　傳回 false。

圖 (三)

55

Chapter 2　學習評量

_____ 10. 關於圖 (四) 程式的敘述，何者「錯誤」？

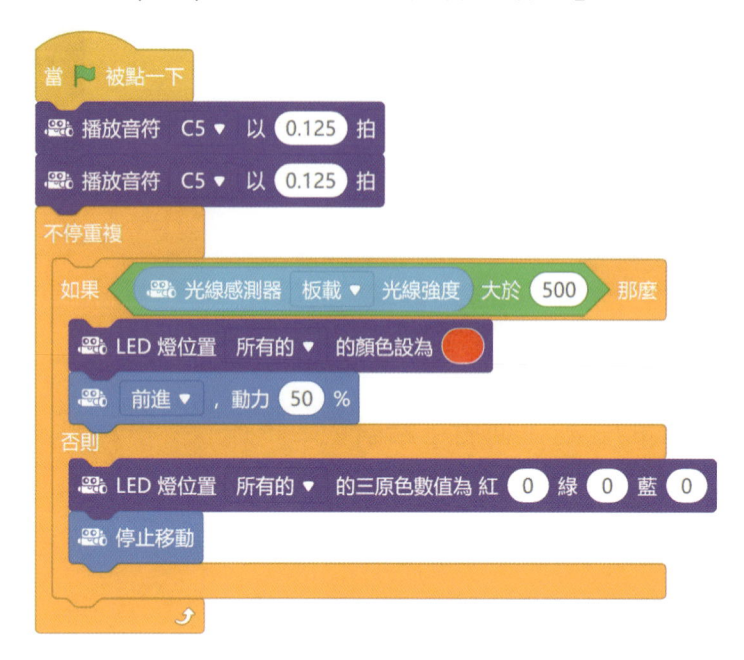

圖(四)

(A) 光線強度大於 500 時，mBot 前進並開啟 LED 燈
(B) 光線強度大於 500 時，mBot 停止並關閉 LED 燈
(C) LED 燈的紅、綠、藍參數值介於 0 ～ 255 之間
(D) 光線感測器會重複偵測環境的光線強度。

二、實作題

1. 請利用播放音頻（ 播放音頻 700 赫茲, 持續 1 秒 ）改寫程式，讓 mBot 播放快樂頌。

2. 請利用 如果 那麼 改寫程式，如果 mBot 機器人處於暗處時靜止不動，如果處於明亮處 mBot 機器人直線前進。

mBot 補給站

人體紅外線感測器：mBot 偵測是否有人

控制 mBot 機器人運動，除了利用鍵盤、光線感測器之外，能夠利用外接擴充感測器，例如：人體紅外線感測器等。

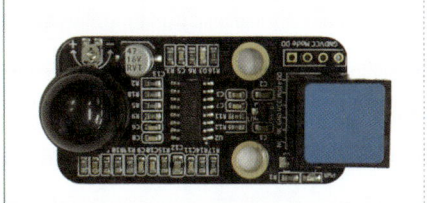

一 人體紅外線感測器

[人體紅外線感測器 連接埠2▼ 偵測人的移動?]

判斷連接埠（1～4）中人體紅外線感測器是否偵測到人的移動。
true（真）：偵測到有人在移動。
false（假）：未偵測到有人移動。

二 人體紅外線控制 mBot 移動

利用人體紅外線控制 mBot 的移動，在 mBot 啟動時先播放嗶嗶聲，再判斷是否有人在移動。如果偵測有人在移動，mBot 前進並點亮紅色 LED 燈，如果未偵測到有人移動，mBot 機器人關閉 LED 燈並停止移動。

1 將人體紅外線感測器連接在 mBot 的連接埠 1～4，其中一個。

能夠連接到 1，2，3，4 有藍色的連接埠

藍色貼紙

2 改寫光線控制 mBot 運動程式，將判斷光線強度

（[光線感測器 板載▼ 光線強度] 大於 500），改成判斷人在移動

（[人體紅外線感測器 連接埠2▼ 偵測人的移動?]）。

mBot 補給站

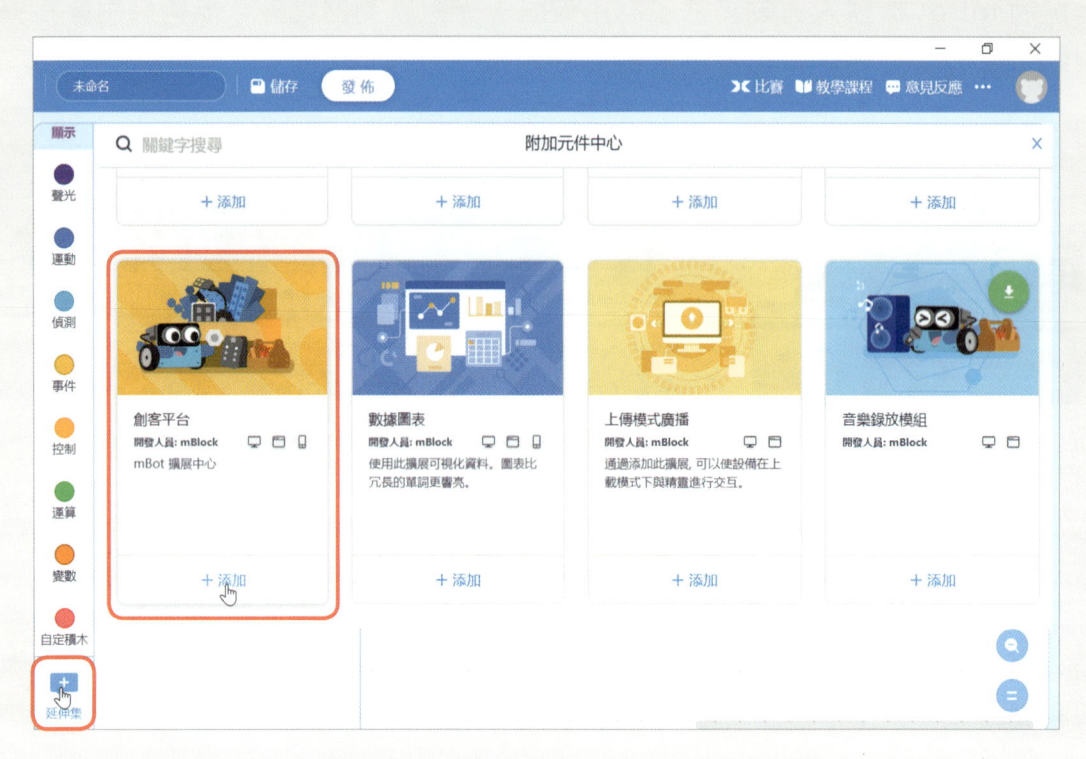

3 按 [延伸集]，點選【創客平台】，再按【＋添加】，新增創客平台擴展積木。

4 拖曳下圖積木，以人體紅外線感測器偵測是否有人在移動。

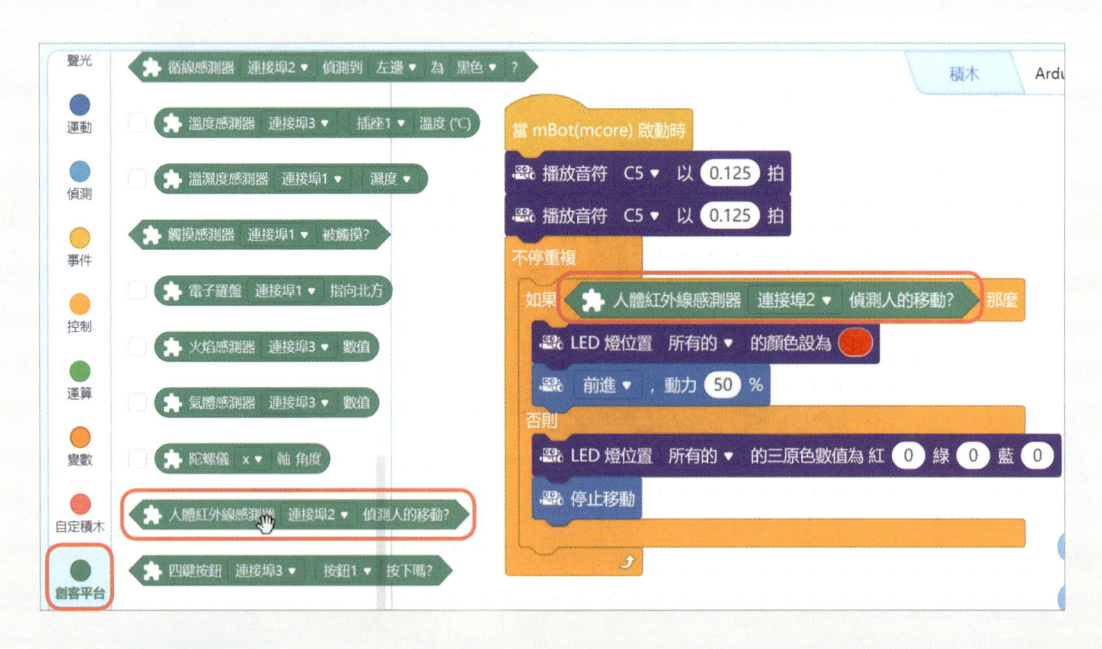

5 點擊 [上傳]，將程式上傳到 mCore 主控板，再斷開電腦與 mBot 連線。只要開啟電源，mBot 判斷是否有人移動，再前進或停止。

MLC 實作題

題目名稱：以靜制動 mBot 機器人　　　　　　　　**20** mins

題目說明：請設計以靜制動 mBot 機器人，當 mBot 機器人處於暗處時靜止不動，如果處於明亮處 mBot 機器人直線前進並點亮 LED 燈。

成品圖

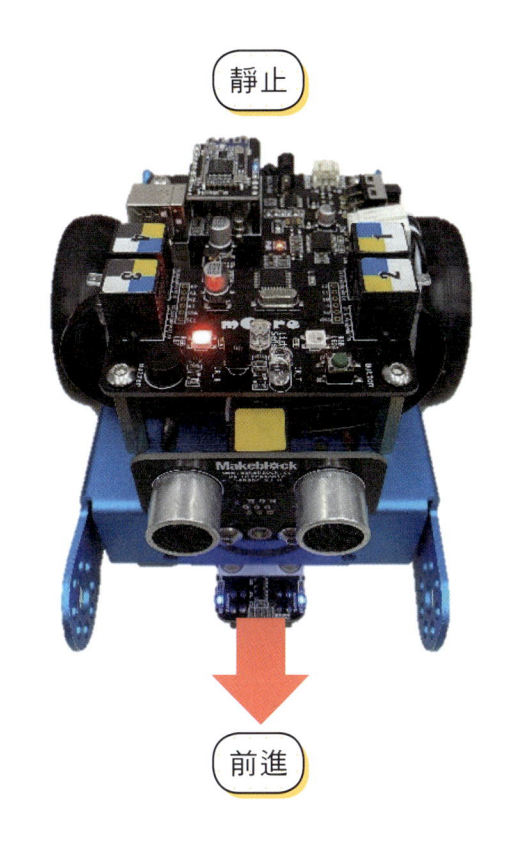

靜止

前進

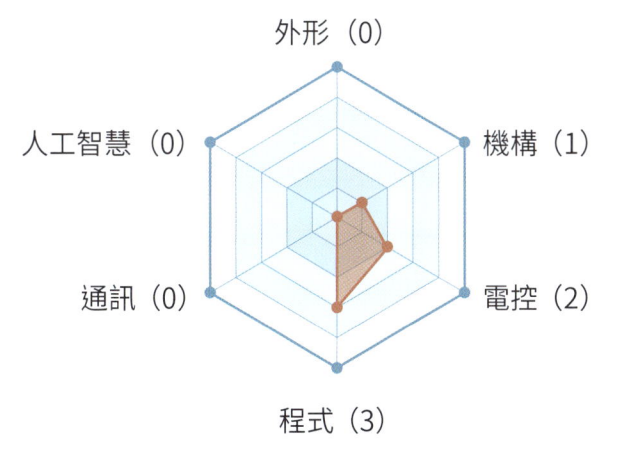

外形（0）
機構（1）
電控（2）
程式（3）
通訊（0）
人工智慧（0）

・創客指標・

外形	0
機構	1
電控	2
程式	3
通訊	0
人工智慧	0
創客總數	6

創客題目編號：A005047

MEMO

Chapter 3

超音波無人 mBot 自動車

本章將設計超音波無人 mBot 自動車，程式開始執行時 mBot 機器人前進，並偵測 mBot 機器人與障礙物間的距離，如果 mBot 機器人與障礙物間距離小於 5，自動後退轉彎再重複前進。

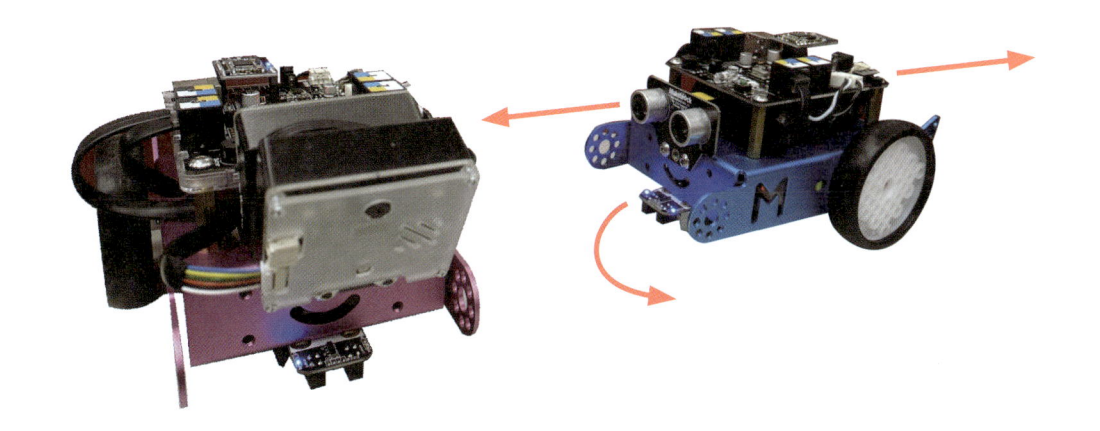

本章節次

3-1 超音波無人 mBot 自動車元件規劃
3-2 按鈕：按下按鈕直線競速
3-3 超音波感測器：倒車雷達
3-4 控制程式重複執行
3-5 即時執行超音波無人 mBot 自動車
3-6 上傳執行超音波無人 mBot 自動車
mBot 補給站：mBot 顯示方向燈

學習目標

1. 理解 mBot 機器人的超音波感測器運作原理。
2. 能夠應用超音波感測器設計自動避障 mBot。
3. 能夠應用 LED 燈顯示警示燈。

3-1 超音波無人 mBot 自動車元件規劃

本章將設計超音波無人 mBot 自動車,程式開始時 mBot 先等待按下按鈕再前進。前進過程中重複偵測 mBot 機器人與障礙物間的距離,如果 mBot 機器人與障礙物間距離小於 5,自動後退轉彎再重複前進,同時前進與接近障礙物時顯示不同顏色 LED 燈。

一 超音波無人 mBot 自動車元件規劃

超音波無人 mBot 自動車將應用的元件包括:按鈕、LED 燈與超音波感測器,每個元件的位置與功能如下圖所示:

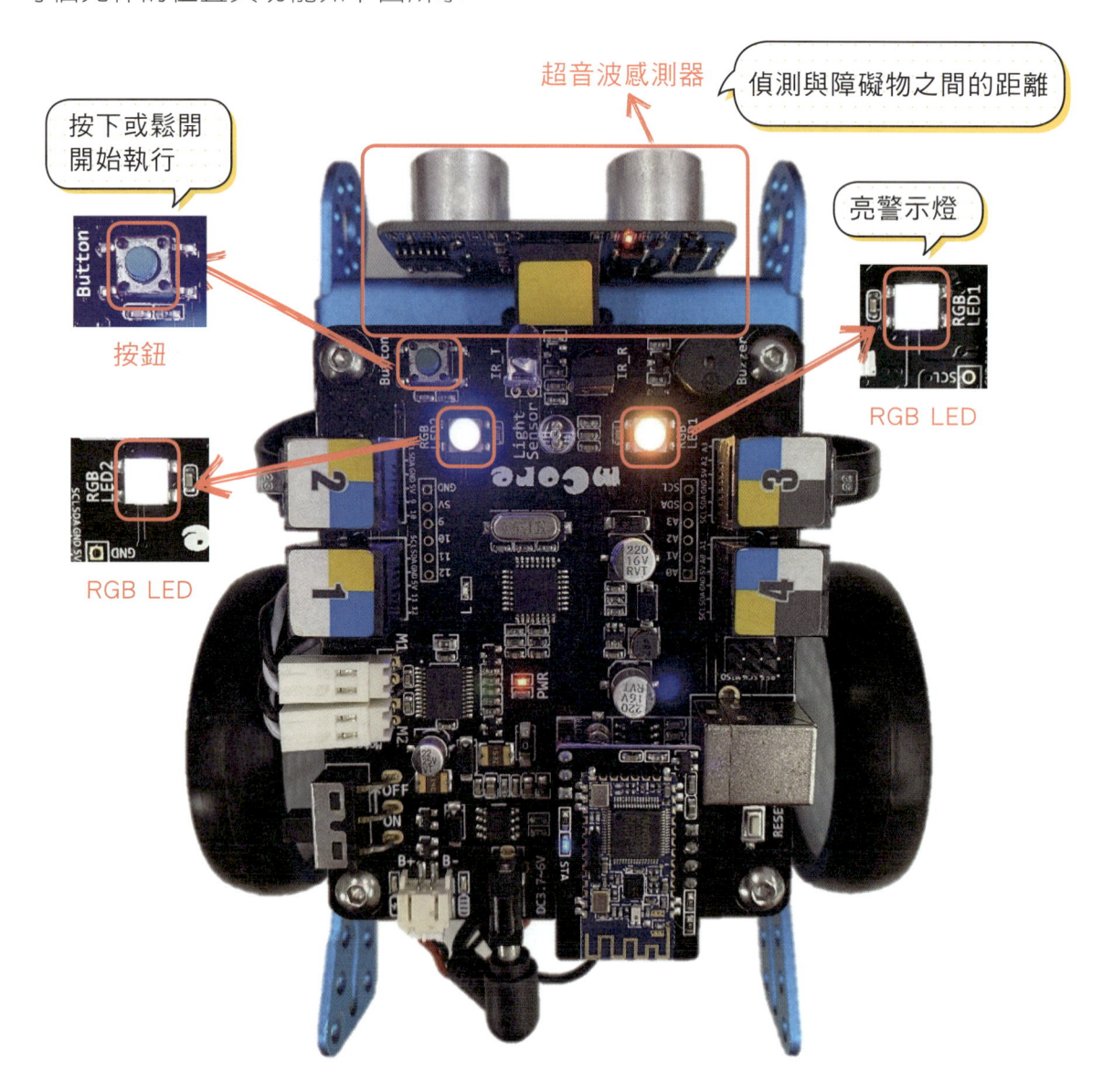

二 超音波無人 mBot 自動車執行流程

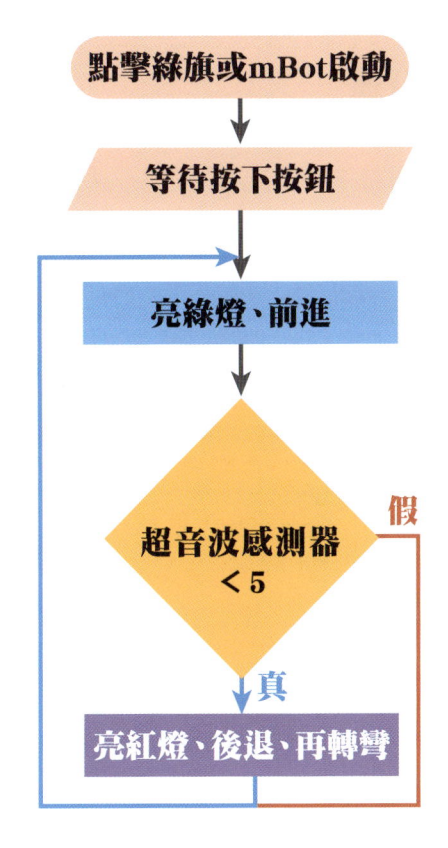

```
點擊綠旗或mBot啟動
      ↓
   等待按下按鈕
      ↓
   亮綠燈、前進
      ↓
   超音波感測器 <5  ──假──┐
      ↓真              │
  亮紅燈、後退、再轉彎 ←──┘
```

3-2 按鈕：按下按鈕直線競速

　　mBot 主控板上的按鈕，利用按下或鬆開按鈕開始執行程式，或傳回按鈕的偵測值，相關積木功能如下：

功能	積木與說明
按鈕啟動	當板載按鈕 按下 ▼ ✓ 按下 　 鬆開 當按下按鈕或鬆開按鈕時開始執行程式。
判斷是否按下按鈕	當板載按鍵 按下 ▼ ? ✓ 按下 　 鬆開 判斷按鈕按下或鬆開，判斷結果為真或假。 true（真）或 1：已按下或已鬆開。 false（假）或 0：未按下或未鬆開。

63

【實作範例】

ch3-1 按下按鈕直線競速

請設計利用 mBot 的按鈕控制 mBot 運動。當程式開始執行時，mBot 在起跑線等待使用者按下按鈕。當使用者按下按鈕，mBot 直線競速前進，比比看誰的 mBot 先抵達終點。

1 將 USB 連接電腦與 mBot，開啟 mBot 機器人電源。

2 在「設備」按 `添加`，新增 `mBot`，點選【連接 >COM 值 > 連接】，並選擇 `上傳 / 即時` 【即時】模式。

3 點按 `Codey` 的 `×`【刪除】。

4 點選 `偵測`，直接點擊積木 `當板載按鍵 按下 ?`，檢查積木顯示的執行結果為何？

執行結果：☐ true 或 1　☐ false 或 0。

5 按住 mBot 按鈕，再點擊 `當板載按鍵 按下 ?`，檢查積木顯示的執行結果為何？

執行結果：☐ true 或 1　☐ false 或 0。

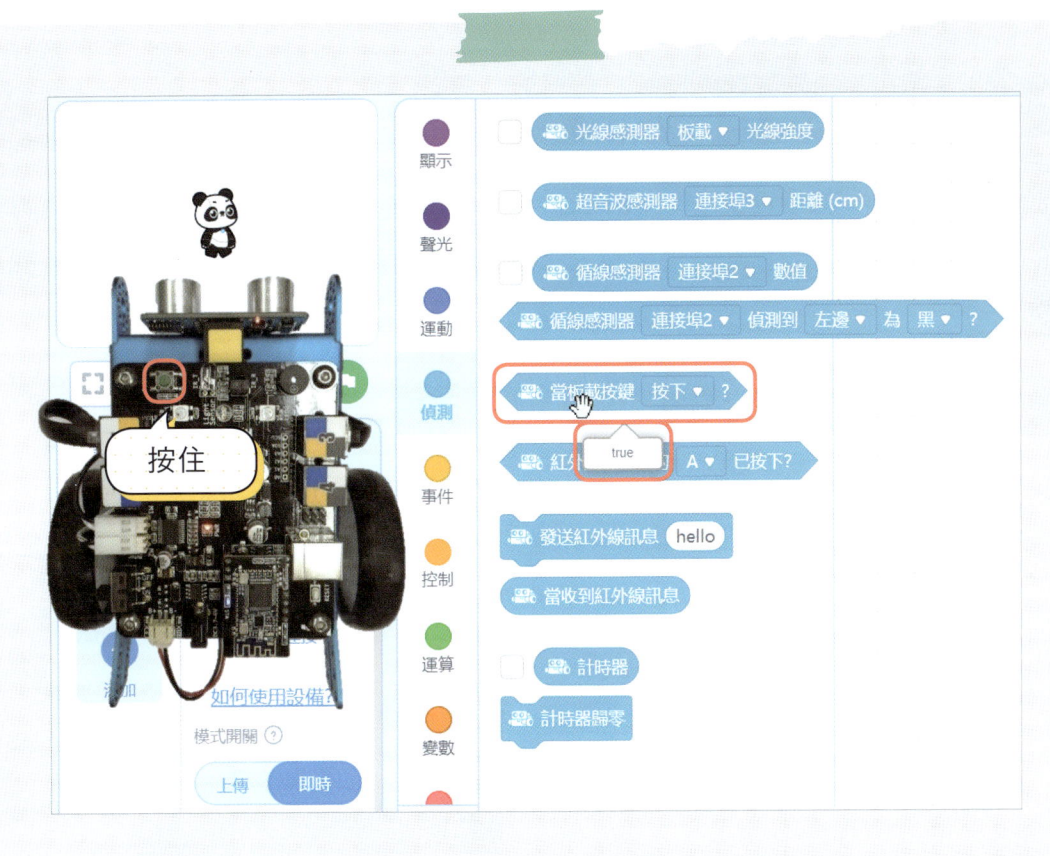

Chapter 3　超音波無人 mBot 自動車

6 點擊 【上傳】，將 mBot 設定為上傳模式。

7 點選 事件、控制 與 運動，拖曳下圖積木，當按下按鈕時，mBot 開始前進直線競速。

8 點擊 上傳 ，將程式上傳到 mCore 主控板，再斷開電腦與 mBot 連線。按下按鈕，比比看誰的 mBot 先抵達終點。

65

3-3 超音波感測器：倒車雷達

超音波感測器（Ultrasonic Sensor）主要功能在偵測超音波感測器與障礙物之間的距離，偵測距離從 3 公分到 4 公尺，最佳偵測角度在 30 度以內。相關積木功能如下：

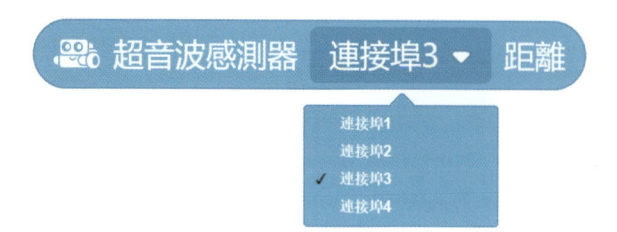

傳回連接埠（1～4）中超音波感測器與障礙物之間距離的偵測值。偵測值範圍介於 0～400 之間。

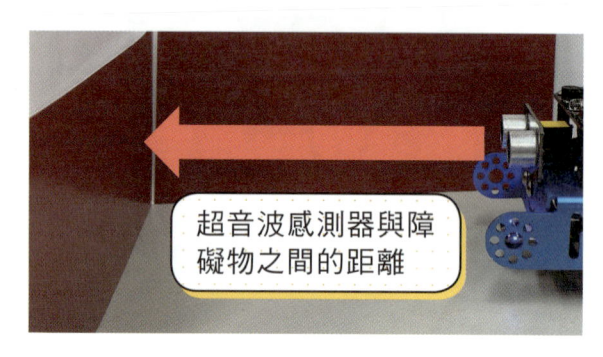

超音波感測器與障礙物之間的距離

超音波感測器連接 mBot 連接埠的位置如下圖所示：

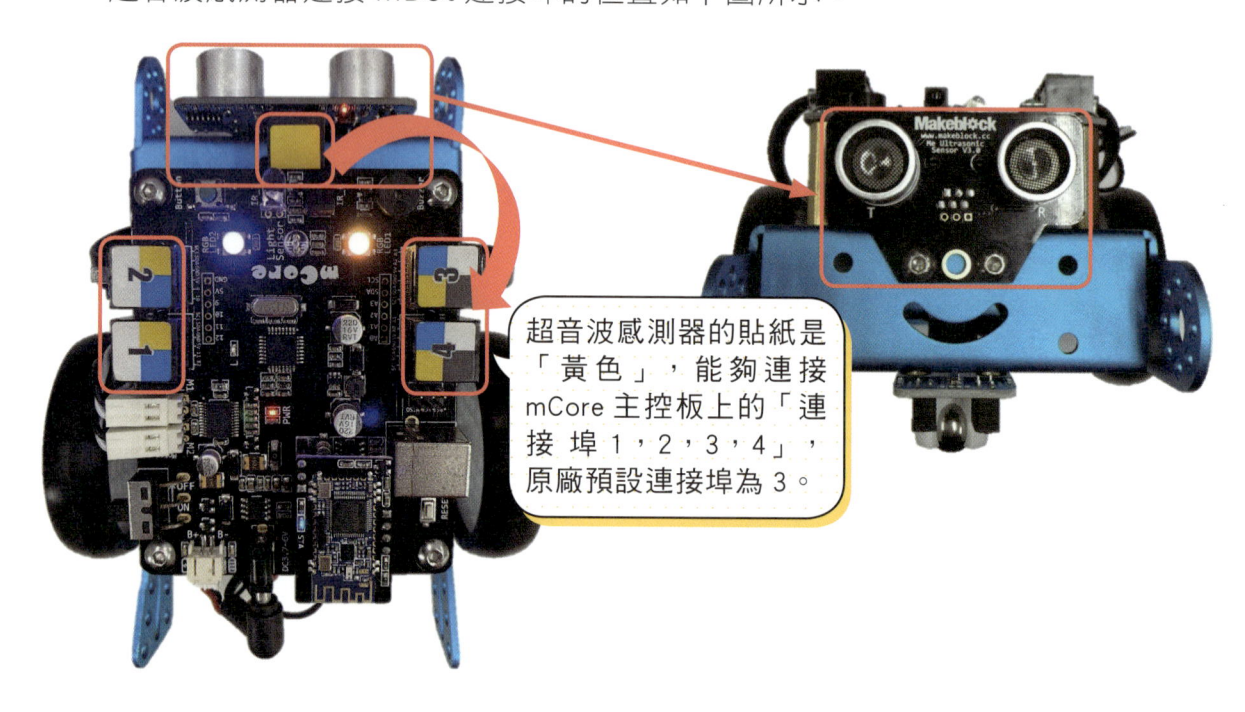

超音波感測器的貼紙是「黃色」，能夠連接 mCore 主控板上的「連接埠 1，2，3，4」，原廠預設連接埠為 3。

mBot 操作提示

利用手機或紅外線遙控器操控 mBot 時，原廠內建程式的超音波感測器連接埠為 3。

實作範例

ch3-2　倒車雷達

請利用超音波感測器，設計倒車雷達。當超音波感測器偵測的距離小於 25 時，mBot 發出長音警示聲，當距離再小於 10 時，mBot 發出短音警示聲。

1 將 mBot 設定為 【即時】模式。

2 檢查超音波感測器與 mBot 的連接埠，並勾選連接埠。

　　□連接埠 1　　□連接埠 2　　□連接埠 3　　□連接埠 4

3 按 偵測 ，☑勾選「超音波感測器連接埠 3 距離」。移動超音波感測器與障礙物之間的距離，檢查超音波感測器即時的偵測距離。

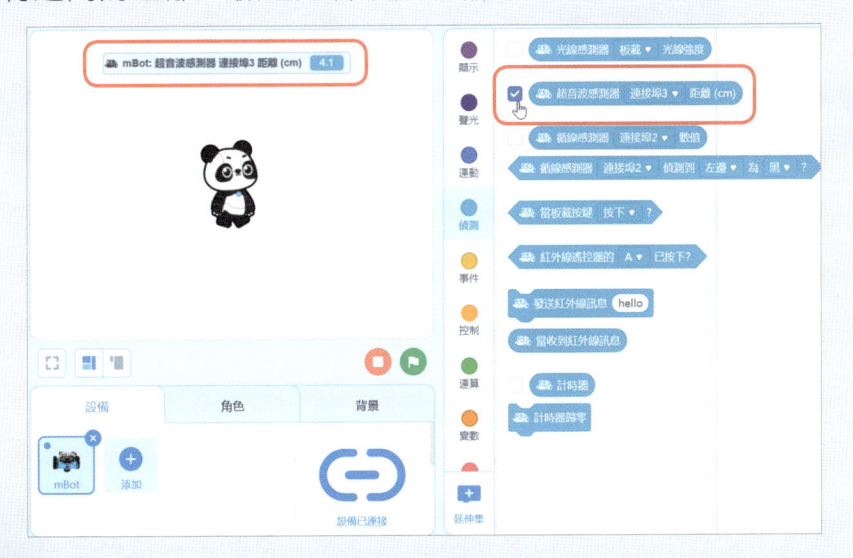

執行結果：距離偵測值：＿＿＿＿＿＿

用主題範例學運算思維與程式設計

4 點選 **事件**、**控制**、**偵測** 與 **運算**，拖曳下圖積木，判斷超音波感測器與障礙物之間的距離。

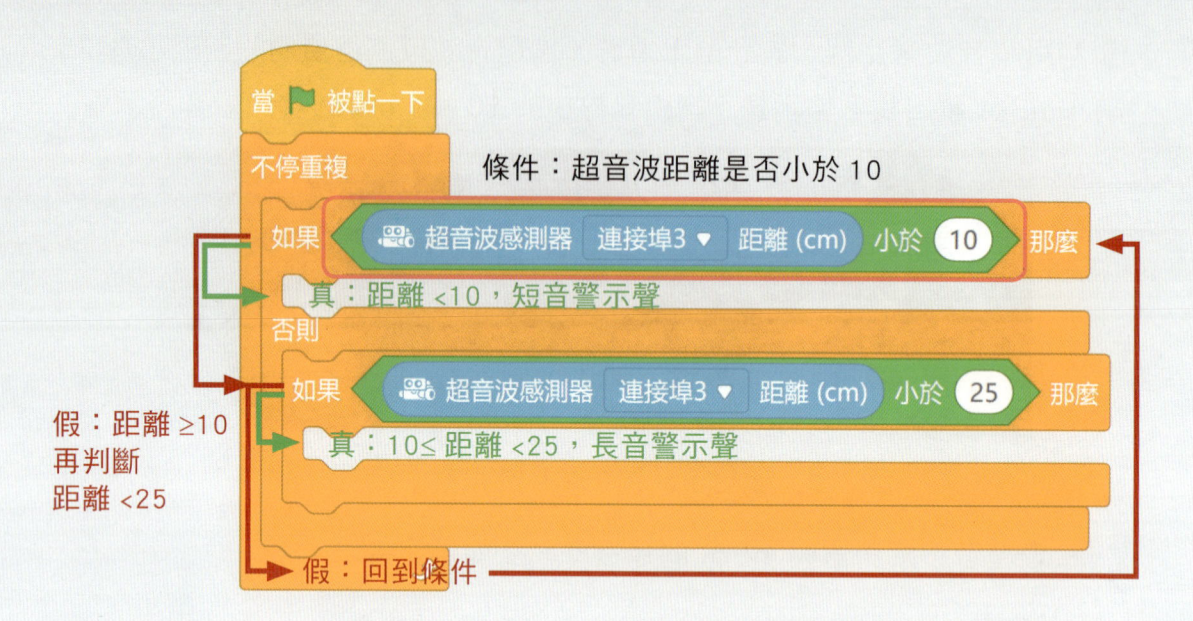

```
當 ▶ 被點一下
不停重複
    如果 〔超音波感測器 連接埠3▼ 距離(cm)〕 小於 〔10〕 那麼     條件：超音波距離是否小於 10
        真：距離 <10，短音警示聲
    否則
        如果 〔超音波感測器 連接埠3▼ 距離(cm)〕 小於 〔25〕 那麼
            真：10≤ 距離 <25，長音警示聲
        假：回到條件
```

假：距離 ≥10
再判斷
距離 <25

5 按 **聲光**，拖曳下圖積木，mBot 分別播放長音與短音的警示聲。

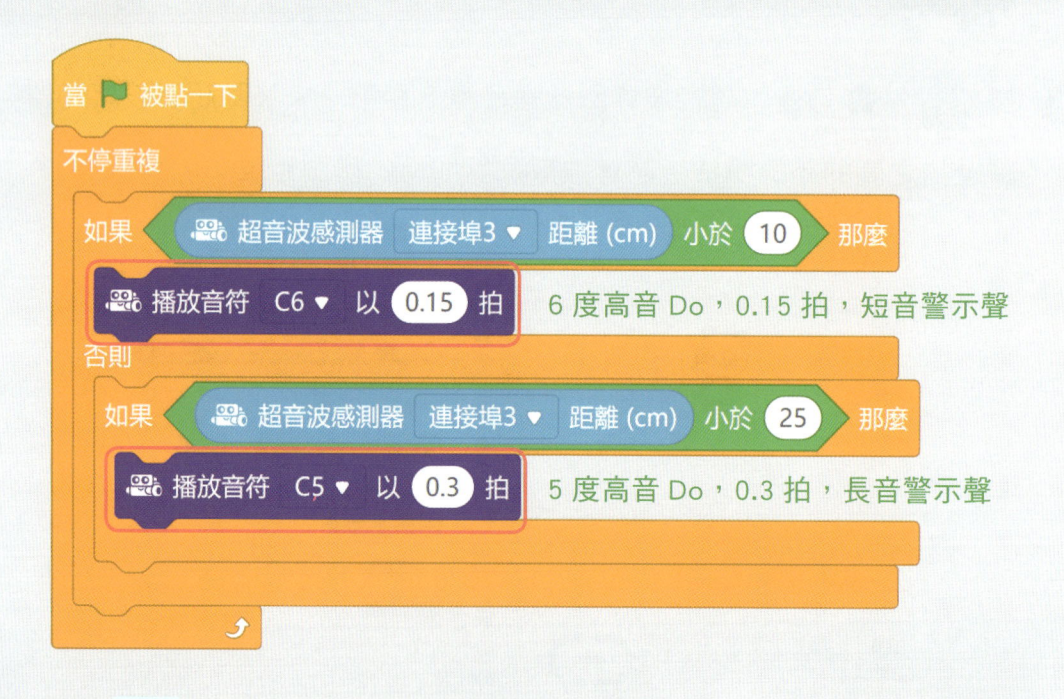

```
當 ▶ 被點一下
不停重複
    如果 〔超音波感測器 連接埠3▼ 距離(cm)〕 小於 〔10〕 那麼
        播放音符 C6▼ 以 0.15 拍      6 度高音 Do，0.15 拍，短音警示聲
    否則
        如果 〔超音波感測器 連接埠3▼ 距離(cm)〕 小於 〔25〕 那麼
            播放音符 C5▼ 以 0.3 拍   5 度高音 Do，0.3 拍，長音警示聲
```

6 點擊 ▶，檢查 mBot 是否隨著障礙物之間的距離，播放倒車雷達的音效。

3-4 控制程式重複執行

在 控制 類別積木中，利用 不停重複 、 重複 10 次 與 重複直到 三個積木，控制程式重複執行的方式。

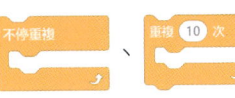

一 重複無限次

「不停重複」積木，能夠重複執行積木內層程式，不停止。

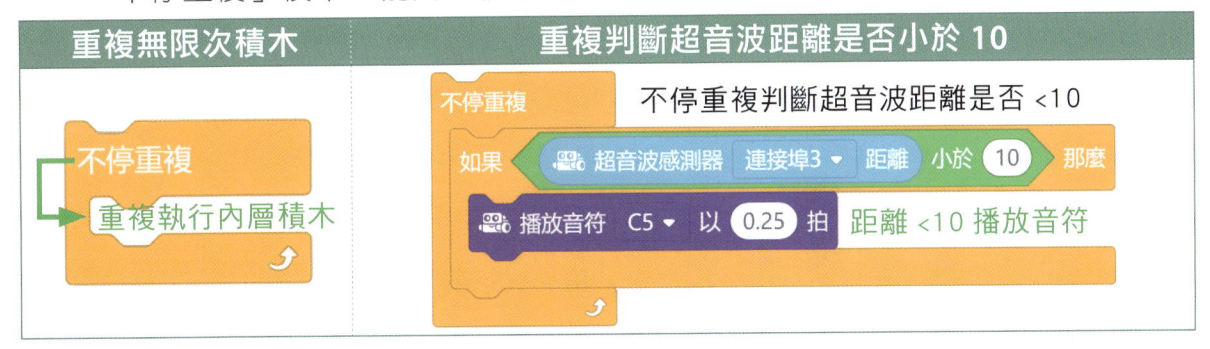

重複無限次積木	重複判斷超音波距離是否小於 10
不停重複 重複執行內層積木	不停重複判斷超音波距離是否 <10 如果 超音波感測器 連接埠3 距離 小於 10 那麼 播放音符 C5 以 0.25 拍　距離 <10 播放音符

二 固定重複執行次數

「重複 10 次」積木，能夠重複執行積木內層程式 10 次，第 11 次時執行積木下一行，其中「10」的參數值能夠自行設定。

固定重複執行次數積木	重複執行 3 次 LED 燈
重複 10 次 第 1～10 次執行內層積木 第 11 次執行積木下一行	點亮 3 次綠色 LED 燈 重複 3 次 　LED 燈位置 所有的 的顏色設為 ● 持續 1 秒 　LED 燈位置 所有的 的顏色設為 ● 持續 1 秒 第 4 次點亮紅色 LED 燈

三 條件式重複執行

「重複直到」積木，控制程式重複執行積木內層程式，直到條件成立為真，才跳到積木下一行執行。

條件式重複執行積木	重複點亮 LED 燈直到按下按鈕才停止
重複直到 條件 假　條件不成立執行內層 真　條件成立執行下一行	條件：是否按下按鈕　假：未按下按鈕重複點亮 LED 燈 重複直到 當板載按鍵 按下 ? 　LED 燈位置 所有的 的顏色設為 ● 持續 1 秒 　LED 燈位置 所有的 的三原色數值為 紅 0 綠 0 藍 0 真：按下按鈕關閉 LED 燈

3-5 即時執行超音波無人 mBot 自動車

以即時模式連線執行程式，程式開始時 mBot 先等待按下按鈕再前進。前進過程中重複偵測 mBot 機器人與障礙物間的距離，如果 mBot 機器人與障礙物間距離小於 5，自動後退轉彎再重複前進，同時前進與接近障礙物時顯示不同顏色 LED 燈。

1 將 mBot 設定為【即時】模式，按 **事件**、**控制** 與 **偵測**，拖曳下圖積木等待直到按下板載按鈕。

2 按 **控制**，拖曳下圖積木，重複偵測 mBot 機器人與障礙物間的距離。

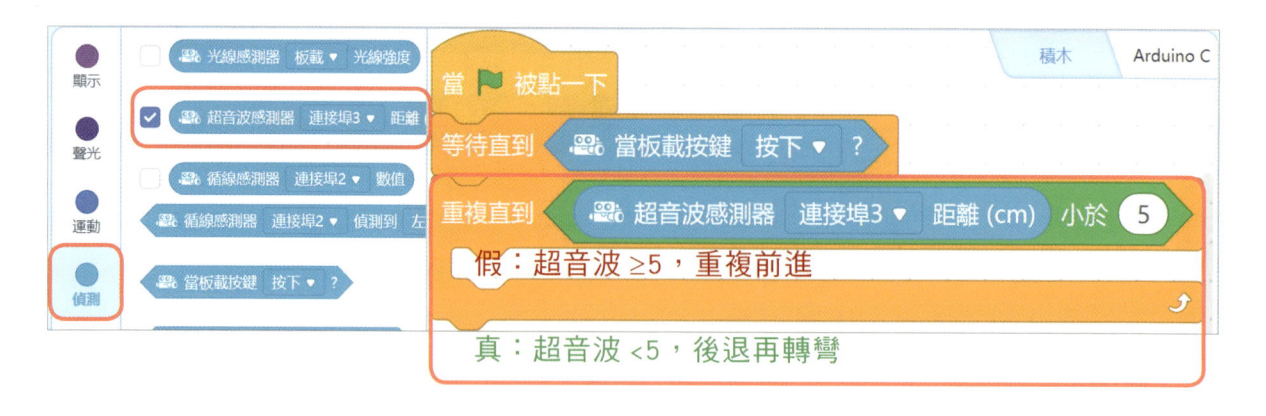

假：超音波 ≥5，重複前進

真：超音波 <5，後退再轉彎

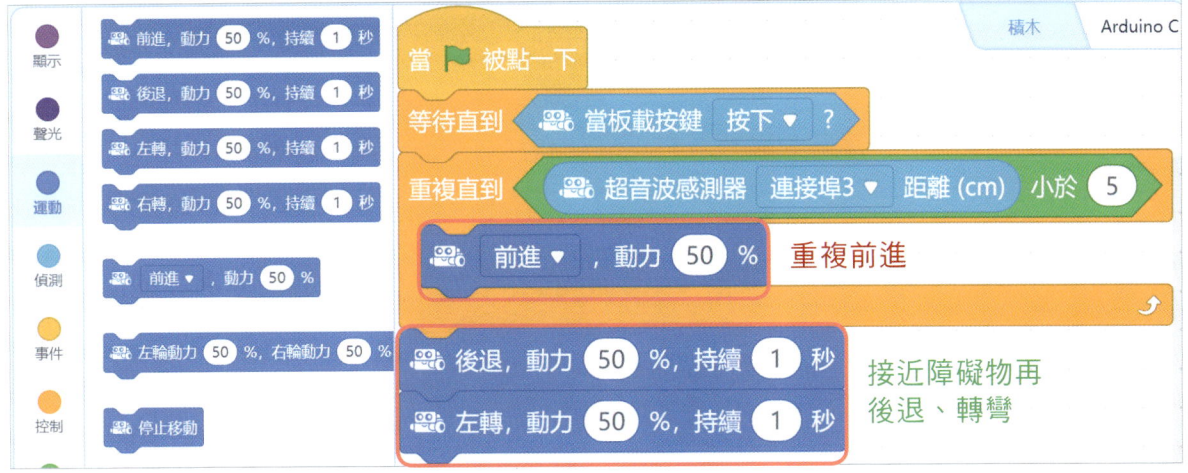

3 按 ●運動，拖曳 🤖前進▼,動力 50 %、🤖後退,動力 50 %,持續 1 秒 與

🤖左轉,動力 50 %,持續 1 秒。

積木區：
- 🤖前進,動力 50 %,持續 1 秒
- 🤖後退,動力 50 %,持續 1 秒
- 🤖左轉,動力 50 %,持續 1 秒
- 🤖右轉,動力 50 %,持續 1 秒
- 🤖前進▼,動力 50 %
- 🤖左輪動力 50 %,右輪動力 50 %
- 🤖停止移動

程式：
當 🏁 被點一下
等待直到 🤖當板載按鍵 按下▼ ?
重複直到 🤖超音波感測器 連接埠3▼ 距離 (cm) 小於 5
　🤖前進▼,動力 50 %　　→ 重複前進
🤖後退,動力 50 %,持續 1 秒　　→ 接近障礙物再
🤖左轉,動力 50 %,持續 1 秒　　　後退、轉彎

4 按 ●聲光，拖曳下圖積木，程式開始時先關閉所有 LED 燈、前進時點亮綠色 LED 燈、後退轉彎時點亮紅色 LED 燈。

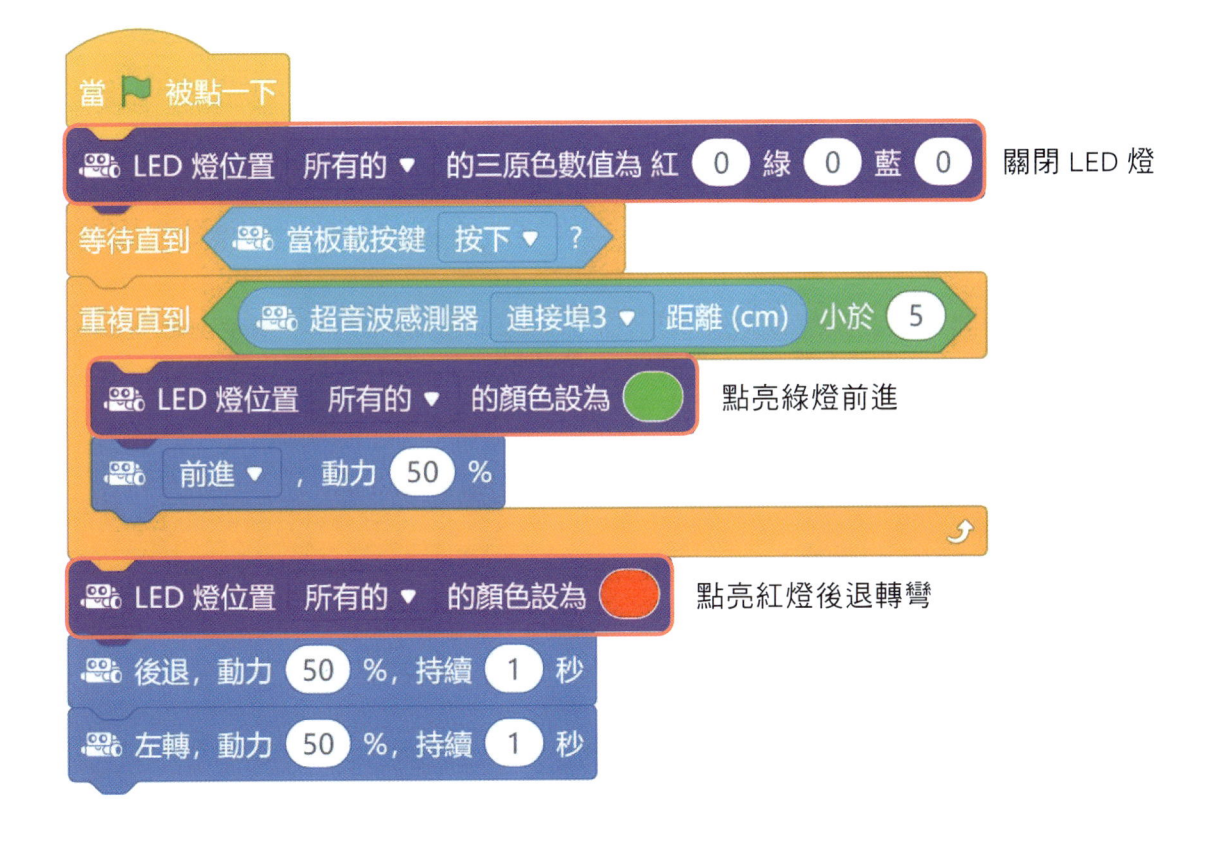

當 🏁 被點一下
🤖LED 燈位置 所有的▼ 的三原色數值為 紅 0 綠 0 藍 0　　→ 關閉 LED 燈
等待直到 🤖當板載按鍵 按下▼ ?
重複直到 🤖超音波感測器 連接埠3▼ 距離 (cm) 小於 5
　🤖LED 燈位置 所有的▼ 的顏色設為 🟢　　→ 點亮綠燈前進
　🤖前進▼,動力 50 %
🤖LED 燈位置 所有的▼ 的顏色設為 🔴　　→ 點亮紅燈後退轉彎
🤖後退,動力 50 %,持續 1 秒
🤖左轉,動力 50 %,持續 1 秒

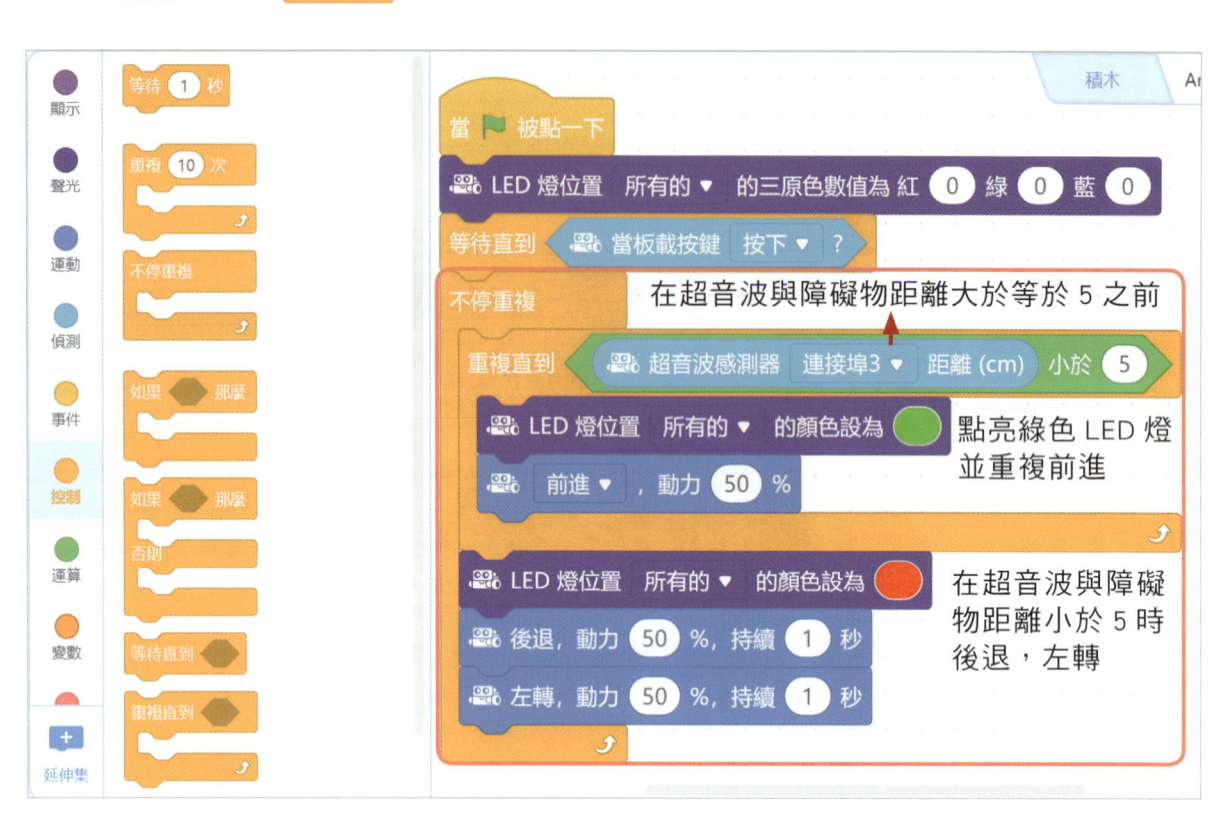

用主題範例學運算思維與程式設計

5 按 控制，拖曳 不停重複 ，讓 mBot 重複前進並偵測障礙物。

當 ▶ 被點一下
LED 燈位置 所有的▼ 的三原色數值為 紅 0 綠 0 藍 0
等待直到 當板載按鍵 按下▼ ?
不停重複
　重複直到 超音波感測器 連接埠3▼ 距離 (cm) 小於 5　　在超音波與障礙物距離大於等於 5 之前
　　LED 燈位置 所有的▼ 的顏色設為 ●　點亮綠色 LED 燈並重複前進
　　前進▼，動力 50 %
　LED 燈位置 所有的▼ 的顏色設為 ●　在超音波與障礙物距離小於 5 時後退，左轉
　後退，動力 50 %，持續 1 秒
　左轉，動力 50 %，持續 1 秒

6 點擊 ▶，按下板載按鈕、檢查 mBot 是否前進，接近障礙物時後退再左轉、並點亮不同顏色 LED 燈。

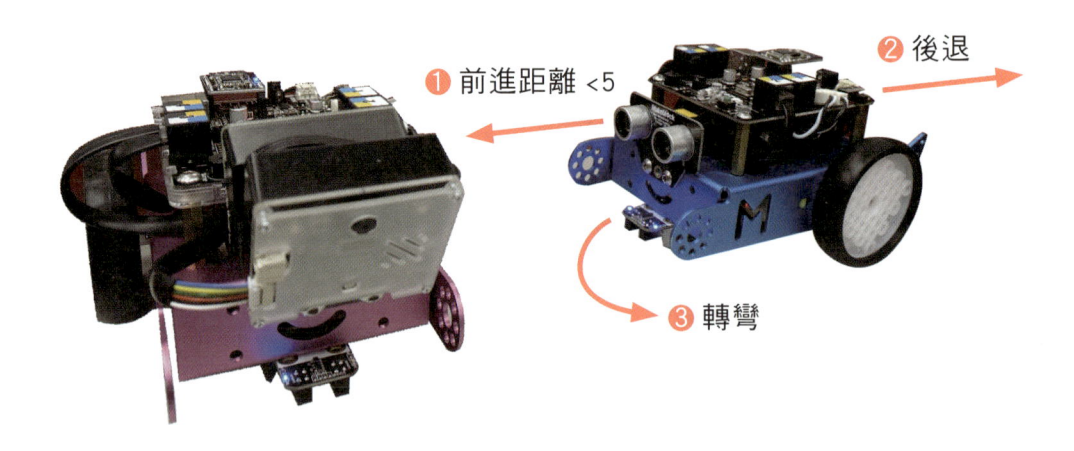

❶ 前進距離 <5
❷ 後退
❸ 轉彎

72

3-6　上傳執行超音波無人 mBot 自動車

先以即時模式測試程式是否正確執行。程式設計完成，開啟上傳模式，上傳程式。以後只要開啟 mBot 電源，按下按鈕 mBot 就會前進，接近障礙物時亮 LED 燈，不需要連接電腦就能執行。

1 點擊 【上傳】，將 mBot 設定為上傳模式。

2 按 事件 ，拖曳 當 mBot(mcore) 啟動時 ，在「等待直到」按右鍵【複製】另一組積木。

3 點選 上傳 ，將程式上傳到 mCore 主控板。

4 拔除 mBot 與電腦連接的 USB，開啟 mBot 電源，按下按鈕 mBot 自動避開障礙物。

Chapter 3　學習評量

一、選擇題

_____ 1. 如果想讓 mBot 機器人能夠自動避開障礙物，應該使用下列哪一種感測器？

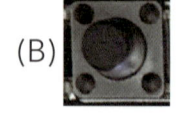

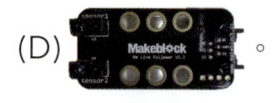

　　(A) 　　(B) 　　(C) 　　(D) 　。

_____ 2. 如果想要讓圖(一)的元件能夠運作，能夠使用下列哪一個積木？

　　(A) 光線感測器 板載 光線強度

　　(B) 超音波感測器 連接埠3 距離

　　(C) 當板載按鍵 按下 ?

　　(D) 紅外線遙控器的 A 已按下?　。

圖(一)

_____ 3. 如果想設計 mBot 感測器相關的功能，應該使用下列哪一類積木？

　　(A) 外觀　　(B) 聲光表演　　(C) 運動　　(D) 偵測　。

_____ 4. 如果想設計讓 mBot「偵測前方障礙物的距離」，應該使用下列哪一個積木？

　　(A) 超音波感測器 連接埠3 距離　　(B) 光線感測器 板載 光線強度

　　(C) 循線感測器 連接埠2 數值　　(D) 當收到紅外線訊息　。

_____ 5. 圖(二)程式中，如果「超音波感測器的距離 =20」，蜂鳴器播放哪一個音符？

　　(A) C6

　　(B) C5

　　(C) 不播放音符

　　(D) 先播放 C6 再播放 C5。

圖(二)

Chapter 3　學習評量

_____ 6. 關於下圖程式的敘述，何者「正確」？

(A) 關閉 LED 燈，直到按下按鈕才點亮 LED 燈
(B) 重複按著按鈕才點亮 LED 燈
(C) 重複點亮 LED 燈直到按下按鈕才關閉
(D) 重複按著按鈕才關閉 LED 燈。

_____ 7. 如果想要上傳自動避開障礙物的程式到 mBot，讓 mBot 只要開啟電源就能自動執行程式，應該使用下列哪一個程式？

(A) 當板載按鈕 按下▼　(B) 當 ▶ 被點一下　(C) 當角色被點一下　(D) 當 mBot(mcore) 啟動時。

_____ 8. 判斷「mBot 超音波感測器與障礙物之間的距離是否小於 10」的條件，應該寫在下列哪一類積木中？

(A) 事件　(B) 控制　(C) 運動　(D) 聲光。

_____ 9. 圖(三)程式敘述，何者「正確」？
(A) 以上傳模式執行
(B) 點擊綠旗以即時模式執行
(C) 按下按鈕 mBot 後退再左轉
(D) 超音波距離小於 5 時，LED 亮綠燈。

_____ 10. 圖(三)程式使用的積木類別，何者「錯誤」？

(A) 前進或後退屬於 運算 類別積木　(B) 屬於「設備」mBot 執行的程式

(C) LED 燈屬於 聲光 類別積木　(D) 板載按鍵按下屬於 偵測 類別積木。

圖(三)

Chapter 3　學習評量

二、實作題

1. 請改寫倒車雷達警示燈程式。當超音波感測器偵測的距離小於 25 時，mBot 閃爍綠色 LED 燈，當距離再小於 10 時，mBot 閃爍紅色 LED 燈。

2. 請用 ![如果那麼否則] 改寫程式，程式開始執行時 mBot 機器人前進，並偵測 mBot 機器人與障礙物間的距離，如果 mBot 機器人接近障礙物時自動後退轉彎再重複前進。

mBot 補給站

表情面板：mBot 顯示方向燈

　　mBot 機器人超音波感測器偵測到接近障礙物時，除了後退與轉彎之外，能夠利用繞瓶方式避開障礙物，同時擴充表情面板，以顯示 mBot 移動的方向。

一 表情面板

表情面板能夠顯示圖案、文字或數字等。

1. 顯示圖案　`表情面板 連接埠1▼ 顯示圖案 ■■`

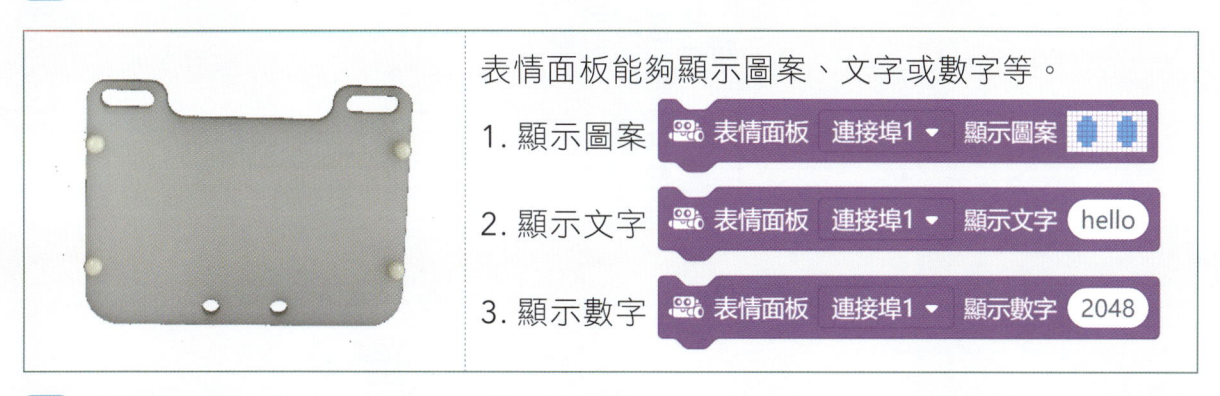

2. 顯示文字　`表情面板 連接埠1▼ 顯示文字 hello`

3. 顯示數字　`表情面板 連接埠1▼ 顯示數字 2048`

二 表情面板顯示 mBot 移動的方向

　　利用表情面板顯示 mBot 繞瓶路徑的方向時，首先在表情面板繪製方向箭頭。同時，mBot 移動的時間隨著障礙物體積改變，體積愈大，移動時間愈長。

1 將表情面板連接在 mBot 的連接埠 1～4，其中一個。

能夠連接到 1，2，3，4 有藍色的連接埠

藍色貼紙

77

mBot 補給站

2 在 ●顯示 的 `表情面板 連接埠1▼ 顯示圖案 ▨▨`，點擊 ▨▨，繪製 ↑、↓、←、→，方向箭頭。

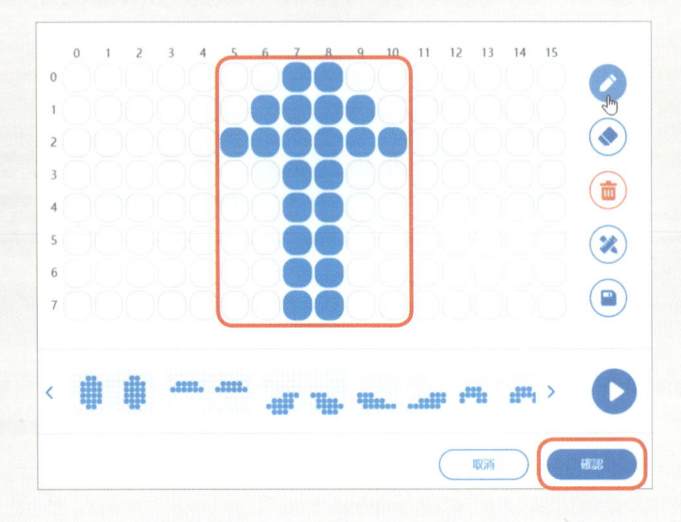

3 mBot 繞瓶路徑

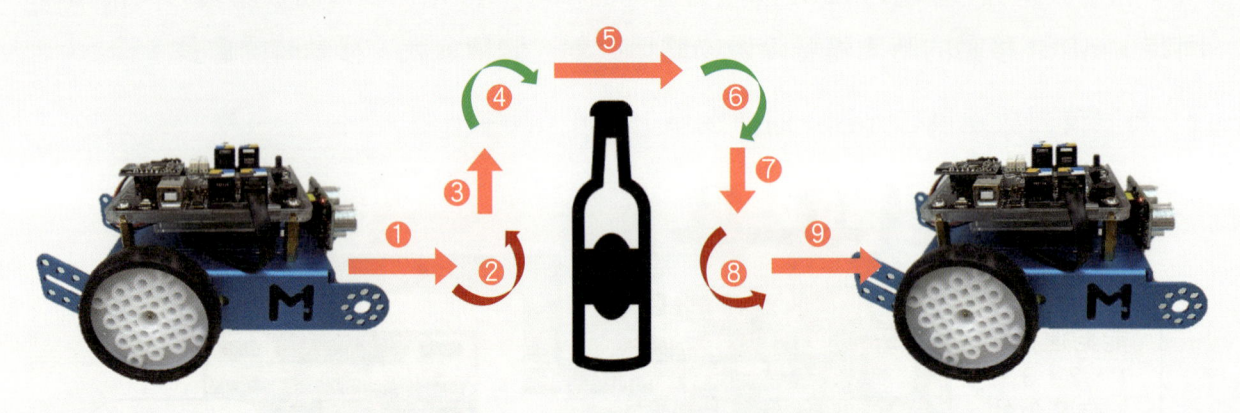

註 mBot 繞瓶路徑分解動作編號執行的方式，請參考步驟 4 的程式積木。

mBot 補給站

4 拖曳下圖積木，當 mBot 啟動時開始前進，表情面板顯示前進箭頭，當 mBot 接近障礙物時，mBot 執行繞過瓶子的動作。

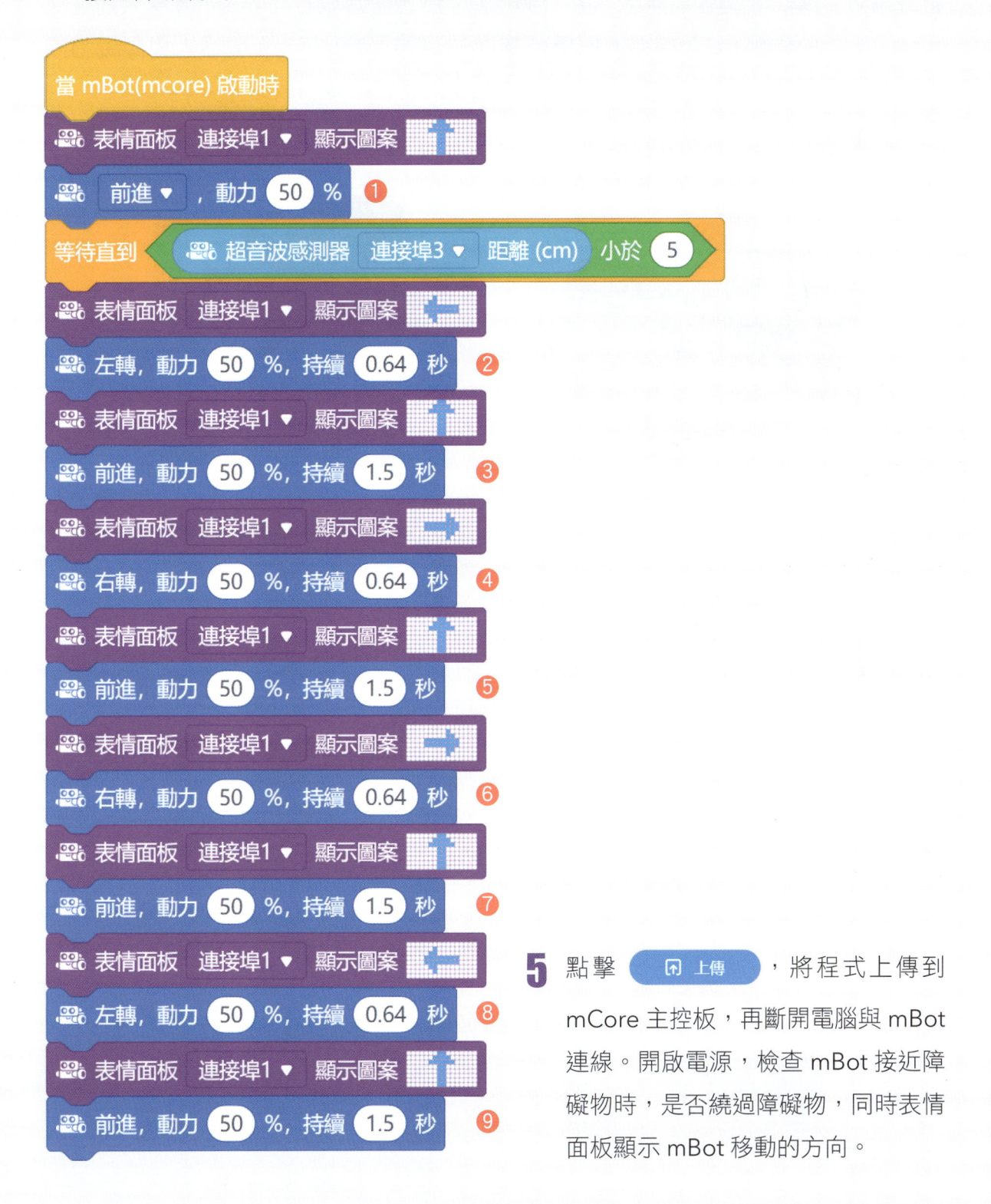

當 mBot(mcore) 啟動時
- 表情面板 連接埠1 顯示圖案 ↑
- 前進，動力 50 % ①
- 等待直到 超音波感測器 連接埠3 距離(cm) 小於 5
- 表情面板 連接埠1 顯示圖案 ←
- 左轉，動力 50 %，持續 0.64 秒 ②
- 表情面板 連接埠1 顯示圖案 ↑
- 前進，動力 50 %，持續 1.5 秒 ③
- 表情面板 連接埠1 顯示圖案 →
- 右轉，動力 50 %，持續 0.64 秒 ④
- 表情面板 連接埠1 顯示圖案 ↑
- 前進，動力 50 %，持續 1.5 秒 ⑤
- 表情面板 連接埠1 顯示圖案 →
- 右轉，動力 50 %，持續 0.64 秒 ⑥
- 表情面板 連接埠1 顯示圖案 ↑
- 前進，動力 50 %，持續 1.5 秒 ⑦
- 表情面板 連接埠1 顯示圖案 ←
- 左轉，動力 50 %，持續 0.64 秒 ⑧
- 表情面板 連接埠1 顯示圖案 ↑
- 前進，動力 50 %，持續 1.5 秒 ⑨

5 點擊 **上傳**，將程式上傳到 mCore 主控板，再斷開電腦與 mBot 連線。開啟電源，檢查 mBot 接近障礙物時，是否繞過障礙物，同時表情面板顯示 mBot 移動的方向。

MLC 實作題

20 mins

題目名稱：超音波無人 mBot 自動車

題目說明： 請設計超音波無人 mBot 自動車，程式開始執行時 mBot 機器人前進，並偵測 mBot 機器人與障礙物間的距離，如果 mBot 機器人與障礙物間距離小於 5，點亮 LED 燈，自動後退轉彎再重複前進。

成品圖

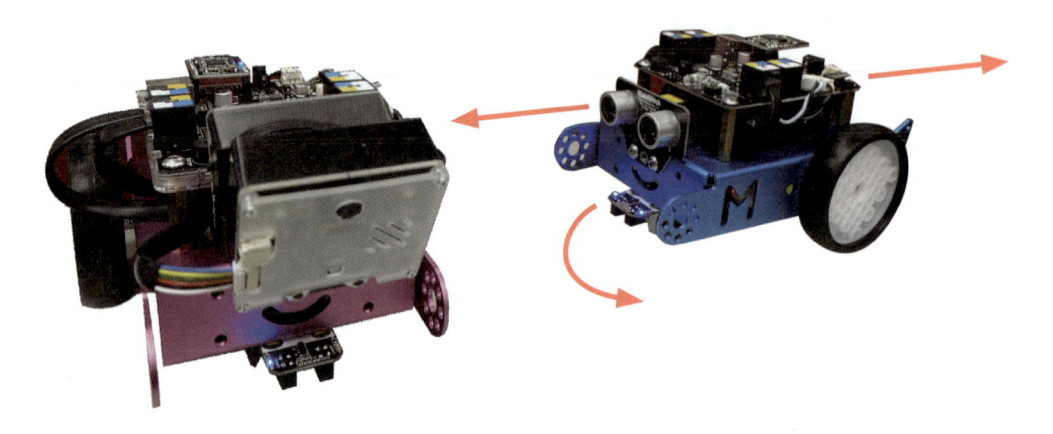

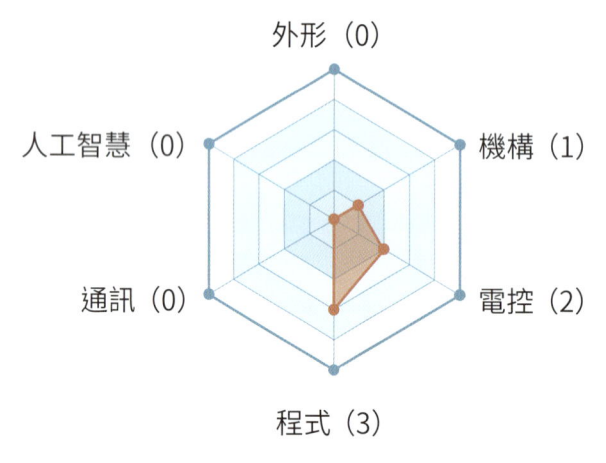

創客指標

外形	0
機構	1
電控	2
程式	3
通訊	0
人工智慧	0
創客總數	6

外形（0）
機構（1）
電控（2）
程式（3）
通訊（0）
人工智慧（0）

創客題目編號：A005048

Chapter 4

循線自走車 mBot

本章將設計循線自走車 mBot，自動循黑線或白線前進，循線過程中左轉亮左側 LED、右轉亮右側 LED。

循線感測器不亮燈	循線感測器 1 亮燈	循線感測器 2 亮燈	循線感測器 1，2 亮燈
LED 燈不亮	左邊 LED 亮燈	右邊 LED 亮燈	全部 LED 亮燈

本章節次

4-1　mBot 循線自走車元件規劃
4-2　循線感測器：mBot 辨識黑與白
4-3　mBot 即時執行自動循黑線前進
4-4　mBot 閃爍方向燈
4-5　mBot 上傳執行自動循黑線前進
4-6　mBot 即時執行自動循白線前進
4-7　mBot 上傳執行自動循白線前進
mBot 補給站：mBot 循著顏色移動

學習目標

1. 理解 mBot 的循線感測器運作原理。
2. 能夠應用循線感測器設計 mBot 循黑線前進。
3. 能夠應用循線感測器設計 mBot 循白線前進。
4. 能夠以 LED 設計 mBot 轉彎時亮方向燈。

4-1　mBot 循線自走車元件規劃

本章將設計 mBot 循線自走車。程式開始時 mBot 依照黑線或白線前進。循線過程中 mBot 左轉亮左側 LED、mBot 右轉亮右側 LED。

一 mBot 循線自走車元件規劃

mBot 循線自走車使用的元件包括：循線感測器與 LED 燈，每個元件的位置與功能如下圖所示：

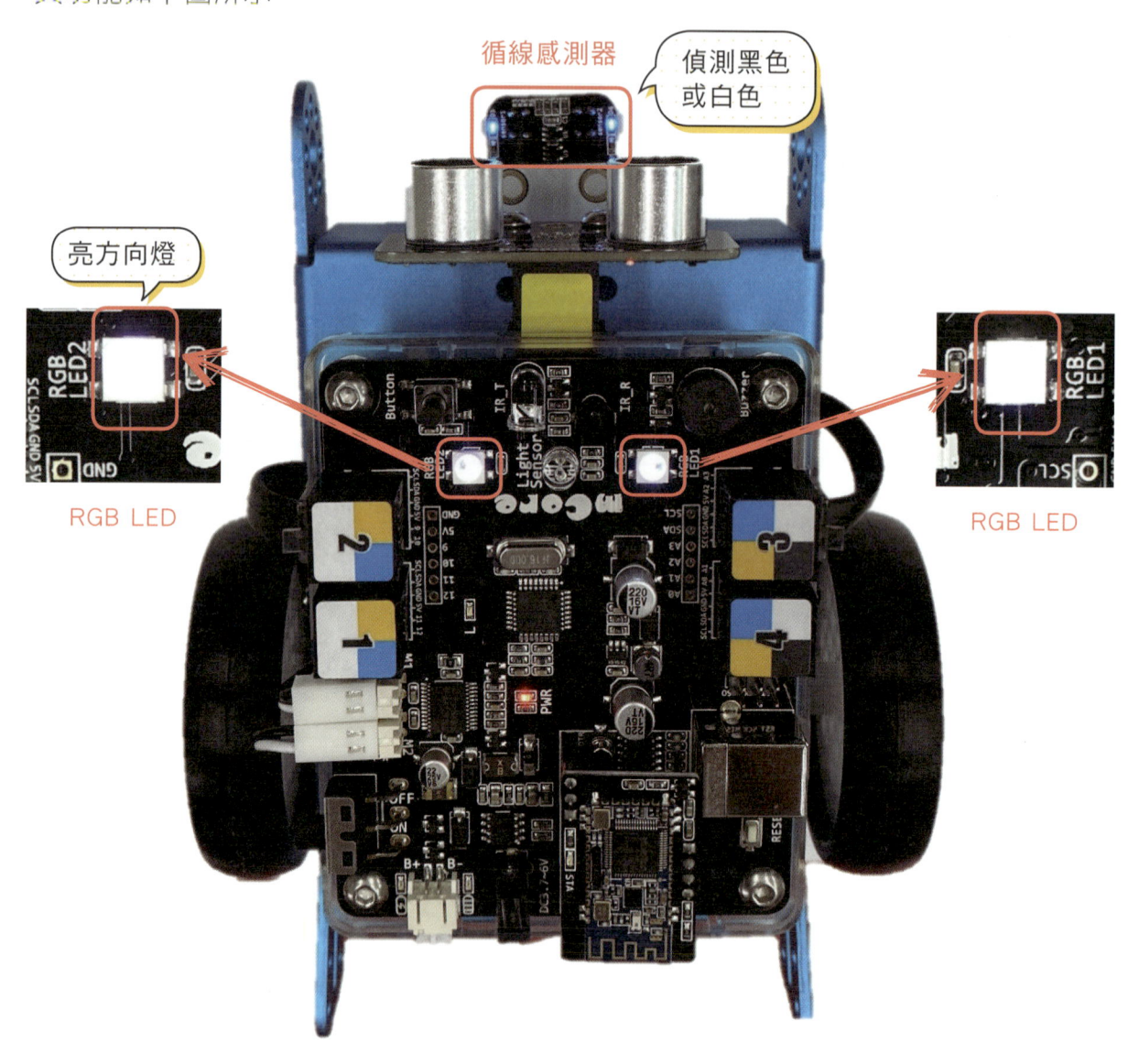

Chapter 4　循線自走車 mBot

▣ mBot 循線自走車執行流程

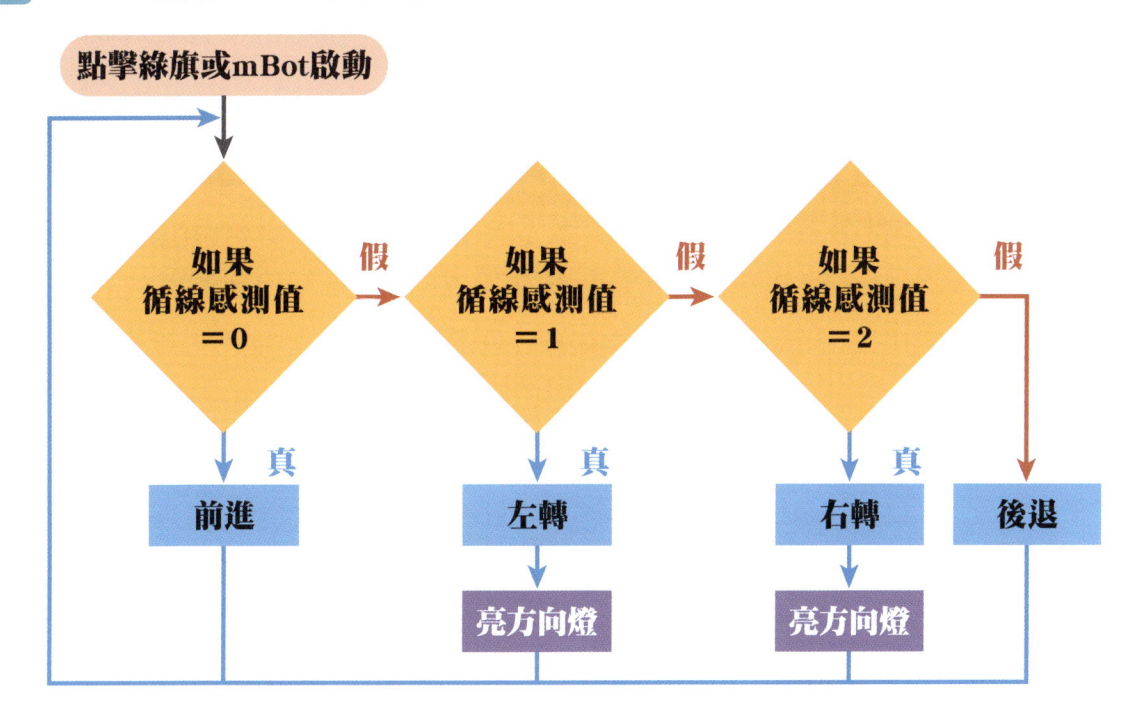

```
點擊綠旗或mBot啟動
      ↓
如果循線感測值=0 ──假──→ 如果循線感測值=1 ──假──→ 如果循線感測值=2 ──假──→ 後退
      │真                    │真                    │真
      ↓                      ↓                      ↓
     前進                    左轉                    右轉
                             ↓                      ↓
                           亮方向燈                 亮方向燈
```

83

4-2　循線感測器：mBot 辨識黑與白

一　循線感測器運作原理

　　循線感測器主要功能在偵測黑與白，利用感測器的紅外線發射 LED（IR emitting LED）和紅外線感應光感電晶體（IR sensitive phototransistor），當感測器偵測到黑色時傳回 0，偵測到白色時傳回 1，mBot 利用感測器的訊號在白底背景循著黑色的線前進或在黑底背景循著白色的線前進。循線感測器的組成與連接方式如下圖所示：

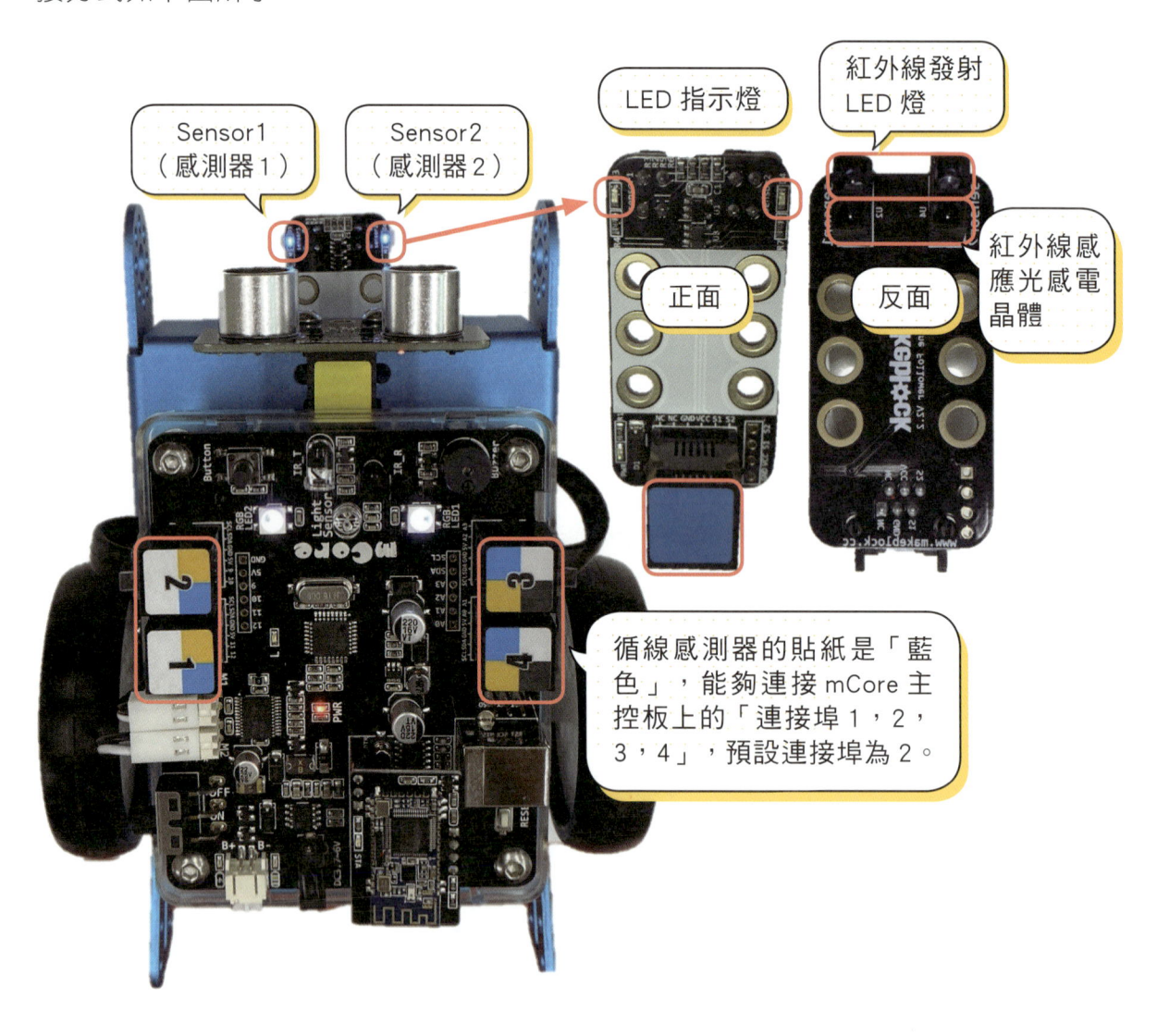

mBot 操作提示

利用手機或紅外線遙控器操控 mBot 時，原廠內建程式的循線感測器連接埠為 2。

二 循線感測器傳回黑與白偵測值

循線感測器利用 `循線感測器 連接埠2 ▼ 數值` 傳回循線感測器的偵測值，偵測方式如下：

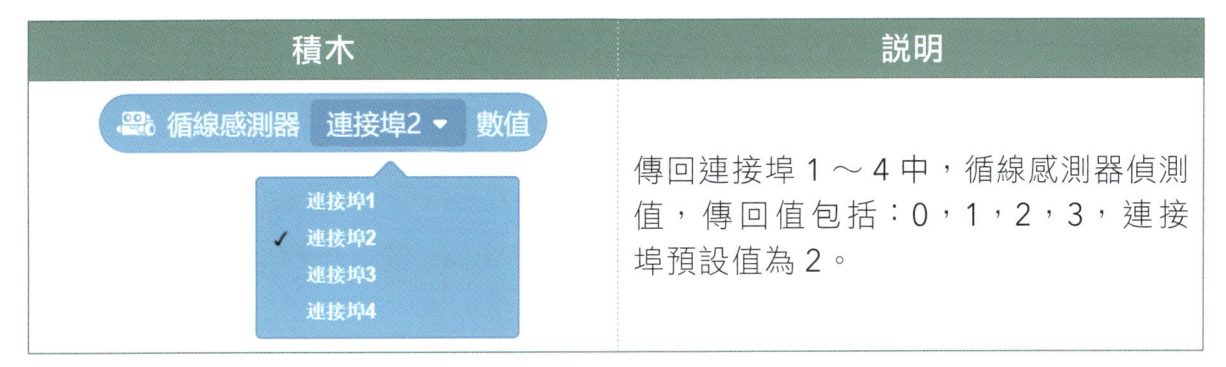

積木	說明
`循線感測器 連接埠2 ▼ 數值`（下拉選單：連接埠1、✓連接埠2、連接埠3、連接埠4）	傳回連接埠 1～4 中，循線感測器偵測值，傳回值包括：0，1，2，3，連接埠預設值為 2。

循線感測器 1，2 亮燈與傳回值 0，1，2，3 分別代表的意義如下：

偵測值	偵測值 =0	偵測值 =1
位置	感測器 1，2 在黑色	感測器 1 在黑色、2 在白色
亮燈	感測器 1，2 皆不亮燈	感測器 2 亮燈
圖例		
積木	`循線感測器 連接埠2 ▼ 數值 = 0`	`循線感測器 連接埠2 ▼ 數值 = 1`

偵測值	偵測值 =2	偵測值 =3
位置	感測器 1 在白色、2 在黑色	感測器 1，2 在白色
亮燈	感測器 1 亮燈	感測器 1，2 皆亮燈
圖例		
積木	`循線感測器 連接埠2 ▼ 數值 = 2`	`循線感測器 連接埠2 ▼ 數值 = 3`

實作範例

ch4-1　mBot 辨識黑與白（一）

請利用 mBot 的循線感測器設計讓 mBot 辨識黑與白，同步 mBot LED 的亮燈與循線感測器的亮燈。(1) 當 mBot 在黑線時，mBot 的 LED 亮黑色燈；(2) 當 mBot 右偏感測器 2 亮燈時，mBot 的右邊 LED 亮藍色燈、左邊 LED 亮黑色燈；(3) 當 mBot 左偏感測器 1 亮燈時，mBot 的左邊 LED 亮藍色燈、右邊 LED 亮黑色燈；(4) 當 mBot 在白線時，mBot 的全部 LED 亮藍色燈。

1 將 USB 連接電腦與 mBot，開啟 mBot 機器人電源。

2 在「設備」按 添加，新增 mBot，點選【連接 >COM 值 > 連接】，並選擇 上傳 即時 【即時】模式。

3 按 偵測，☑ 勾選「循線感測器連接埠 2 數值」。在舞台顯示循線感測器即時的偵測數值。

Chapter 4 循線自走車 mBot

4 依據下列敘述，調整 mBot 循線感測器的位置，並將循線感測器數值填入下列表格中。

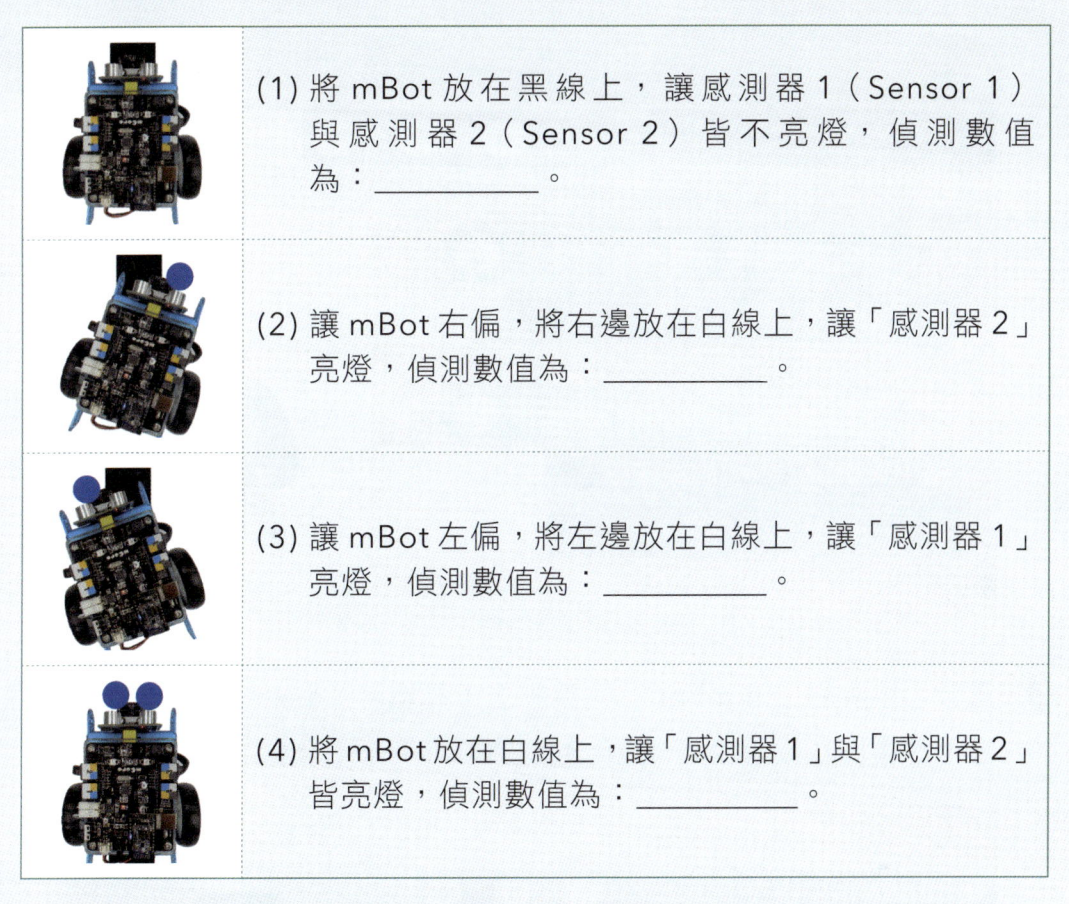

	(1) 將 mBot 放在黑線上，讓感測器 1（Sensor 1）與感測器 2（Sensor 2）皆不亮燈，偵測數值為：_____。
	(2) 讓 mBot 右偏，將右邊放在白線上，讓「感測器 2」亮燈，偵測數值為：_____。
	(3) 讓 mBot 左偏，將左邊放在白線上，讓「感測器 1」亮燈，偵測數值為：_____。
	(4) 將 mBot 放在白線上，讓「感測器 1」與「感測器 2」皆亮燈，偵測數值為：_____。

5 按 ●事件、●控制、●運算、●偵測 與 ●聲光，拖曳下圖積木，程式開始執行時先關閉 LED 燈，再偵測循線感測器的偵測值，如果在黑線上（偵測值 =0），點亮黑色 LED。

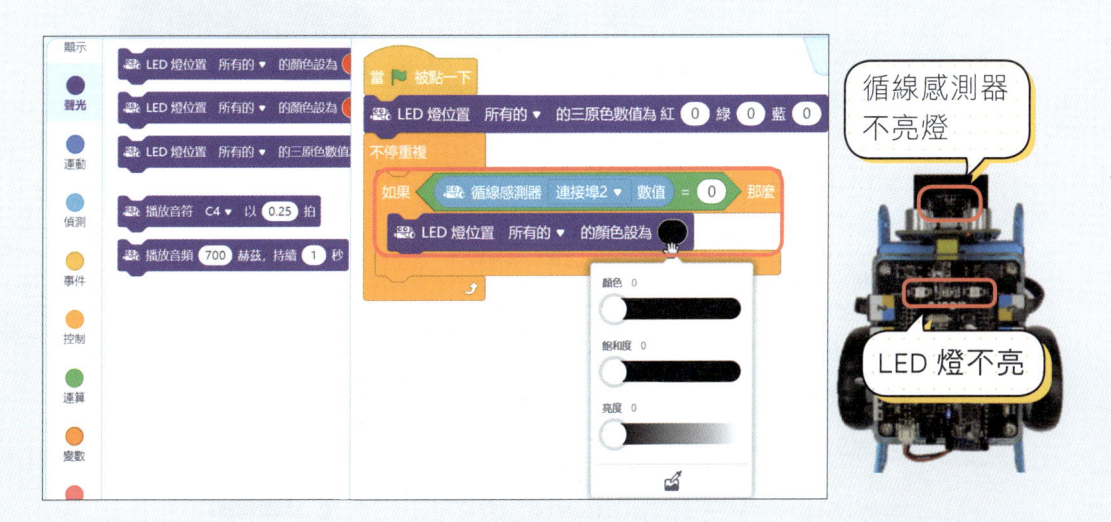

循線感測器不亮燈

LED 燈不亮

87

6 重複步驟 5，拖曳下圖積木，當 mBot 右偏感測器 2 亮燈時，mBot 的右邊 LED 亮藍色燈、左邊 LED 亮黑色燈。

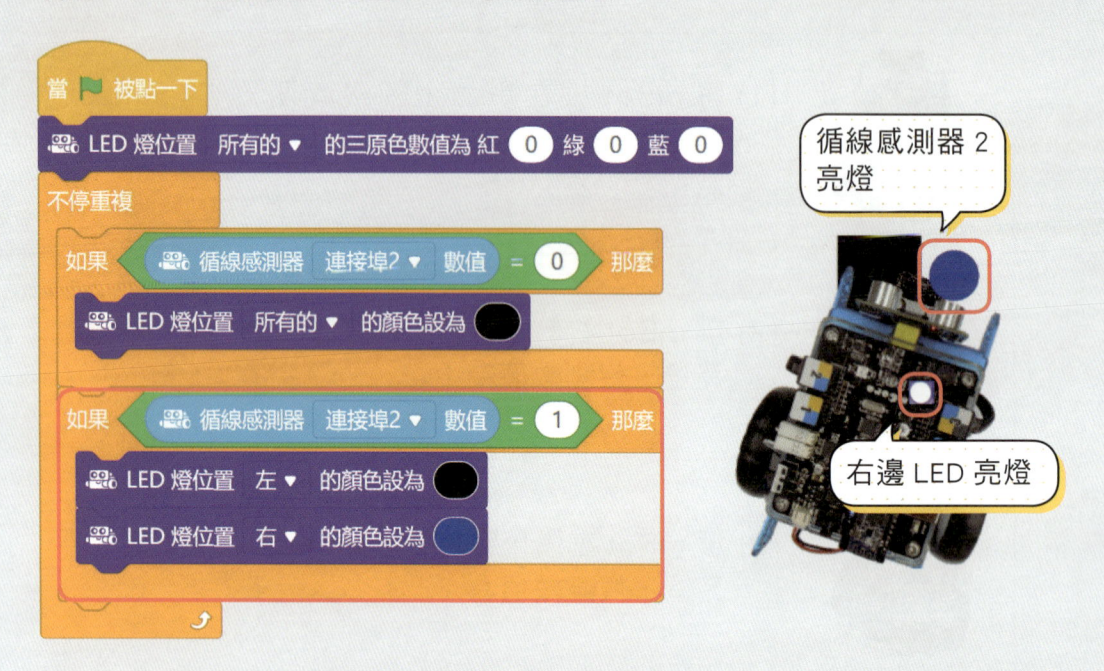

循線感測器 2 亮燈

右邊 LED 亮燈

7 重複上述步驟，當 mBot 左偏感測器 1 亮燈時，mBot 的左邊 LED 亮藍色燈、右邊 LED 亮黑色燈；當 mBot 在白線時，mBot 的全部 LED 亮藍色燈。

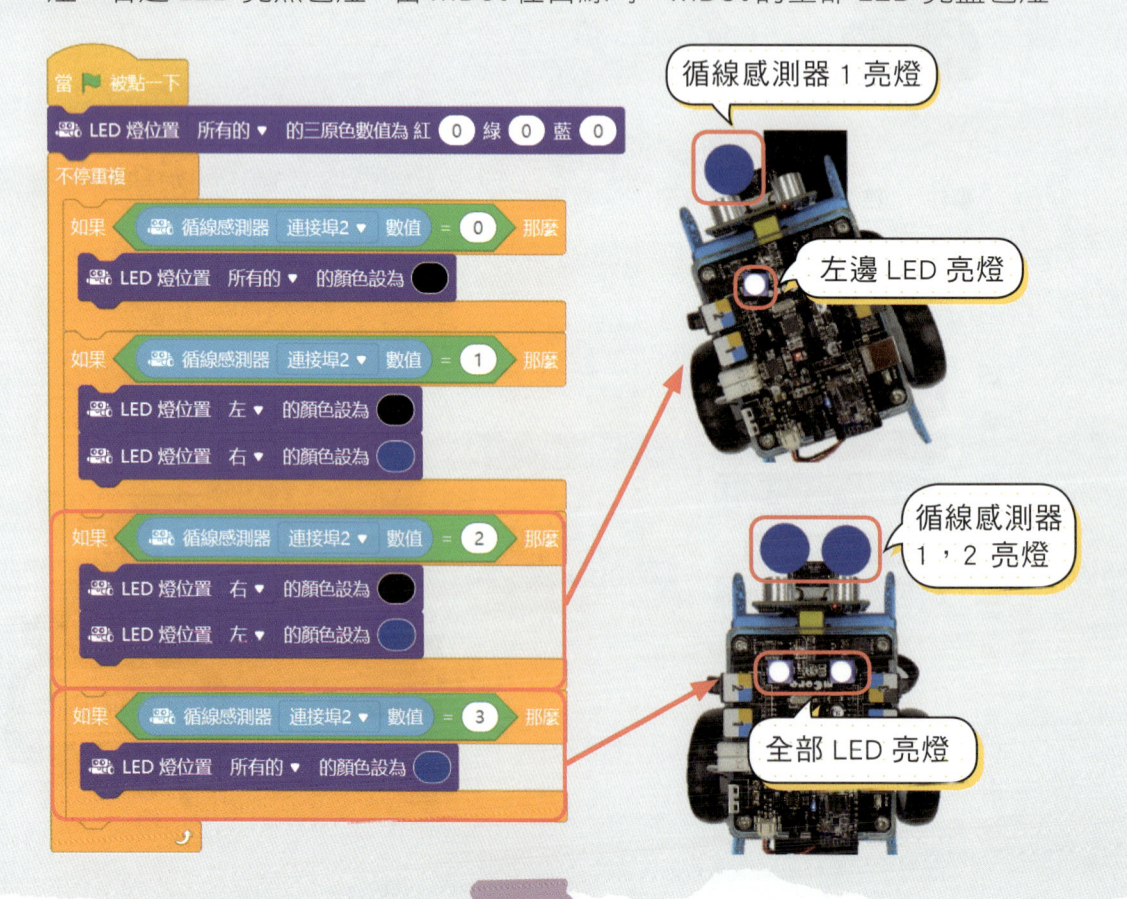

循線感測器 1 亮燈

左邊 LED 亮燈

循線感測器 1，2 亮燈

全部 LED 亮燈

三 循線感測器判斷黑與白

循線感測器利用 `循線感應器 連接埠2▼ 檢測到 右邊▼ 為 黑▼ ?` 判斷黑與白，積木功能如下：

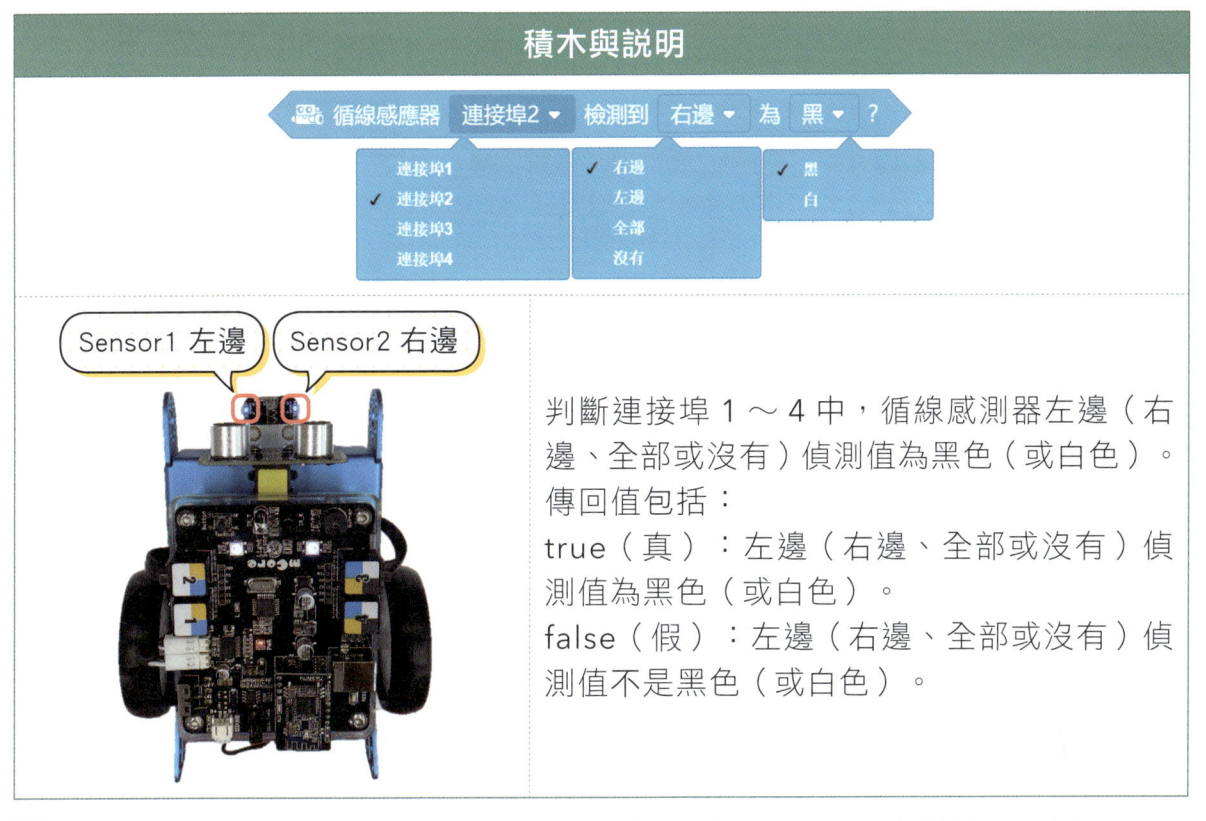

積木與說明	
`循線感應器 連接埠2▼ 檢測到 右邊▼ 為 黑▼ ?` 連接埠1／✓連接埠2／連接埠3／連接埠4　✓右邊／左邊／全部／沒有　✓黑／白	
Sensor1 左邊　Sensor2 右邊	判斷連接埠 1～4 中，循線感測器左邊（右邊、全部或沒有）偵測值為黑色（或白色）。 傳回值包括： true（真）：左邊（右邊、全部或沒有）偵測值為黑色（或白色）。 false（假）：左邊（右邊、全部或沒有）偵測值不是黑色（或白色）。

> **註** mBlock5 循線感測器積木左邊與右邊的定義，因版本不同而所有差異，本書以 v5.2.0 版本為主。

循線感測器亮燈與判斷黑與白的方式如下：

1 循線感測器雙邊在黑色

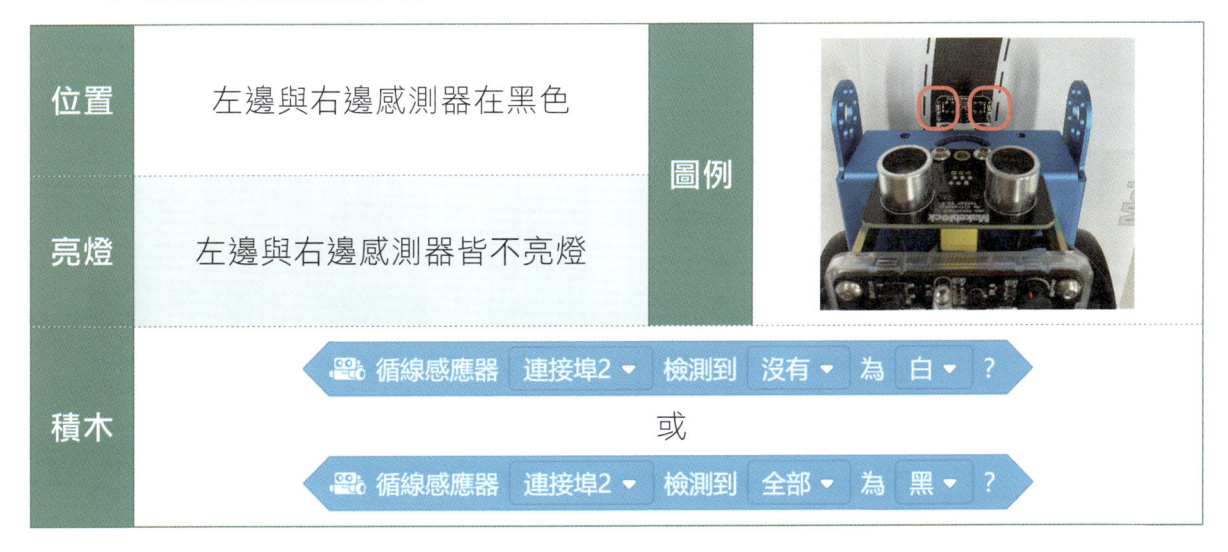

位置	左邊與右邊感測器在黑色	圖例
亮燈	左邊與右邊感測器皆不亮燈	

積木	`循線感應器 連接埠2▼ 檢測到 沒有▼ 為 白▼ ?`
	或
	`循線感應器 連接埠2▼ 檢測到 全部▼ 為 黑▼ ?`	

2 循線感測器右邊白色

位置	左邊感測器在黑色、右邊在白色	圖例 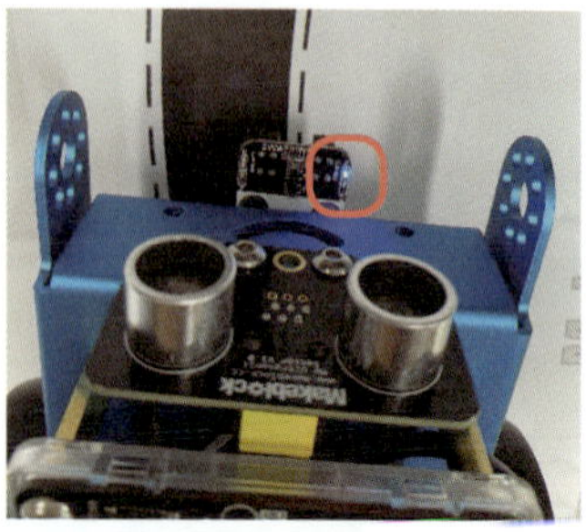
亮燈	右邊感測器亮燈	
積木	循線感應器 連接埠2 檢測到 左邊 為 黑 ? 且 循線感應器 連接埠2 檢測到 右邊 為 白 ?	

3 循線感測器左邊白色

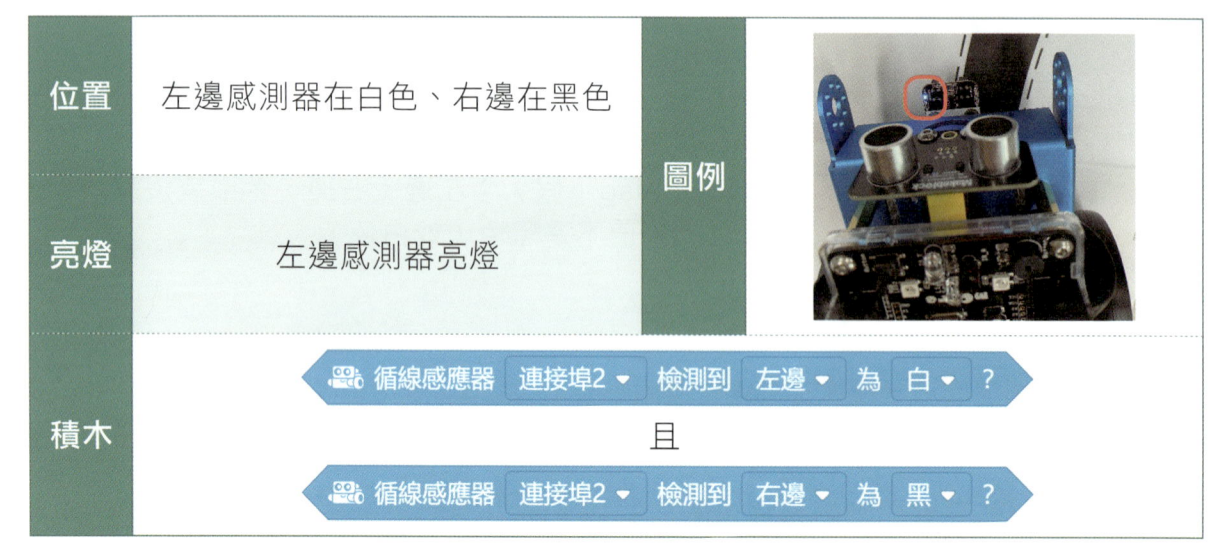

位置	左邊感測器在白色、右邊在黑色	圖例
亮燈	左邊感測器亮燈	
積木	循線感應器 連接埠2 檢測到 左邊 為 白 ? 且 循線感應器 連接埠2 檢測到 右邊 為 黑 ?	

4 循線感測器雙邊在白色

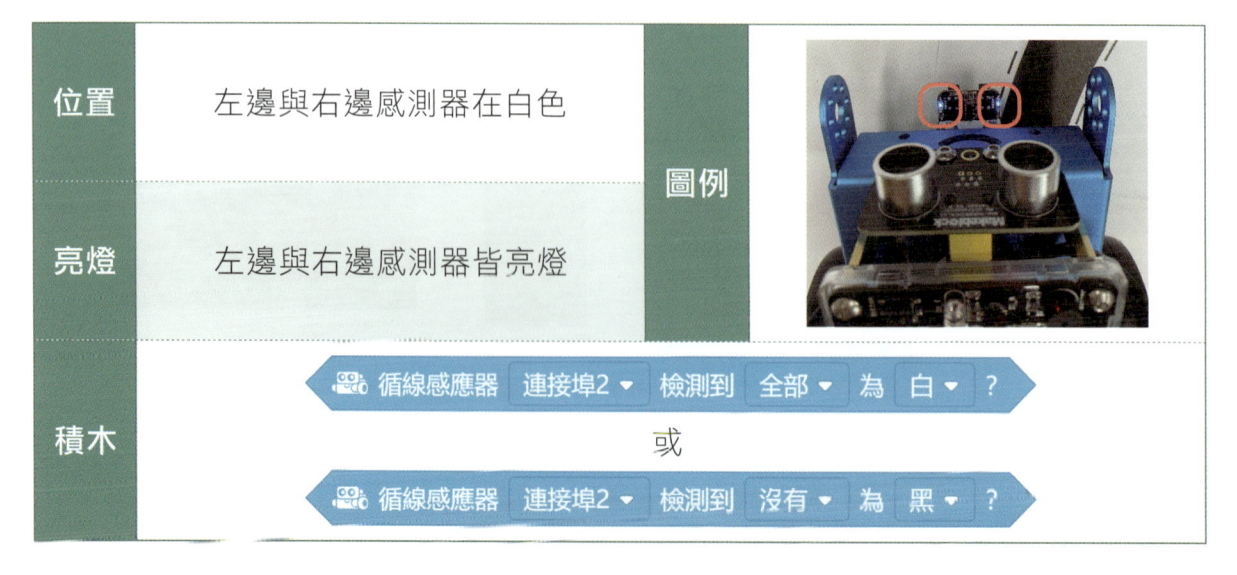

位置	左邊與右邊感測器在白色	圖例
亮燈	左邊與右邊感測器皆亮燈	
積木	循線感應器 連接埠2 檢測到 全部 為 白 ? 或 循線感應器 連接埠2 檢測到 沒有 為 黑 ?	

▌mBlock5 概念提示▐

在 運算 積木中,能夠判斷兩個運算式之間的邏輯運算,判斷結果包括:(1) true(真);(2) false(假)。

判斷邏輯	且	或	不成立
說明	運算式一與二,同時為真,判斷為真	運算式一或二,其中一個為真,判斷為真	運算式一如果真改為假,假改為真。

範例一: `9 * 9 大於 50 且 -5 小於 5`

判斷方式:

(1) 先判斷運算式一「9×9>50」的結果為真。

(2) 判斷運算式二「-5<5」的結果為真。

(3) 運算式一與二同時為真,結果為真。

範例二: `光線感測器 板載 光線強度 大於 100 或 當板載按鍵 按下 ?`

判斷方式:

(1) 先判斷運算式一「光線強度 >100」的結果為真(光線強度 >100)或假(光線強度 ≤100)。

(2) 判斷運算式二「按下板載按鈕」的結果為真(按下板載按鈕)或假(未按下按鈕)。

(3) 運算式一與二其中一個為真,例如:光線強度 >100 或按下板載按鈕,結果為真。

範例三: `9 * 9 小於 50 不成立`

(1) 先判斷運算式一「9×9<50」的結果為假。

(2) 將假改為真,結果為真。

實作範例

ch4-2　mBot 辨識黑與白（二）

請利用判斷積木，改寫實作範例 ch4-1 mBot 辨識黑與白程式。

1 請將 mBot 連線方式設定為「即時」，依據下列敘述，調整 mBot 循線感測器的位置，並將循線感測器判斷結果填入下列表格中。

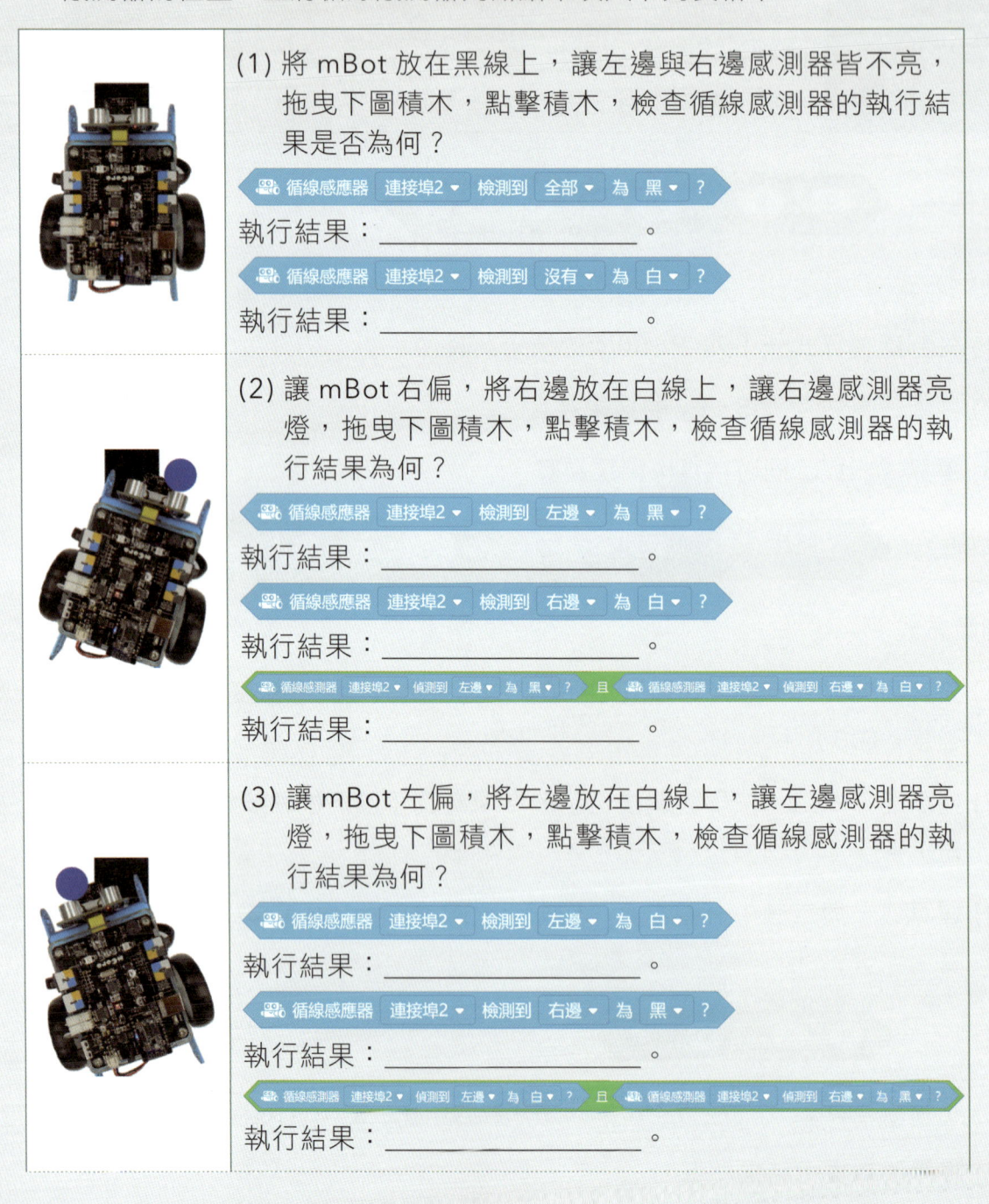

	(1) 將 mBot 放在黑線上，讓左邊與右邊感測器皆不亮，拖曳下圖積木，點擊積木，檢查循線感測器的執行結果是否為何？
	
	`循線感應器 連接埠2▼ 檢測到 全部▼ 為 黑▼ ?`
	
	執行結果：_____。
	
	`循線感應器 連接埠2▼ 檢測到 沒有▼ 為 白▼ ?`
	
	執行結果：_____。

	(2) 讓 mBot 右偏，將右邊放在白線上，讓右邊感測器亮燈，拖曳下圖積木，點擊積木，檢查循線感測器的執行結果為何？
	
	`循線感應器 連接埠2▼ 檢測到 左邊▼ 為 黑▼ ?`
	
	執行結果：_____。
	
	`循線感應器 連接埠2▼ 檢測到 右邊▼ 為 白▼ ?`
	
	執行結果：_____。
	
	`循線感測器 連接埠2▼ 偵測到 左邊▼ 為 黑▼ ? 且 循線感測器 連接埠2▼ 偵測到 右邊▼ 為 白▼ ?`
	
	執行結果：_____。

	(3) 讓 mBot 左偏，將左邊放在白線上，讓左邊感測器亮燈，拖曳下圖積木，點擊積木，檢查循線感測器的執行結果為何？
	
	`循線感應器 連接埠2▼ 檢測到 左邊▼ 為 白▼ ?`
	
	執行結果：_____。
	
	`循線感應器 連接埠2▼ 檢測到 右邊▼ 為 黑▼ ?`
	
	執行結果：_____。
	
	`循線感測器 連接埠2▼ 偵測到 左邊▼ 為 白▼ ? 且 循線感測器 連接埠2▼ 偵測到 右邊▼ 為 黑▼ ?`
	
	執行結果：_____。

Chapter 4　循線自走車 mBot

(4) 將 mBot 放在白線上，讓左邊與右邊感測器皆亮燈，拖曳下圖積木，點擊積木，檢查循線感測器的執行結果為何？

循線感應器　連接埠2▼　檢測到　全部▼　為　白▼　?

執行結果：_____。

循線感應器　連接埠2▼　檢測到　沒有▼　為　黑▼　?

執行結果：_____。

2 按 ●事件、●控制、●運算、●偵測 與 ●聲光，拖曳下圖積木，讓 mBot 的 LED 亮燈與循線感測器相同。

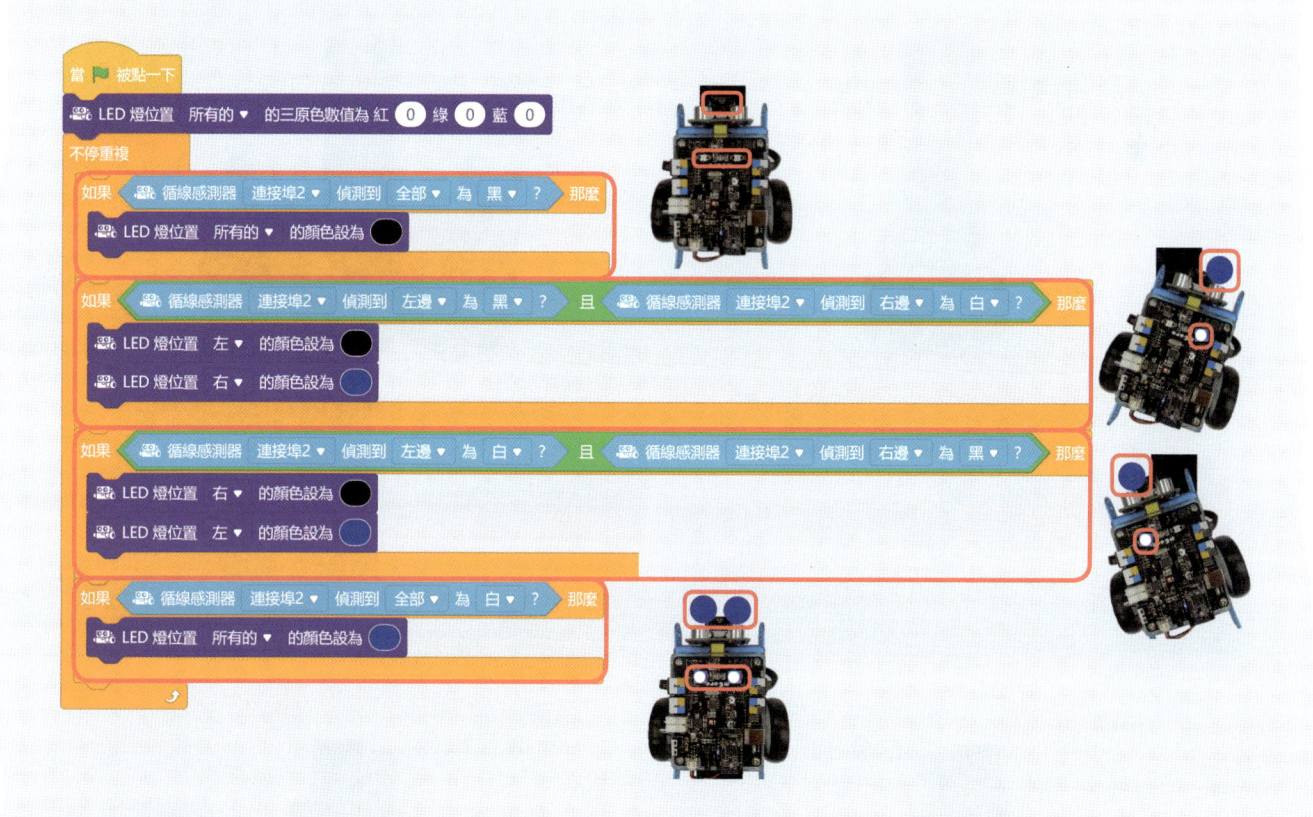

當 ▶ 被點一下
LED 燈位置　所有的▼　的三原色數值為　紅 0　綠 0　藍 0
不停重複
　如果　循線感測器　連接埠2▼　偵測到　全部▼　為　黑▼　?　那麼
　　LED 燈位置　所有的▼　的顏色設為 ●
　如果　循線感測器　連接埠2▼　偵測到　左邊▼　為　黑▼　?　且　循線感測器　連接埠2▼　偵測到　右邊▼　為　白▼　?　那麼
　　LED 燈位置　左▼　的顏色設為 ●
　　LED 燈位置　右▼　的顏色設為 ●
　如果　循線感測器　連接埠2▼　偵測到　左邊▼　為　白▼　?　且　循線感測器　連接埠2▼　偵測到　右邊▼　為　黑▼　?　那麼
　　LED 燈位置　右▼　的顏色設為 ●
　　LED 燈位置　左▼　的顏色設為 ●
　如果　循線感測器　連接埠2▼　偵測到　全部▼　為　白▼　?　那麼
　　LED 燈位置　所有的▼　的顏色設為 ●

mBot 操作提示

當循線感測器判斷左邊是白色亮燈時（ 循線感應器　連接埠2▼　檢測到　左邊▼　為　白▼　? ），右邊可能是白色或黑色，因此，利用邏輯積木將「左邊為白」且「右邊為黑」將兩個積木組合（ 循線感測器　連接埠2▼　偵測到　左邊▼　為　白▼　?　且　循線感測器　連接埠2▼　偵測到　右邊▼　為　黑▼　? ），確認 mBot 偏向左邊。

93

4-3 mBot 即時執行自動循黑線前進

將 mBot 放在黑線上，讓 mBot 自動循著黑線前進，循線感測器的偵測方式與判斷方式如下：

一 循線感測器偵測黑線與 mBot 運動

利用積木 `循線感測器 連接埠2 數值` 讓循線感測器傳回偵測數值 0，1，2，3 時，mBot 分別執行前進、左轉、右轉與後退的運動。

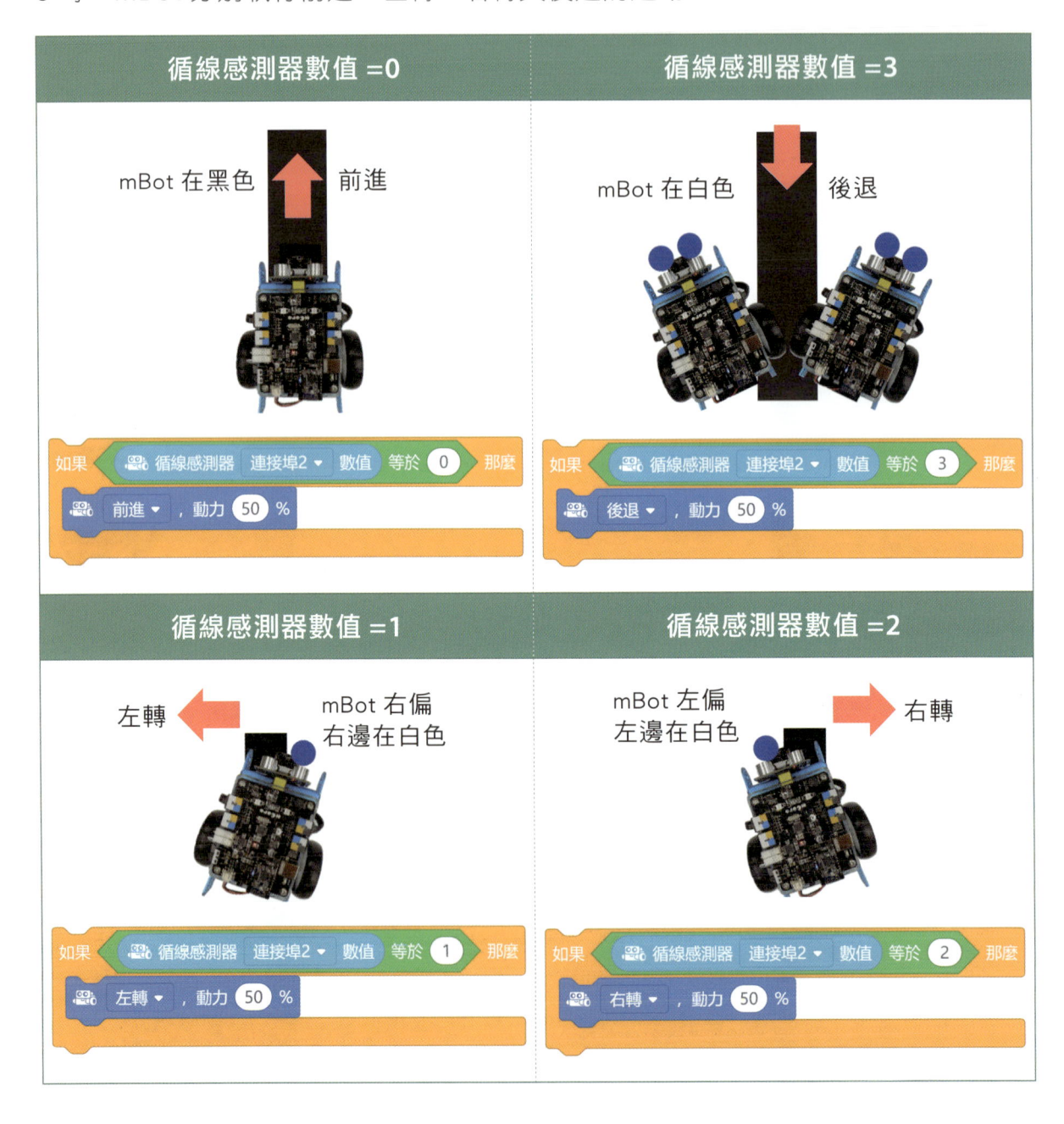

循線感測器數值 =0	循線感測器數值 =3
mBot 在黑色 前進	mBot 在白色 後退
如果 循線感測器 連接埠2 數值 等於 0 那麼 前進，動力 50 %	如果 循線感測器 連接埠2 數值 等於 3 那麼 後退，動力 50 %

循線感測器數值 =1	循線感測器數值 =2
左轉 ← mBot 右偏 右邊在白色	mBot 左偏 左邊在白色 → 右轉
如果 循線感測器 連接埠2 數值 等於 1 那麼 左轉，動力 50 %	如果 循線感測器 連接埠2 數值 等於 2 那麼 右轉，動力 50 %

二 mBot 判斷黑線或白線運動

mBot 循黑前進過程中必定會遇到黑線、右偏、左偏或白線四種狀況其中一種，利用巢狀「如果-那麼-否則」決定 mBot 執行的動作（前進、左轉、右轉或後退）。判斷方式如下：

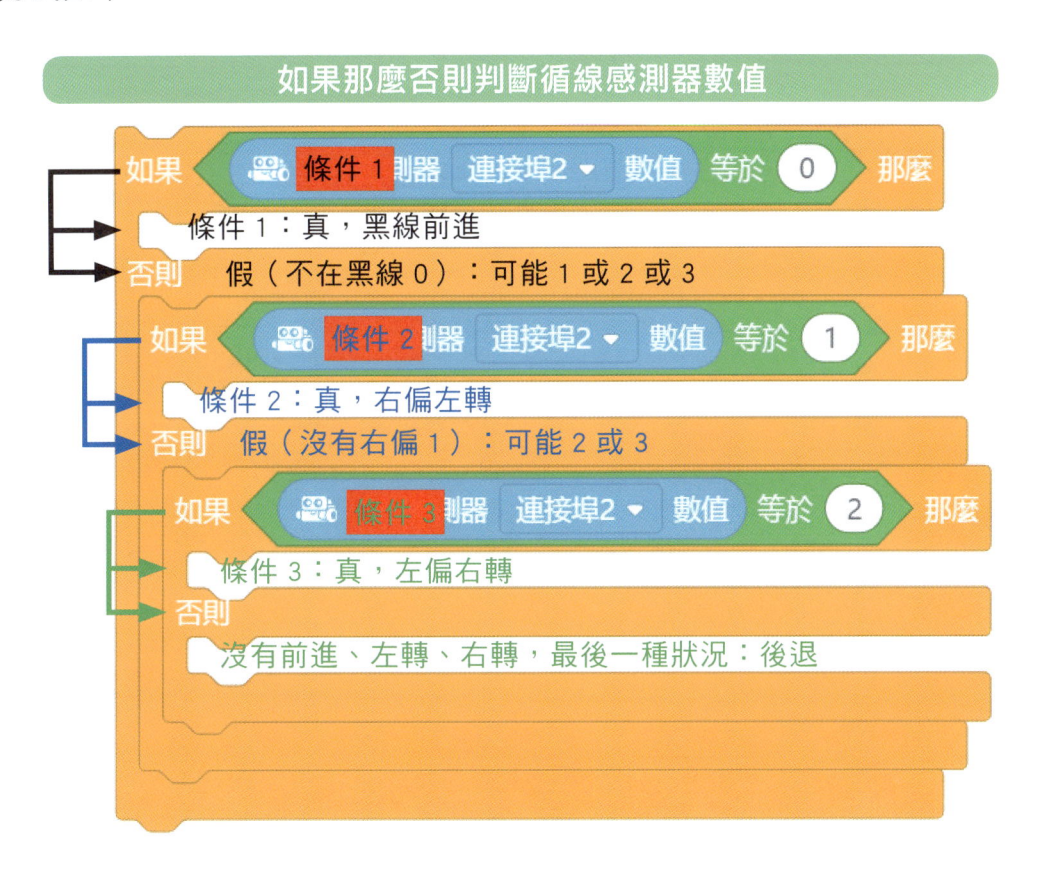

如果那麼否則判斷循線感測器數值

- 如果 〈 條件1 測器 連接埠2▼ 數值 等於 0 〉 那麼
  - 條件1：真，黑線前進
- 否則 假（不在黑線0）：可能1或2或3
  - 如果 〈 條件2 測器 連接埠2▼ 數值 等於 1 〉 那麼
    - 條件2：真，右偏左轉
  - 否則 假（沒有右偏1）：可能2或3
    - 如果 〈 條件3 測器 連接埠2▼ 數值 等於 2 〉 那麼
      - 條件3：真，左偏右轉
    - 否則
      - 沒有前進、左轉、右轉，最後一種狀況：後退

三 mBot 連線執行自動循黑線前進

以即時模式連線執行程式，程式開始時 mBot 循著黑線前進，循線過程中 mBot 左轉亮左側 LED、mBot 右轉亮右側 LED。

1 將 mBot 設定為 上傳 即時 【即時】模式。

2 按 自訂積木，點選【新增積木指令】，輸入【循黑線 > 確認】。

3 按 事件 與 控制，拖曳下圖積木到 定義 循黑線 ，定義循黑線程式積木。

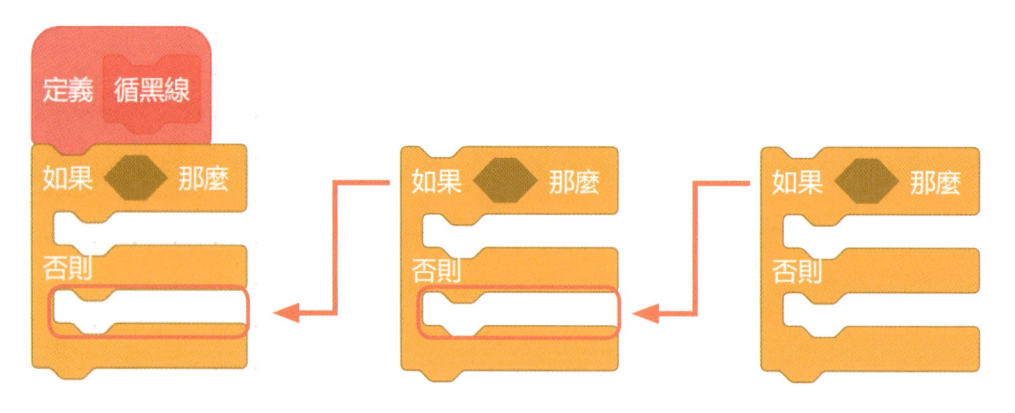

4 按 運算，拖曳 3 個 等於 50 ，分別輸入【0】、【1】與【2】。

5 按 偵測，勾選「循線感測器連接埠 2 數值」，在舞台顯示偵測值，並拖曳 3 個 循線感測器 連接埠2 數值 。

6 按 ●運動，拖曳 [前進▼, 動力 50 %]，分別點選【前進】、【左轉】與【右轉】。

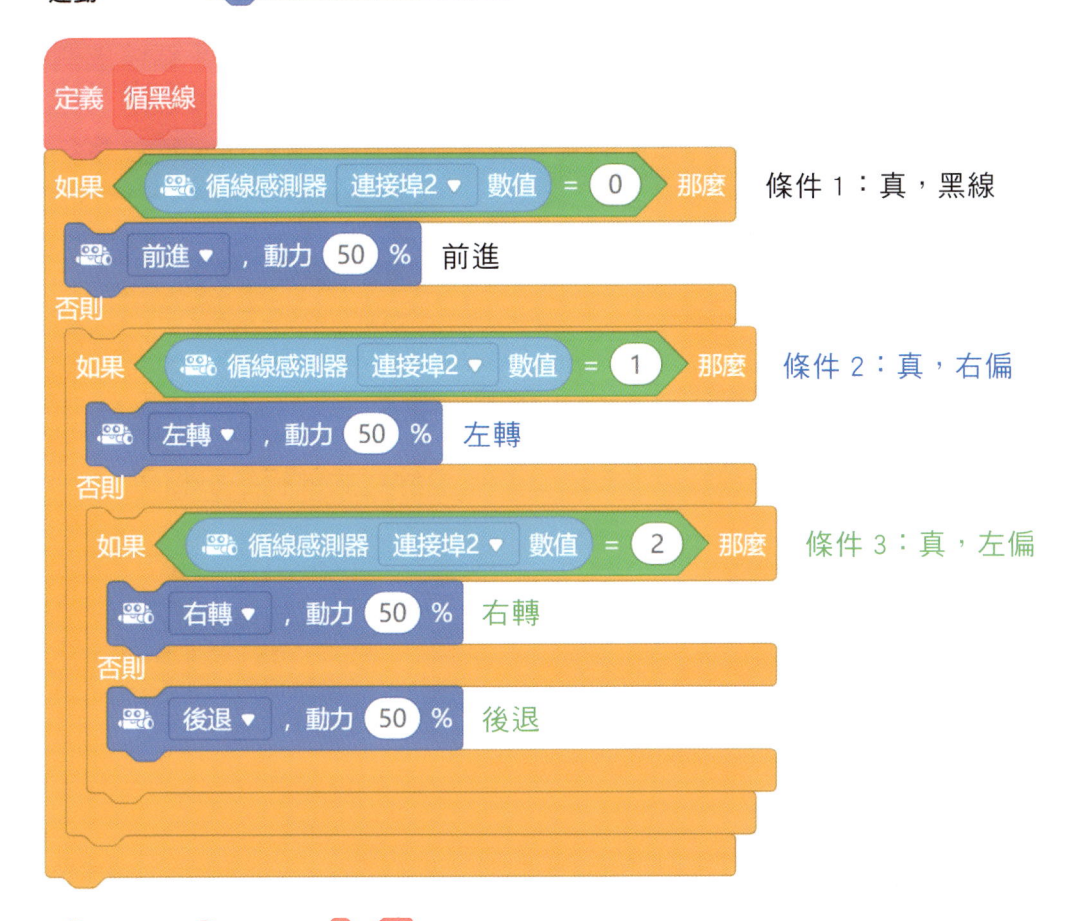

```
定義 循黑線
如果 〈循線感測器 連接埠2▼ 數值 = 0〉那麼          條件 1：真，黑線
    前進▼, 動力 50 %                              前進
否則
    如果 〈循線感測器 連接埠2▼ 數值 = 1〉那麼      條件 2：真，右偏
        左轉▼, 動力 50 %                          左轉
    否則
        如果 〈循線感測器 連接埠2▼ 數值 = 2〉那麼  條件 3：真，左偏
            右轉▼, 動力 50 %                      右轉
        否則
            後退▼, 動力 50 %                      後退
```

7 按 ●事件 與 ●自訂積木，將 [循黑線]，拖曳到「不停重複」內層，重複執行循黑線。

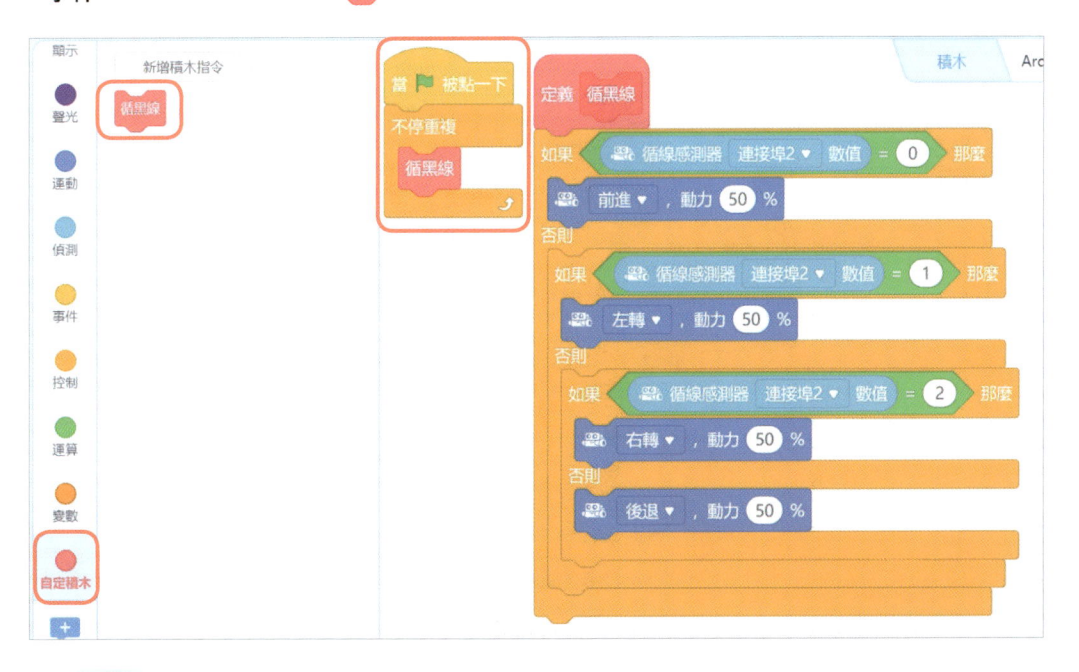

8 點擊 ▶，檢查 mBot 是否循著黑線前進。

mBlock5 概念說明

1. 利用四個 [如果 那麼] 改寫自動循黑線程式時，需要判斷四次「循線感測器數值 =0～3」才會執行前進、左轉、右轉或後退的其中一個動作，程式執行結果與如果-那麼-否則相同，但是程式執行效率比 [如果 那麼 否則] 差。

2. 利用 [循線感應器 連接埠2 檢測到 全部 為 黑 ?] 改寫自動循黑線程式，與 [循線感測器 連接埠2 數值 = 0] 的自動循黑線程式執行結果相同。

4-4 mBot 閃爍方向燈

mBot 循線過程中，左轉亮左側 LED、右轉亮右側 LED。

1 點選 **聲光**，拖曳 2 個 [LED燈位置 全部 的配色數值為 紅 255 綠 0 藍 0]，到「定義循黑線」中「左轉」的上方與下方，點選【左】。

2 重複步驟 1，右轉亮右側 LED。

```
定義 循黑線
  如果 〈循線感測器 連接埠2▼ 數值 = 0〉那麼
    前進▼，動力 50 %
  否則
    如果 〈循線感測器 連接埠2▼ 數值 = 1〉那麼
      LED 燈位置 左▼ 的三原色數值為 紅 255 綠 0 藍 0
      左轉▼，動力 50 %
      LED 燈位置 所有的▼ 的三原色數值為 紅 0 綠 0 藍 0
    否則
      如果 〈循線感測器 連接埠2▼ 數值 = 2〉那麼
        LED 燈位置 右▼ 的三原色數值為 紅 255 綠 0 藍 0
        右轉▼，動力 50 %
        LED 燈位置 所有的▼ 的三原色數值為 紅 0 綠 0 藍 0
      否則
        後退▼，動力 50 %
```

3 點擊 🏁，檢查 mBot 循線轉彎時是否點亮 LED。

4-5 mBot 上傳執行自動循黑線前進

先以即時模式測試程式是否正確執行。程式設計完成，開啟上傳模式，上傳程式。以後只要開啟 mBot 電源，mBot 自動執行循黑線程式，不需要與電腦連線。

1 點擊 【上傳】，將 mBot 設定為上傳模式。

2 按 事件，拖曳 當 mBot(mcore) 啟動時，在「不停重複」按右鍵【複製】另一組積木。

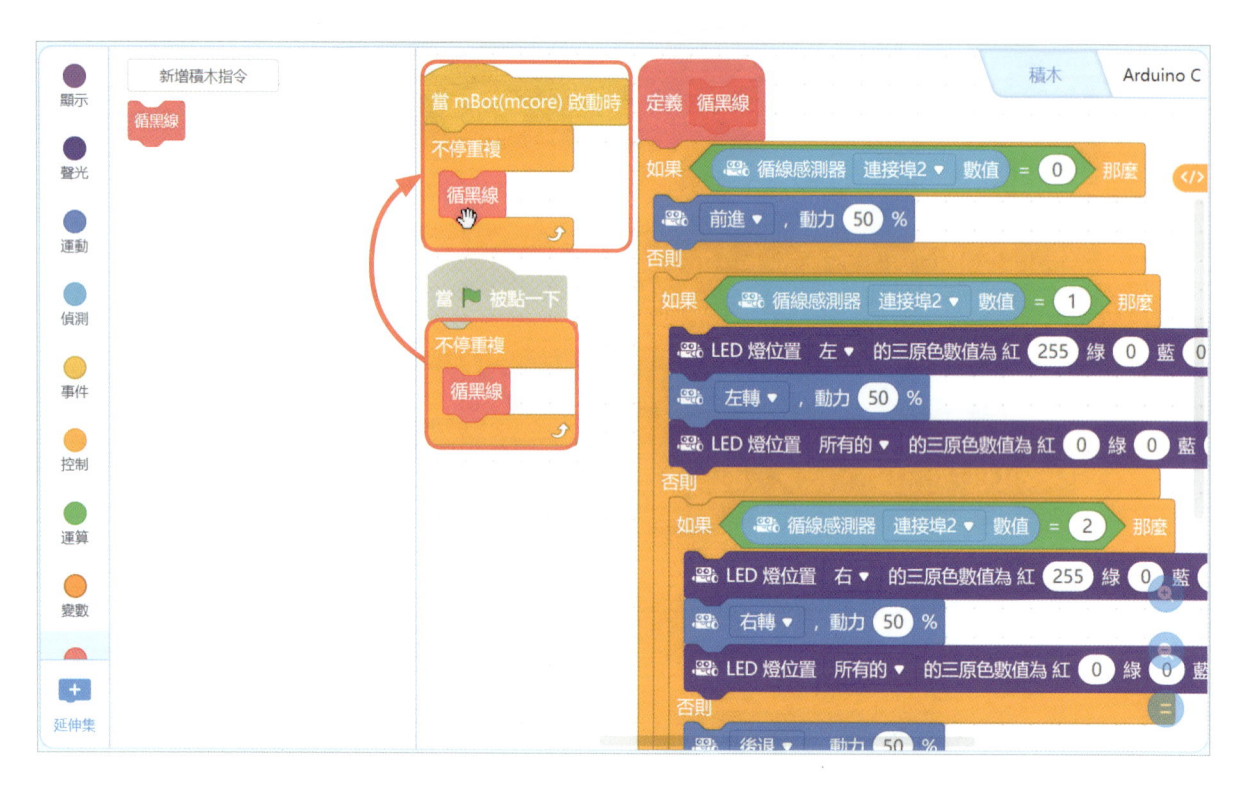

3 點選 上傳，將程式上傳到 mCore 主控板。

4 拔除 mBot 與電腦連接的 USB，開啟 mBot 電源，mBot 自動執行循黑線前進。

100

4-6　mBot 即時執行自動循白線前進

將 mBot 放在白線上，讓 mBot 自動循著白線前進，循線感測器的偵測方式與判斷方式如下：

一　循線感測器偵測白線與 mBot 運動

利用積木 `循線感應器 連接埠2 檢測到 右邊 為 黑 ?` 判斷循線感測器檢測為黑或白時，循線感測器的判斷結果與 mBot 的運動方式如下：

循線感測器數值 =3

mBot 在白色　　　　　前進

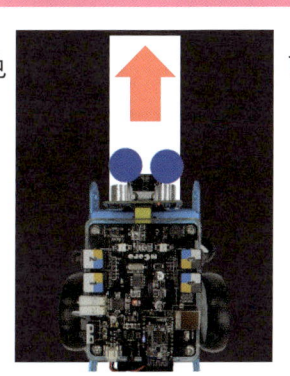

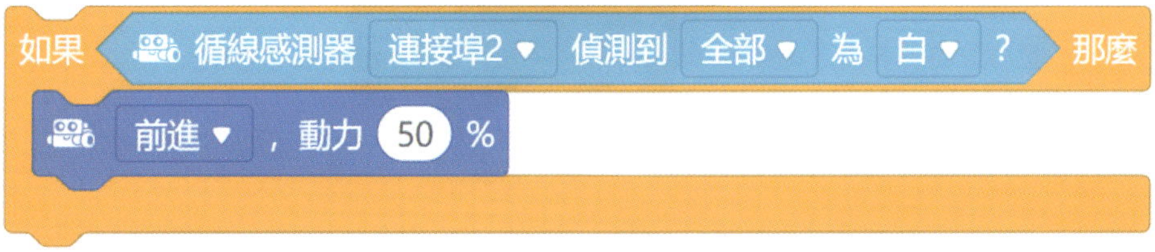

```
如果 < 循線感測器 連接埠2 偵測到 全部 為 白 ? > 那麼
    前進, 動力 50 %
```

循線感測器數值 =2

左轉　　　　　mBot 右偏
　　　　　　　右邊在黑色
　　　　　　　左邊在白色

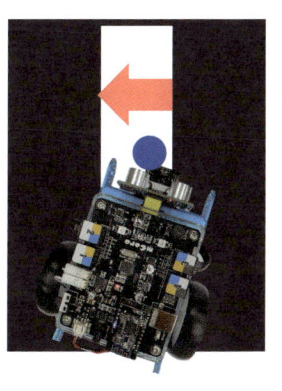

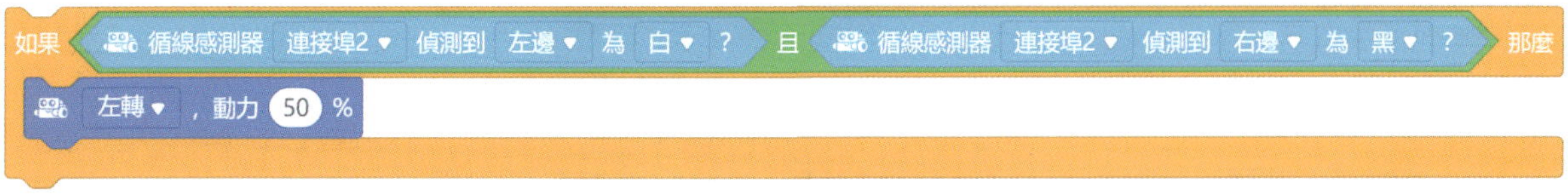

```
如果 < 循線感測器 連接埠2 偵測到 左邊 為 白 ? 且 循線感測器 連接埠2 偵測到 右邊 為 黑 ? > 那麼
    左轉, 動力 50 %
```

循線感測器數值 =1

mBot 左偏
左邊在黑色
右邊在白色

右轉

如果 循線感測器 連接埠2▼ 偵測到 左邊▼ 為 黑▼ ? 且 循線感測器 連接埠2▼ 偵測到 右邊▼ 為 白▼ ? 那麼
　　右轉▼ ，動力 50 %

循線感測器數值 =0

mBot 在黑色

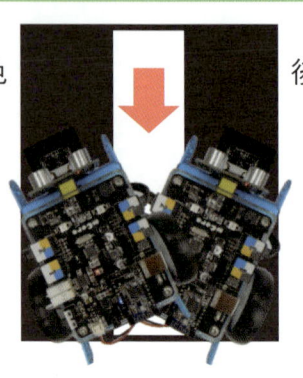

後退

如果 循線感測器 連接埠2▼ 偵測到 全部▼ 為 黑▼ ? 那麼
　　後退▼ ，動力 50 %

■ mBot 連線執行自動循白線前進

利用自訂積木，結構化定義 mBot 循白線程式。

1 將 mBot 設定為 【即時】模式。

2 按 **自訂積木**，點選【新增積木指令】，輸入【循白線 > 確認】。

3 按 **事件** 與 **控制**，拖曳下圖積木到 定義 循白線 ，定義循白線程式積木。

Chapter 4　循線自走車 mBot

4 依據循線感測器判斷黑與白的方式，拖曳下圖積木定義循白線程式積木。

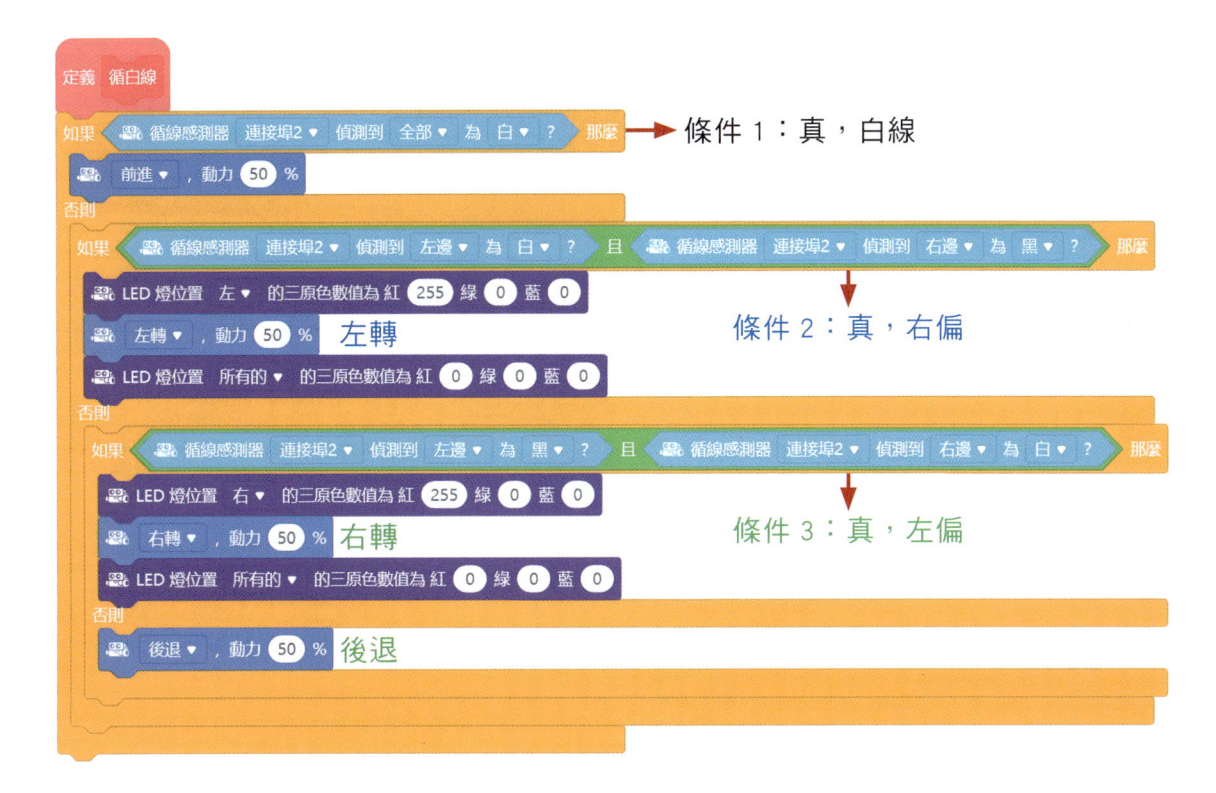

→ 條件 1：真，白線

→ 條件 2：真，右偏

→ 條件 3：真，左偏

左轉

右轉

後退

5 按 事件 與 自訂積木，將 循白線，拖曳到「不停重複」內層，重複執行循白線。

6 點擊 ▶，檢查 mBot 是否循著白線前進，並點亮方向燈。

103

mBlock5 概念說明

1. 利用 `循線感測器 連接埠2▼ 數值 = 0` 改寫自動循白線程式，與 `循線感應器 連接埠2▼ 檢測到 全部▼ 為 黑▼ ?` 的自動循白線程式執行結果相同。

4-7　mBot 上傳執行自動循白線前進

先以即時模式測試程式是否正確執行。程式設計完成，開啟上傳模式，上傳程式。以後只要開啟 mBot 電源，mBot 自動執行循白線程式，不需要與電腦連線。

1 點擊【上傳】，將 mBot 設定為上傳模式。

2 按 **事件**，拖曳 `當 mBot(mcore) 啟動時`，在「不停重複」按右鍵【複製】另一組積木。

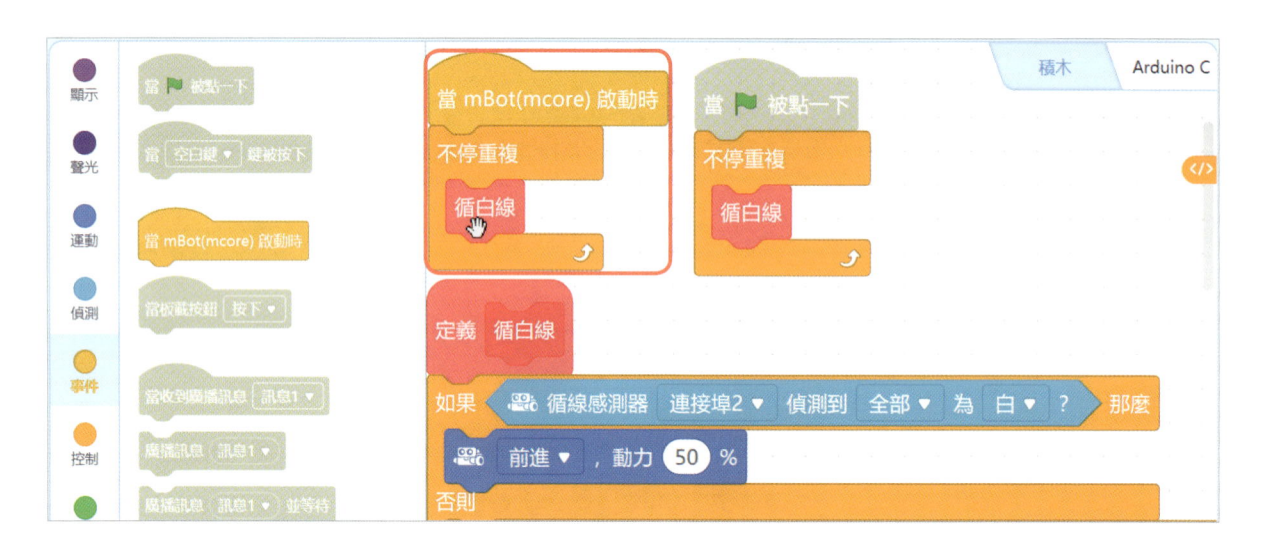

3 點選 **上傳**，將程式上傳到 mCore 主控板。

4 拔除 mBot 與電腦連接的 USB，開啟 mBot 電源，mBot 自動執行循白線前進。

Chapter 4　學習評量

一、選擇題

_____ 1. 如圖（一），如果想讓 mBot 循黑線前進，應該使用下列哪一個感測器？
    (A) A　　　　　　　　　　(B) B
    (C) C　　　　　　　　　　(D) D。

_____ 2. 如果想讓 mBot 循白線前進，應該使用下列哪一個感測器？
    (A) 超音波感測器　　　　　(B) 蜂鳴器
    (C) 紅外線接收　　　　　　(D) 循線感測器。

_____ 3. 如圖（二），如果將 mBot 放在白線上，讓「Sensor 1」與「Sensor 2」皆亮燈，偵測數值為何？
    (A) 0　　　　　　　　　　(B) 1
    (C) 2　　　　　　　　　　(D) 3。

_____ 4. 下列哪一個積木，能夠讓 mBot 的感測器傳回偵測值，再利用偵測值判斷 mBot 的位置？
    (A) 循線感測器 連接埠2 數值
    (B) 光線感測器 板載 光線強度
    (C) 當板載按鍵 按下 ?
    (D) 超音波感測器 連接埠3 距離。

_____ 5. 如圖（三），積木傳回的值為 true（真），mBot 可能是哪一種選項的位置？
    循線感應器 連接埠2 檢測到 右邊 為 白 ?　圖（三）
    (A)　(B)　(C)　(D) 以上皆是。

_____ 6. 如圖（四），程式的執行結果為何？
    9 * 9 大於 50 且 -5 小於 5　圖（四）
    (A) 81　　(B) false（假）　(C) true（真）　(D) -25。

Chapter 4　學習評量

_____ 7. 如果想設計 mBot 循黑線前進，當 mBot 在圖(五)的狀況時，應該執行下列哪一組程式的動作？

(A) 如果〔循線感測器 連接埠2▼ 數值 等於 0〕那麼
　　　　前進▼，動力 50 %

(B) 如果〔循線感測器 連接埠2▼ 數值 等於 1〕那麼
　　　　左轉▼，動力 50 %

(C) 如果〔循線感測器 連接埠2▼ 數值 等於 2〕那麼
　　　　右轉▼，動力 50 %

(D) 如果〔循線感測器 連接埠2▼ 數值 等於 3〕那麼
　　　　後退▼，動力 50 %

圖(五)

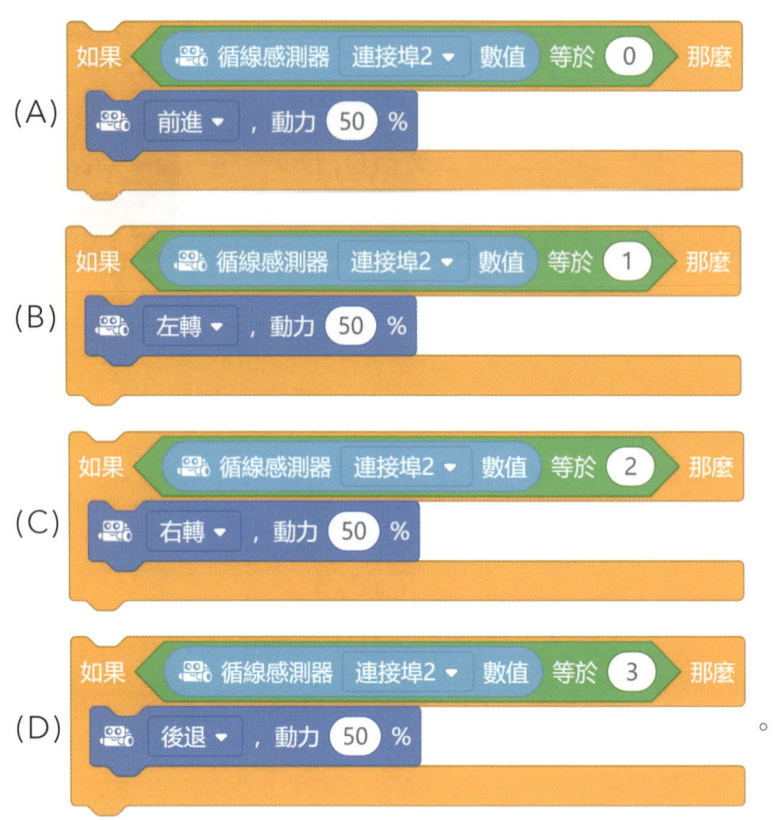

_____ 8. 下列哪一個積木在前後兩個條件同時為真（true）時，判斷結果為真？

(A)  或　　　　(B)  且
(C)  不成立　　(D) 以上皆可。

_____ 9. 如果圖(六)程式判斷結果為真（true），那麼 mBot 可能在循黑線前進的哪一種情況？

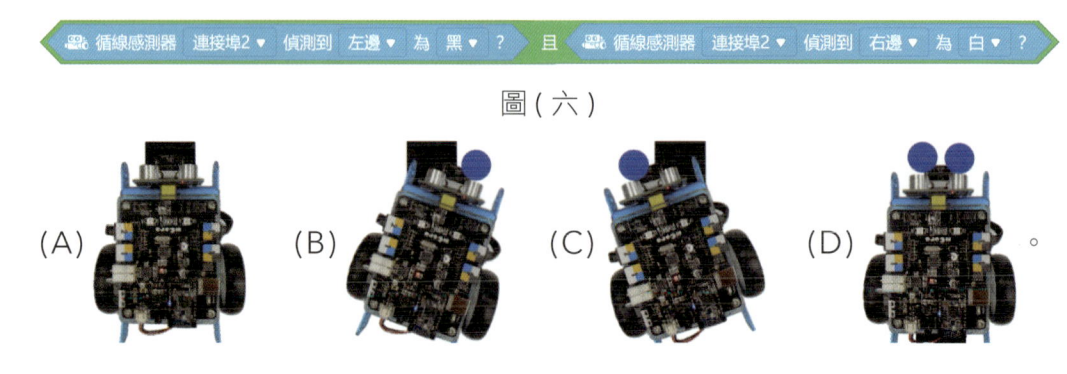

〔循線感測器 連接埠2▼ 偵測到 左邊▼ 為 黑▼ ?〕 且 〔循線感測器 連接埠2▼ 偵測到 右邊▼ 為 白▼ ?〕

圖(六)

(A)　　(B)　　(C)　　(D)

106

Chapter 4　學習評量

_____ 10. 關於圖(七)程式，如果 mBot 目前在黑線上右偏（循線感測器 2 亮燈），那麼 LED 燈點亮的方式為何？

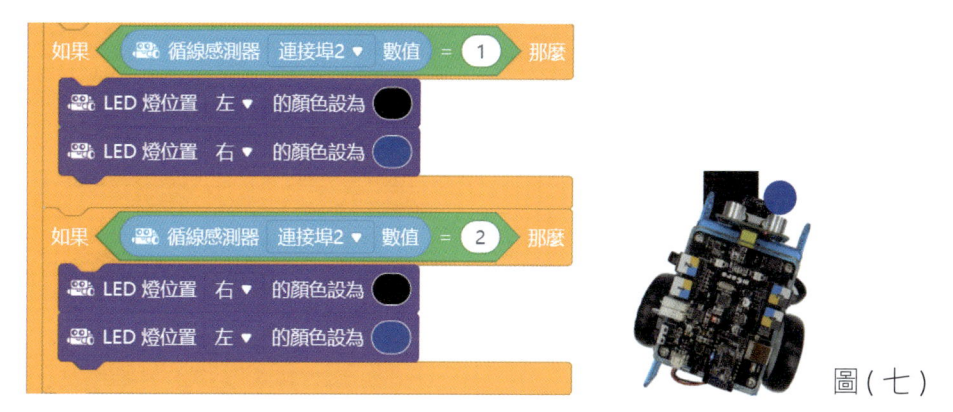

圖(七)

(A) 右邊 LED 亮藍燈　　　　　　(B) 右邊 LED 燈不亮
(C) 左邊 LED 亮藍燈　　　　　　(D) LED 燈皆不亮。

二、實作題

1. 請以 `循線感應器 連接埠2 檢測到 右邊 為 黑 ?` 與 `且` ，改寫 mBot 循黑線程式。

2. 請以 `循線感測器 連接埠2 數值 = 0` 改寫 mBot 循白線程式。

mBot 補給站

顏色感測器：mBot 循著顏色移動

　　mBot 利用循線感測器偵測黑與白，進行循白線或黑線前進的動作，它還能夠利用顏色感測器偵測黑、白、紅、綠、藍與黃色，讓 mBot 循著顏色前進或停止。

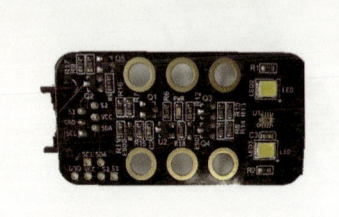

一 顏色感測器

1. 傳回紅色的數值

   `顏色感測器 連接埠1▼ 紅色▼ 數值`

2. 判斷是否為白色

   `顏色感測器 連接埠1▼ 偵測 白色▼`

一 顏色控制 mBot 移動

　　利用顏色控制 mBot 的移動，mBot 偵測藍色時前進、紅色時停止。

1 將顏色感測器連接在 mBot 的連接埠 1～4，其中一個（如下圖一）。

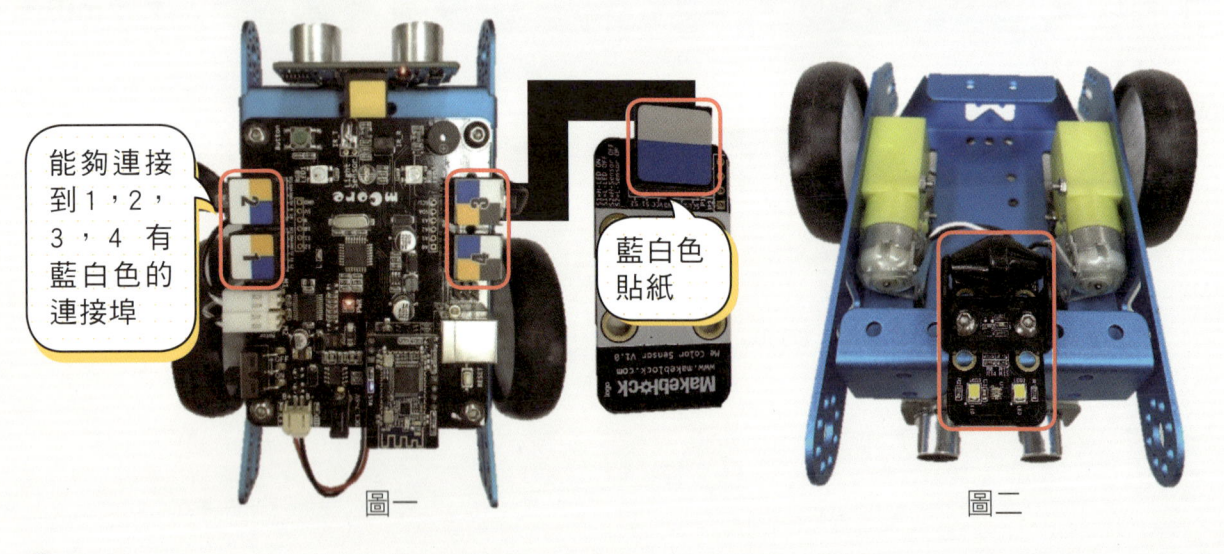

能夠連接到 1，2，3，4 有藍白色的連接埠

藍白色貼紙

圖一　　　　　　　　　　　圖二

2 將循線感測器的位置，替換成顏色感測器（如上圖二）。

3 按 【延伸集】，點選【顏色感測器】，再按【+ 添加】，新增顏色感測器擴展積木。

108

mBot 補給站

4 拖曳下圖積木，讓 mBot 偵測藍色時前進、偵測紅色時停止。

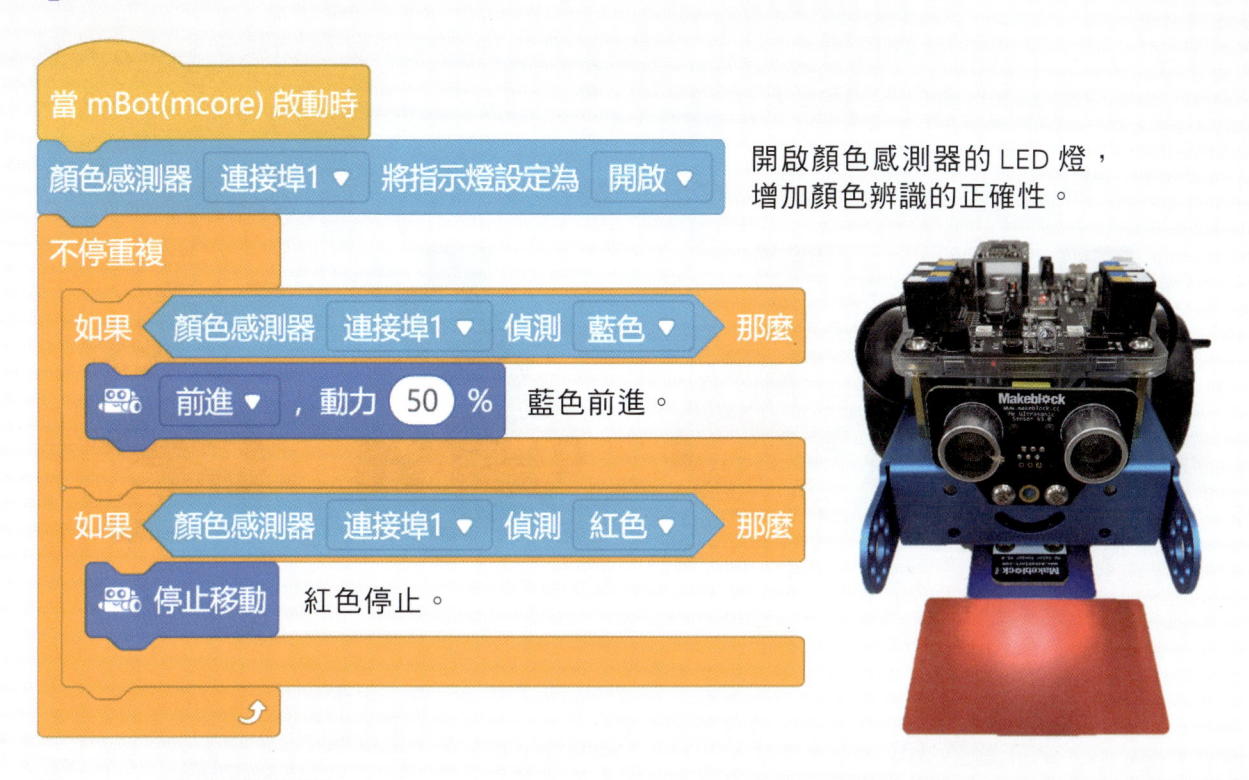

```
當 mBot(mcore) 啟動時
顏色感測器 連接埠1▼ 將指示燈設定為 開啟▼
不停重複
    如果 顏色感測器 連接埠1▼ 偵測 藍色▼ 那麼
        前進▼，動力 50 %
    如果 顏色感測器 連接埠1▼ 偵測 紅色▼ 那麼
        停止移動
```

開啟顏色感測器的 LED 燈，增加顏色辨識的正確性。

藍色前進。

紅色停止。

5 點擊 上傳 ，將程式上傳到 mCore 主控板，再斷開電腦與 mBot 連線。只要開啟電源，mBot 依據顏色前進或停止。

MLC 實作題

題目名稱：循線自走車 mBot　　　　　　　　　　　　30 mins

題目說明：請設計循線自走車 mBot，自動循黑線或白線前進，循線過程中左轉亮左側 LED、右轉亮右側 LED。

成 品 圖

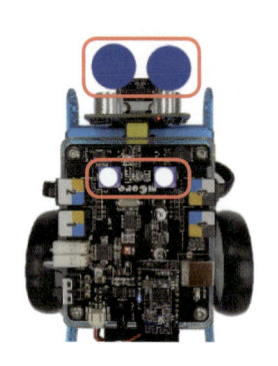

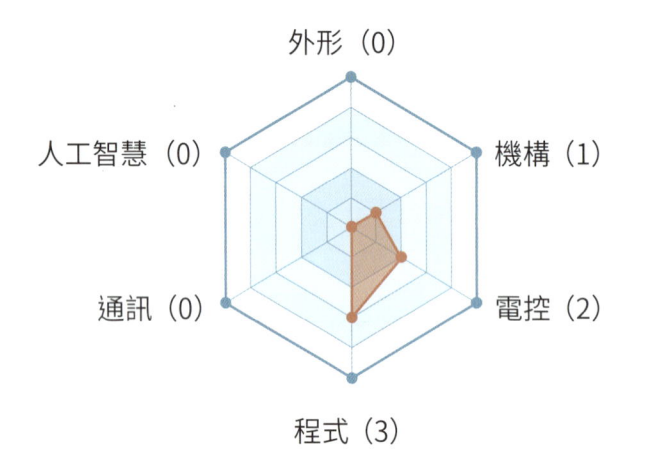

創客指標	
外形	0
機構	1
電控	2
程式	3
通訊	0
人工智慧	0
創客總數	6

外形（0）
機構（1）
電控（2）
程式（3）
通訊（0）
人工智慧（0）

創客題目編號：A005049

Chapter 5

mBot 鎖定鑽石互動遊戲

本章將設計 mBot 與角色 Panda 互動遊戲，利用 mBot 感測器控制角色 Panda 移動，鎖定目標鑽石。當 Panda 碰到金幣時金幣反彈往鑽石方向移動，碰到鑽石，Panda 擁有鑽石數量增加。

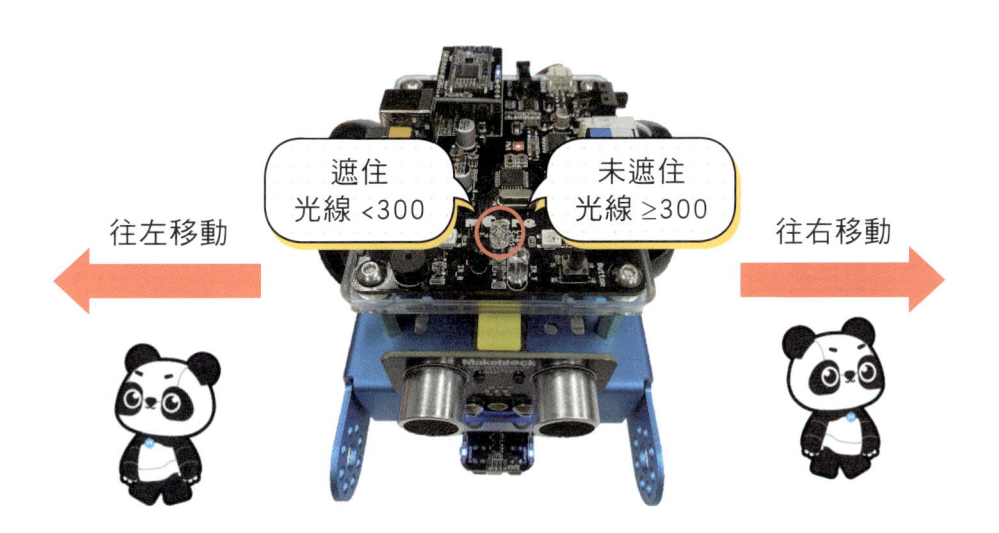

往左移動 ← 遮住 光線 <300　　未遮住 光線 ≥300 → 往右移動

本章節次

5-1 mBot 鎖定鑽石互動遊戲規劃
5-2 設備傳遞感測器數值給角色
5-3 光線感測器控制角色移動
5-4 角色金幣移動
5-5 角色碰到角色
5-6 遊戲結束
mBot 補給站：顯示鑽石數量

學習目標

1. 能夠應用光線感測器控制角色移動。
2. 能夠整合設備與角色設計互動遊戲。
3. 能夠應用變數記錄遊戲歷程。
4. 能夠設計角色的動作變化。
5. 能夠設計角色與角色之間互動的方式。

5-1 mBot 鎖定鑽石互動遊戲規劃

本章將設計 mBot 與 Panda 互動遊戲，利用 mBot 光線感測器控制 Panda 移動，鎖定目標鑽石。當 Panda 碰到金幣時金幣反彈，同時，滑鼠游標鎖定目標鑽石，金幣往鑽石方向移動。如果金幣碰到鑽石，Panda 擁有鑽石數量增加，如果金幣沒有碰到鑽石，金幣往下移動，Panda 移動接金幣，重複遊戲。

一 mBot 元件與功能規劃

mBot 鎖定鑽石互動遊戲使用光線感測器，感測器的位置與功能如右圖所示：

光線感測器

傳回光線值，控制角色移動。

｜ mBlock5 概念說明 ｜

mBot 感測器都能夠用來控制角色移動，例如：利用循線感測器 1，2 的亮燈控制角色移動、或者利用按鈕、超音波感測器控制角色的動作。

二 mBot 鎖定鑽石互動遊戲規劃

mBot 鎖定鑽石遊戲的互動方式包括：❶ 設備 mBot 與 角色 Panda 互動；❷ 角色 Panda 與角色金幣互動；❸ 角色金幣與角色鑽石互動。

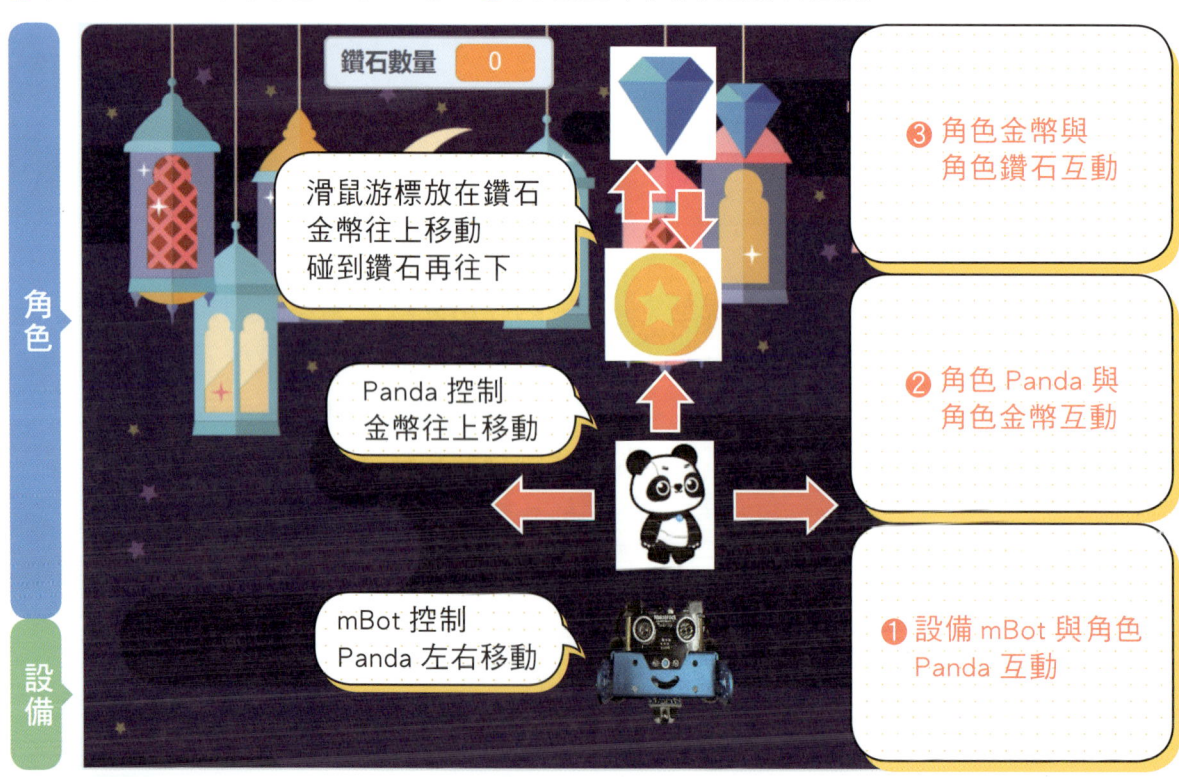

鑽石數量　0

滑鼠游標放在鑽石
金幣往上移動
碰到鑽石再往下

Panda 控制
金幣往上移動

mBot 控制
Panda 左右移動

❸ 角色金幣與
角色鑽石互動

❷ 角色 Panda 與
角色金幣互動

❶ 設備 mBot 與角色
Panda 互動

角色

設備

5-2　設備傳遞感測器數值給角色

一　測試 mBot 環境光線強度

遮住光線感測器時，光線強度 <300，角色 Panda 往左移動。未遮住光線感測器時，光線強度 ≥300，角色 Panda 往右移動。建立變數「光線」重複偵測光線感測器的數值，角色 Panda 再利用變數值，設定移動的方向。

實作範例

ch5-1　測試 mBot 環境光線強度

1 在「設備」按 ➕添加，新增 【mBot】，點選【連接 >COM值 > 連接】，並選擇【即時】模式。

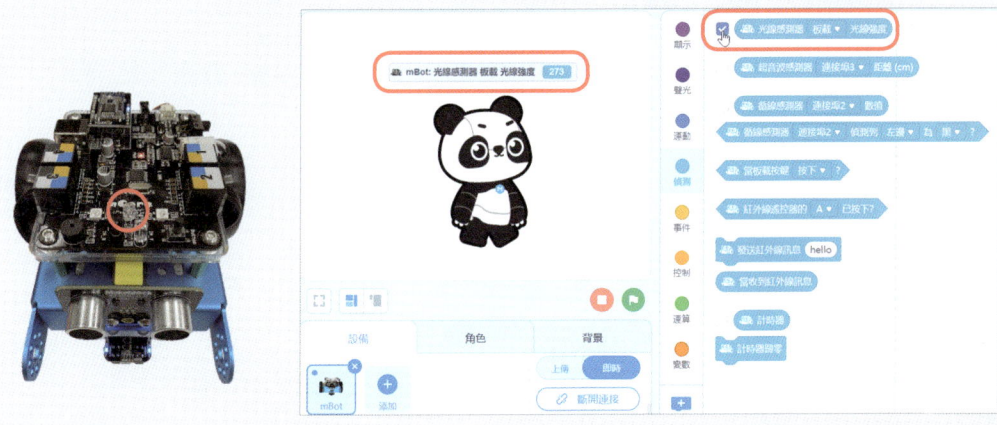

(1) ☑ 勾選光線感測器，檢查舞台顯示的光線強度值為：＿＿＿＿＿＿＿。

(2) 遮住光線感測器，檢查舞台顯示的光線強度值為：＿＿＿＿＿＿＿。

(3) mBot 光線感測器的光線強度隨著所在位置而有不同的變化，依據測試的光線強度值做為角色左右移動的判斷依據，例如遮住時光線值為 273，以「光線值 < 300」做為 Panda 左右移動的判斷依據。

二 設備傳遞感測器數值給角色

建立變數「光線」重複偵測設備 mBot 光線感測器的數值，角色 Panda 再利用變數值，設定移動的方向。

1 點選【設備】，按 變數 的【建立變數】，輸入【光線 > 確認】。

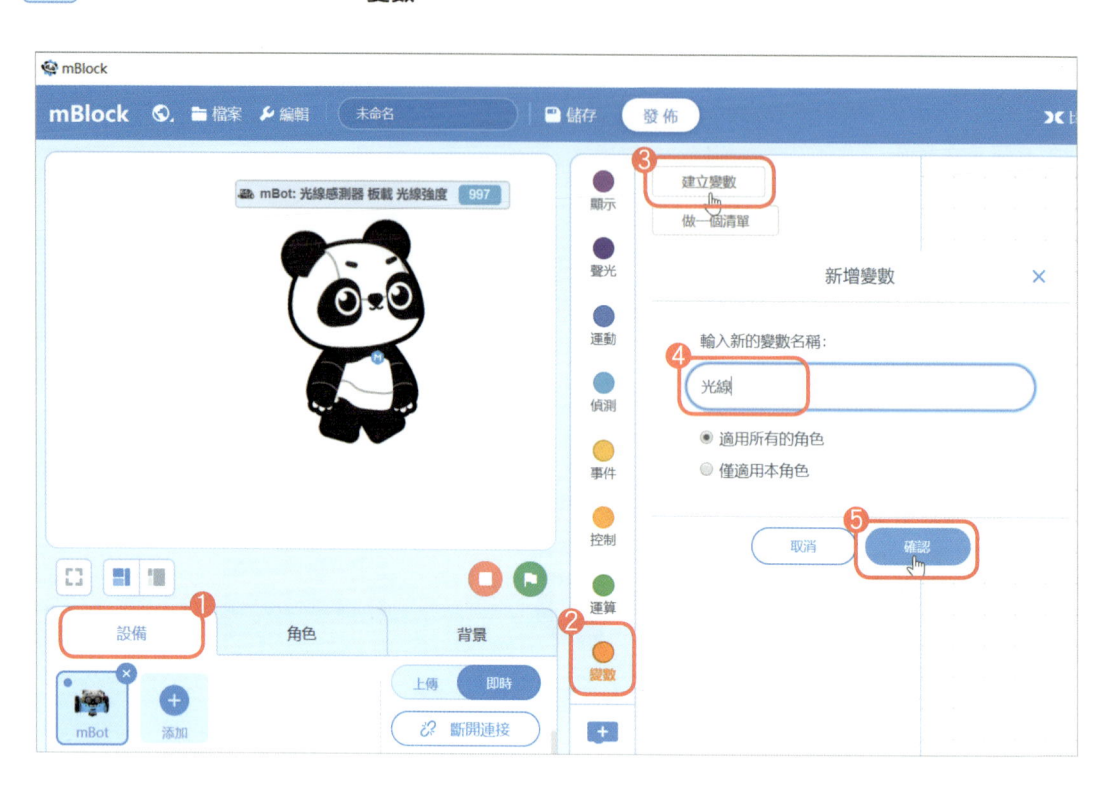

2 按 事件 、 控制 與 變數 ，設定變數「光線」的值。

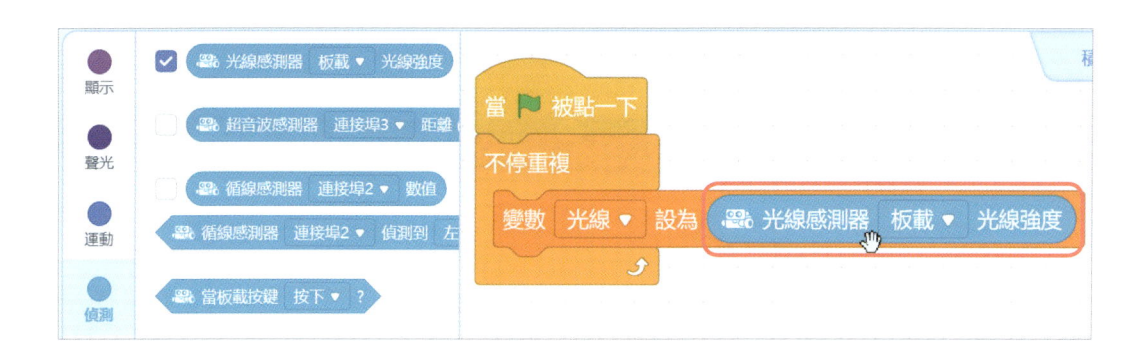

3 按 偵測，拖曳下圖積木，重複傳回光線感測器的數值給變數「光線」。

4 點擊 ▶，遮住光線感測器，檢查舞台中變數「光線」的值與「光線感測器光線強度」的數值是否相同。

mBot 操作提示

設備 mBot 設定為【即時】模式，才能夠連線傳遞光線感測器數值給角色 Panda。

mBlock5 概念說明

在設備取消勾選 ☐ 光線感測器 板載▼ 光線強度 ，光線強度會隱藏或在角色取消勾選光線，光線值隱藏。

顯示光線變數	隱藏光線變數
顯示	隱藏

5-3 光線感測器控制角色移動

角色 Panda 依據光線強度面向左與面向右移動。

一 設備 mBot 與 角色 Panda 互動方式

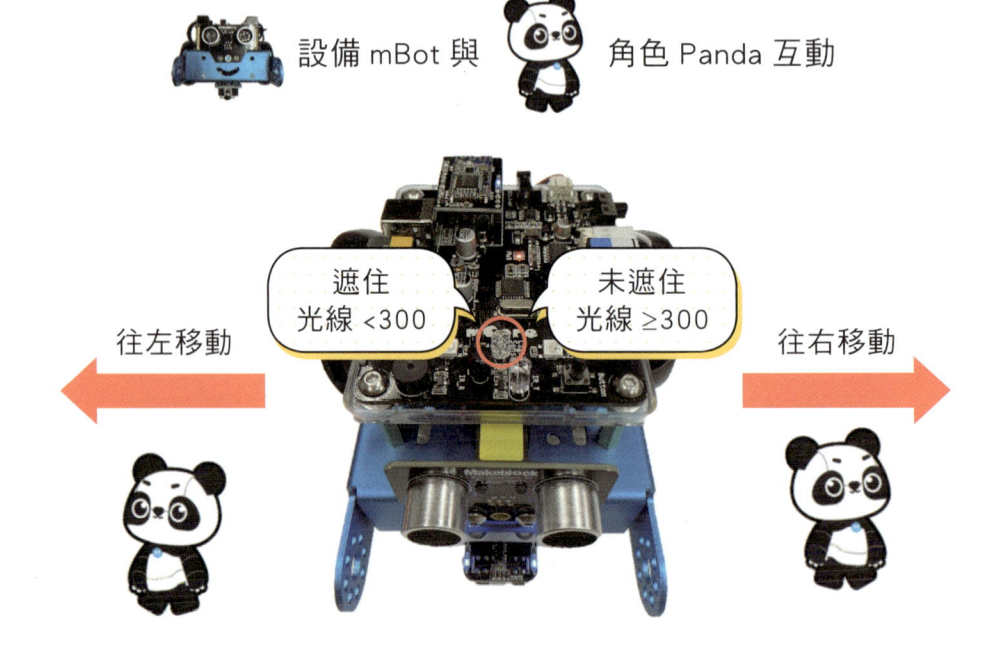

設備 mBot 與 角色 Panda 互動

遮住 光線 <300　往左移動
未遮住 光線 ≥300　往右移動

1. 遮住光線感測器時，光線強度 <300，角色 Panda 往左移動。
2. 未遮住光線感測器時，光線強度 ≥300，角色 Panda 往右移動。

二 角色面朝方向與移動

功能	積木	說明
面朝方向	面向 90 度	角色面朝的方向預設從 0～360 度旋轉，常用的四個方向包括： (1) 上（0度）(2) 下（180度） (3) 左（-90度）(4) 右（90度）。 利用 旋轉方式設為 左-右，將角色旋轉方式設定為左-右，避免上下顛倒。
移動	移動 10 步	角色往面朝方向移動 10 步，預設往右移動，負數往左。
左右移動	將x座標改變 10	角色往右移動 10 步，負數往左移動。
上下移動	將y座標改變 10	角色往上移動 10 步，負數往下移動。

三 光線感測器控制角色移動

遮住光線感測器時，光線強度 <300，角色 Panda 往左移動。未遮住光線感測器時，光線強 ≥300，角色 Panda 往右移動。

1 點選【背景】，按背景數量的 ＋，點選背景，再按【確認】新增背景。

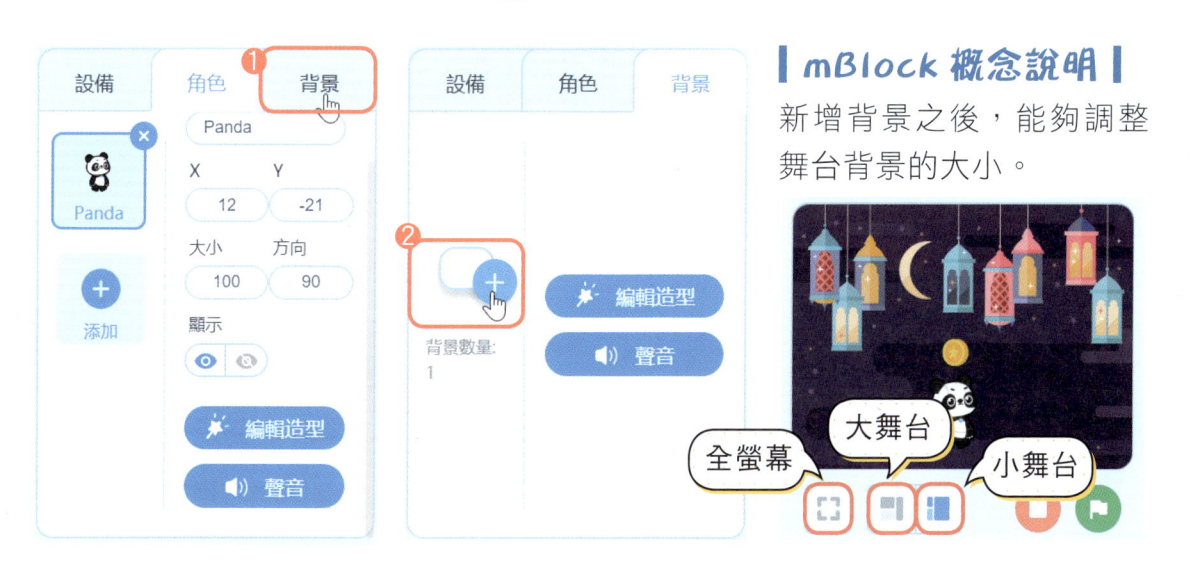

mBlock 概念說明

新增背景之後，能夠調整舞台背景的大小。

全螢幕　大舞台　小舞台

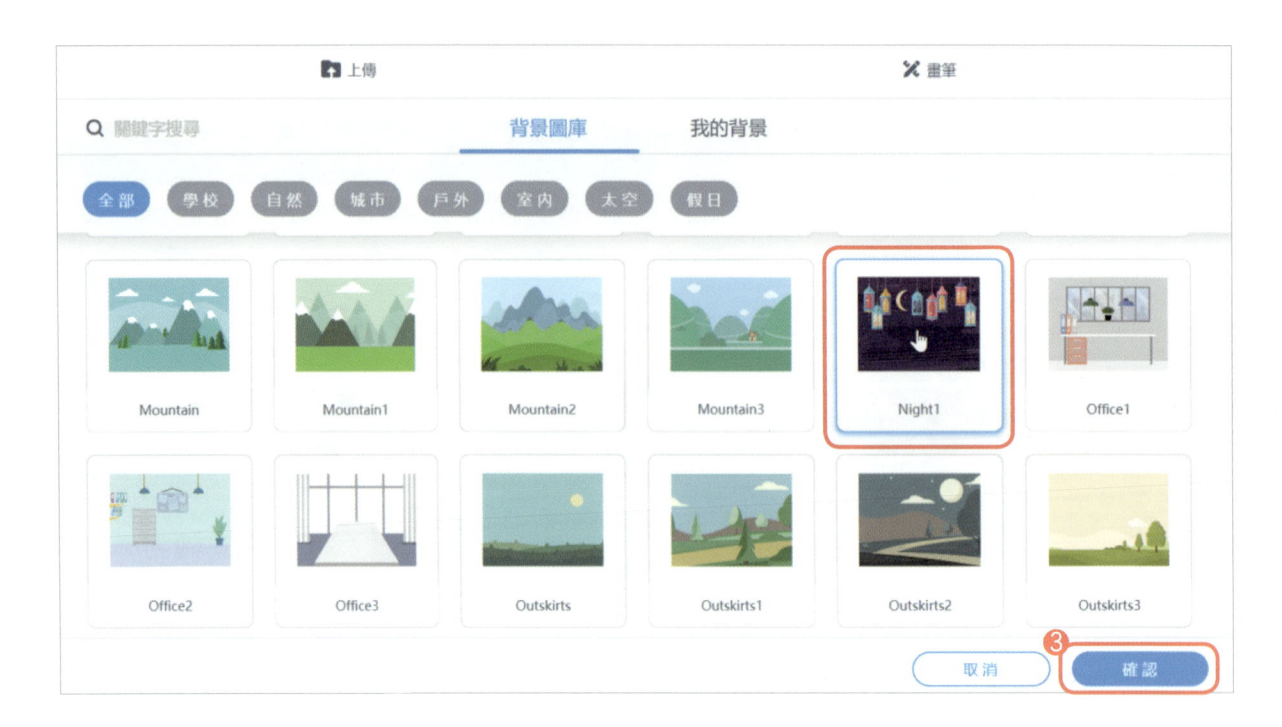

用主題範例學運算思維與程式設計

2 點選角色【Panda】，將角色移到舞台中央的下方，再按 事件 與 動作，拖曳下圖積木，定位角色起始位置。

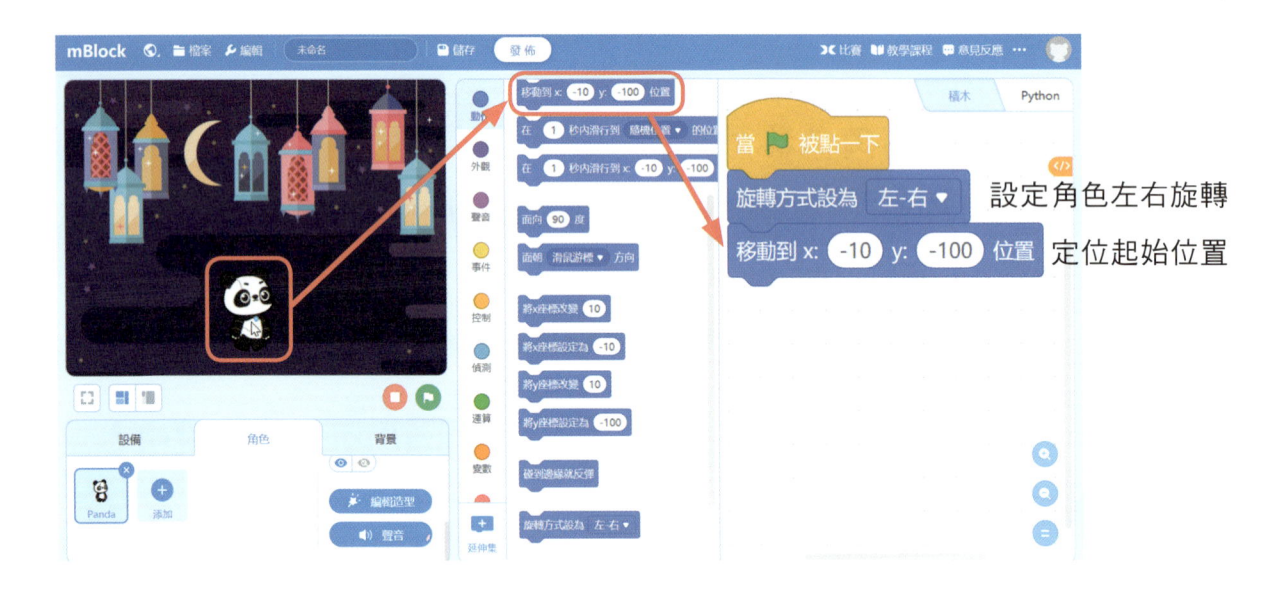

設定角色左右旋轉

定位起始位置

118

Chapter 5　mBot 鎖定鑽石互動遊戲

3 按 控制、運算 與 變數，拖曳下圖積木，遮住光線感測器時，光線強度＜300，角色 Panda 往左移動。未遮住光線感測器時，光線強度≥300，角色 Panda 往右移動。

4 點擊 ▶，遮住光線感測器，檢查 Panda 是否往左移動，未遮光線感測器，檢查 Panda 是否往右移動。

mBlock5 概念說明

控制 Panda 移動的方式，除了利用設備 mBot 感測器之外，能夠利用鍵盤或滑鼠，例如 `不停重複 將x座標設定為 滑鼠的x座標` 將角色的 x 座標設定為滑鼠的 x 座標，讓角色 Panda 隨著滑鼠左右移動。

119

5-4 角色金幣移動

新增角色金幣，金幣先定位在舞台，再往下移動、往上移動。

一 角色 Panda 與角色金幣互動方式

角色 Panda 與 角色金幣互動

❶ 金幣由上往下移動，碰到 Panda 時，往上反彈。
❷ 金幣往上反彈時，面向滑鼠游標的鑽石移動。
❸ 金幣碰到鑽石時，再往下移動。

二 角色金幣移動

1 在角色按 ➕添加，點選【圖示】類別，再按【Gold coin2 > 確認】（金幣）。

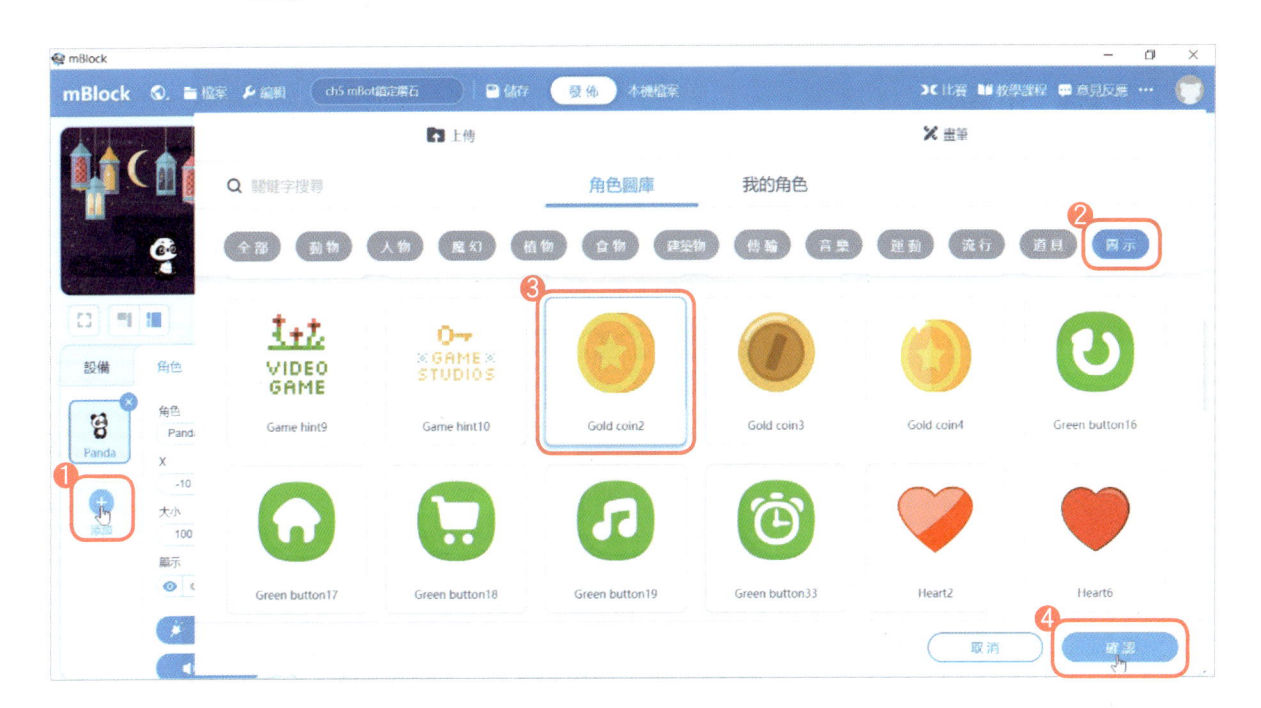

2 在角色大小，輸入【30】，將角色縮小。

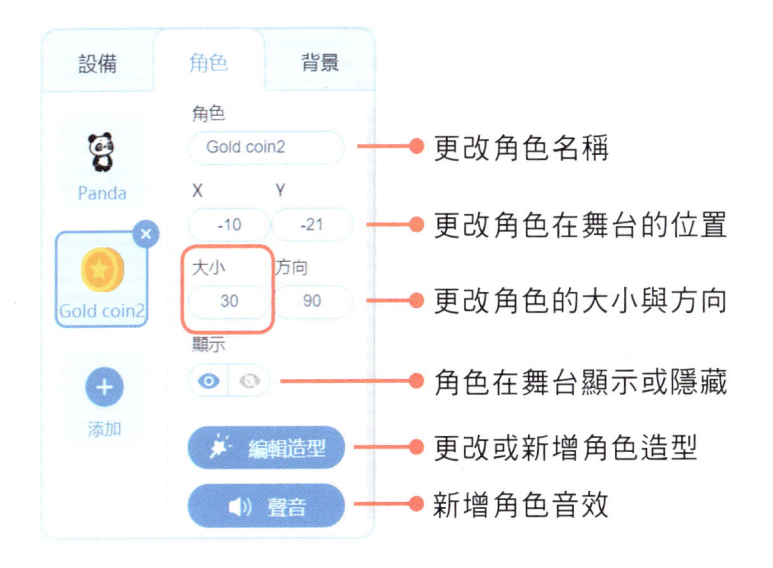

- 更改角色名稱
- 更改角色在舞台的位置
- 更改角色的大小與方向
- 角色在舞台顯示或隱藏
- 更改或新增角色造型
- 新增角色音效

▎mBlock 概念說明 ▎

角色相關的設定都能在欄位中直接更改。

121

5-5 角色碰到角色

當金幣碰到鑽石時，鑽石隱藏，Panda 的鑽石數量增加，金幣再往下移動。

一 角色金幣與角色鑽石互動方式

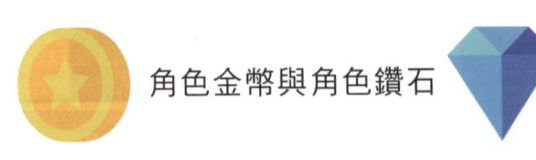

角色金幣與角色鑽石 互動

金幣碰到鑽石時，鑽石隱藏，Panda 的鑽石數量增加，金幣再往下移動。

二 角色偵測碰到角色

1 在角色按 ➕添加，點選【流行】類別，再按【Diamond1】（鑽石），同時，將大小設定為【30】。

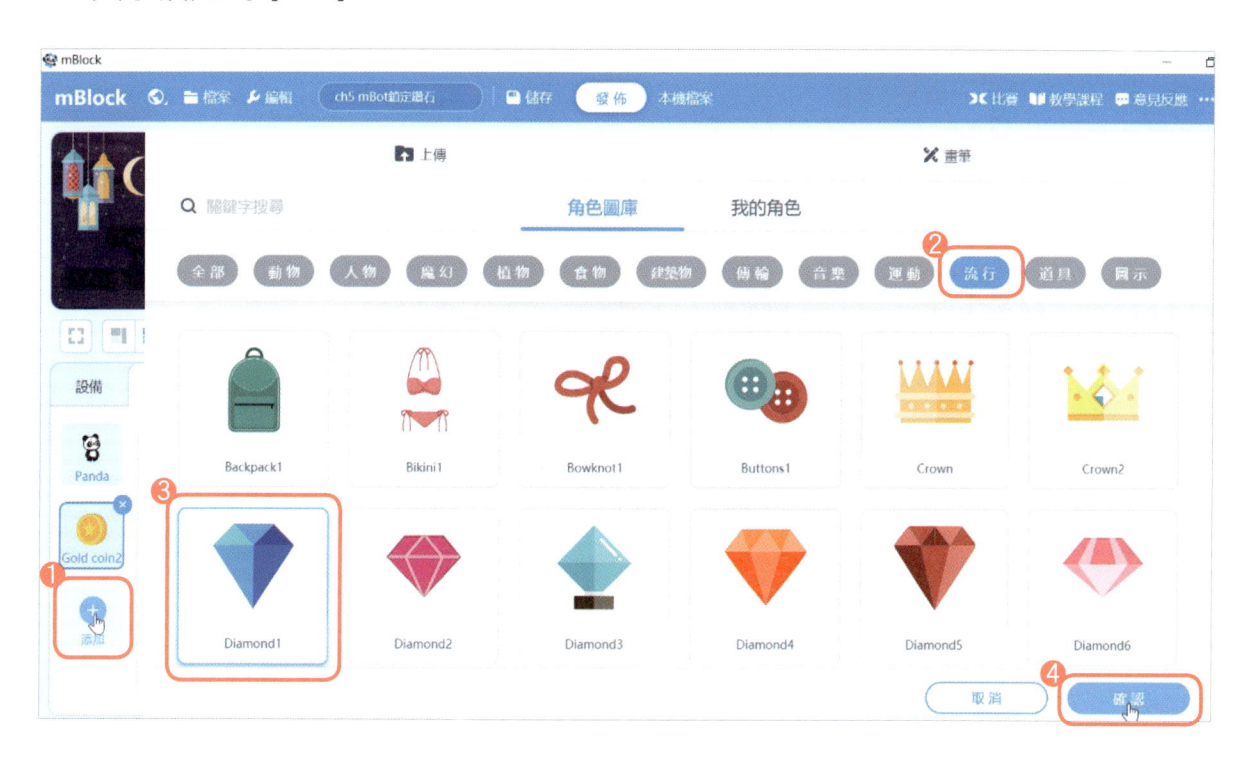

2 按 事件、控制 與 動作，將鑽石定位在舞台上方隨機位置。

3 按 變數，【建立變數】，輸入【鑽石數量】。

用主題範例學運算思維與程式設計

4 拖曳 `變數 光線▼ 設為 0`，點選【鑽石數量】，將鑽石數量設為 0，遊戲開始，鑽石數量歸零。

5 按 **控制** 與 **偵測**，拖曳下圖積木，點選【金幣】，重複偵測如果鑽石碰到金幣。

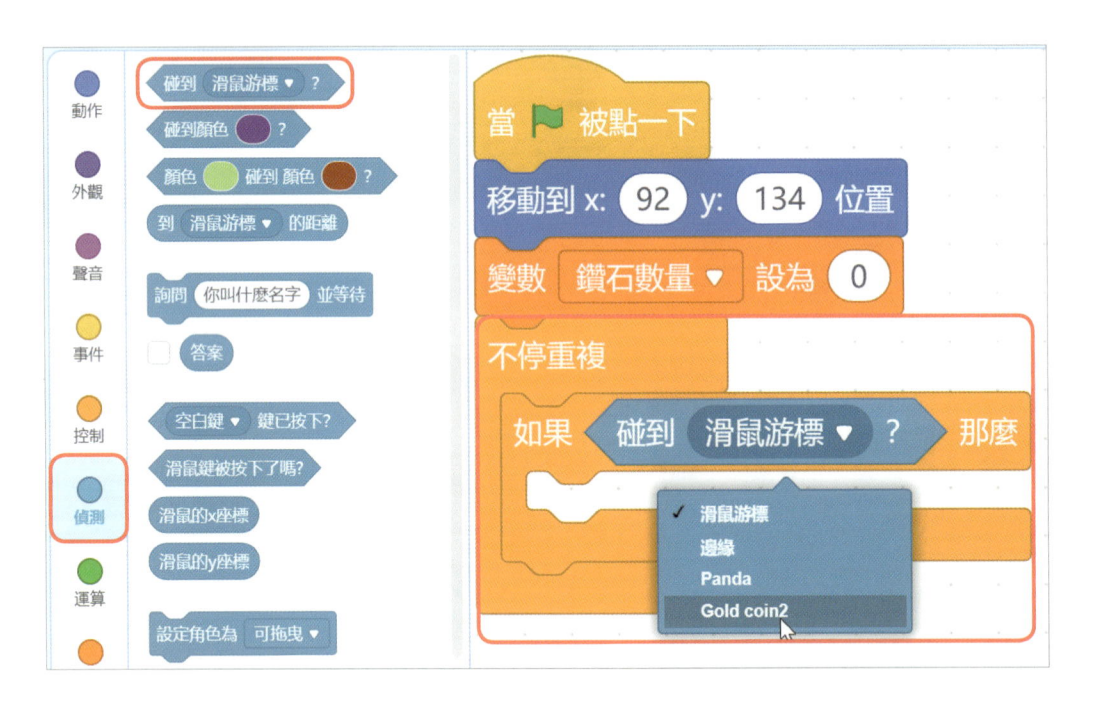

126

Chapter 5　mBot 鎖定鑽石互動遊戲

6 按 **變數**，拖曳 `變數 光線▼ 改變 1`，點選【鑽石數量】，將鑽石數量加 1。

7 按 **外觀**，拖曳 `顯示` 到綠旗下方，程式開始執行時鑽石顯示，再拖曳 `隱藏` 到鑽石數量改變 1 下方，當金幣碰到鑽石時，鑽石隱藏。

開始先顯示

碰到金幣再隱藏

8 點擊 🏁 檢查鑽石是否顯示，再利用光線感測器，讓 Panda 左右移動，檢查 Panda 碰到金幣時，金幣是否往滑鼠游標的方向移動，當金幣碰到鑽石時，鑽石隱藏、鑽石數量增加 1。

127

用主題範例學運算思維與程式設計

三 複製角色與程式

複製多個鑽石角色與程式。

1 在角色鑽石按右鍵【複製】，同時複製 7 個鑽石與程式。再將每個鑽石移到燈籠的上方。

2 依序點擊每個鑽石，更改每個鑽石的 x，y 位置。

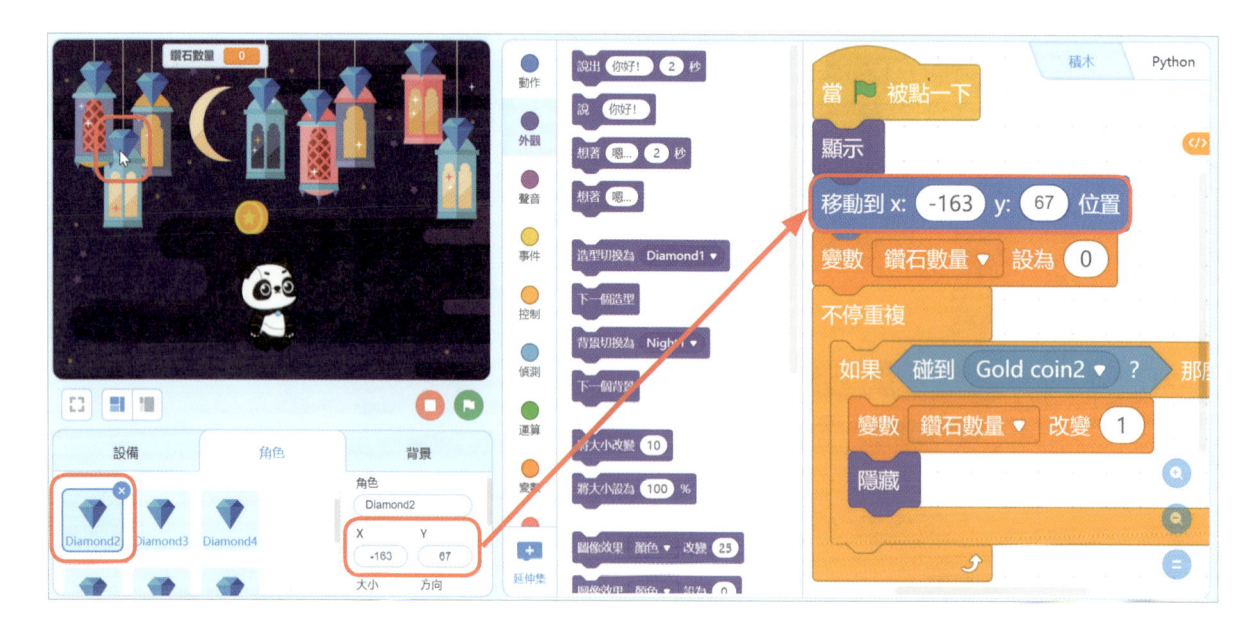

3 點擊 ▶ 檢查鑽石 x，y 位置是否正確。

128

Chapter 5　mBot 鎖定鑽石互動遊戲

4 點擊 編輯造型 與 新增造型 ，新增鑽石的造型。

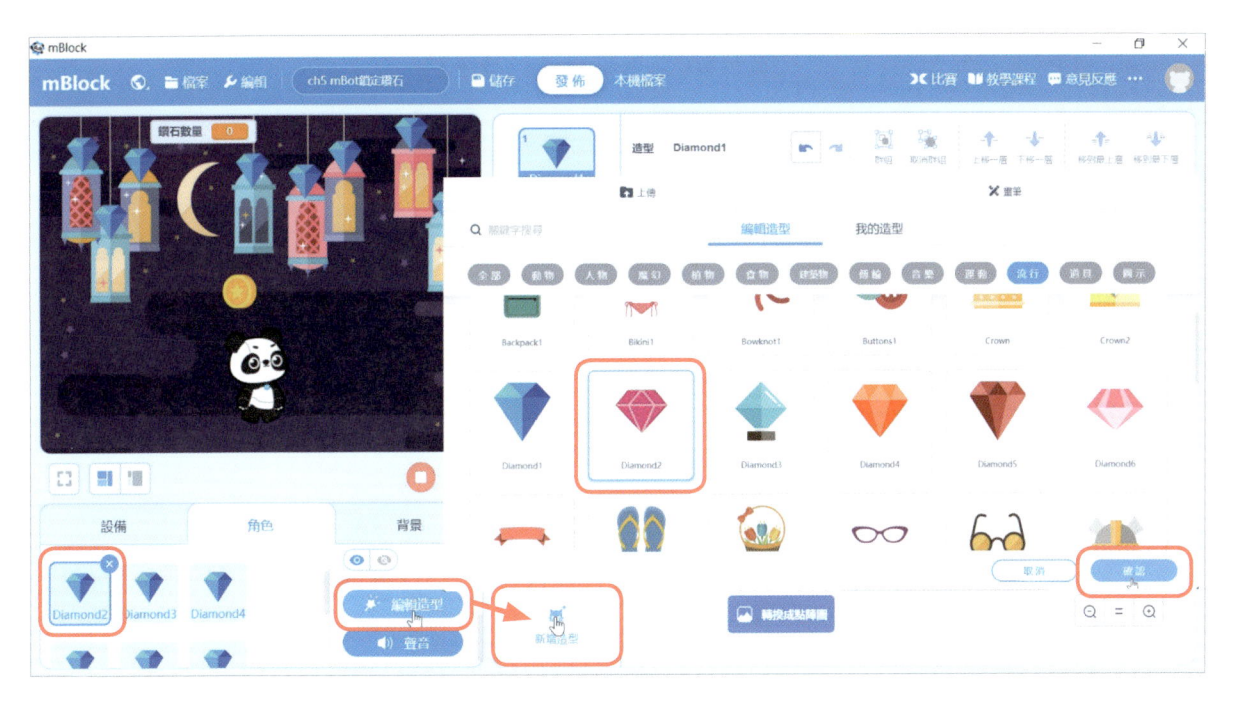

5 新增每個鑽石的造型。

5-6 遊戲結束

當金幣碰到 8 個鑽石,「鑽石數量 =8」時,遊戲結束。

1 按 **事件**、**控制**、**運算** 與 **變數**,如果「鑽石數量 =8」,停止全部程式執行。

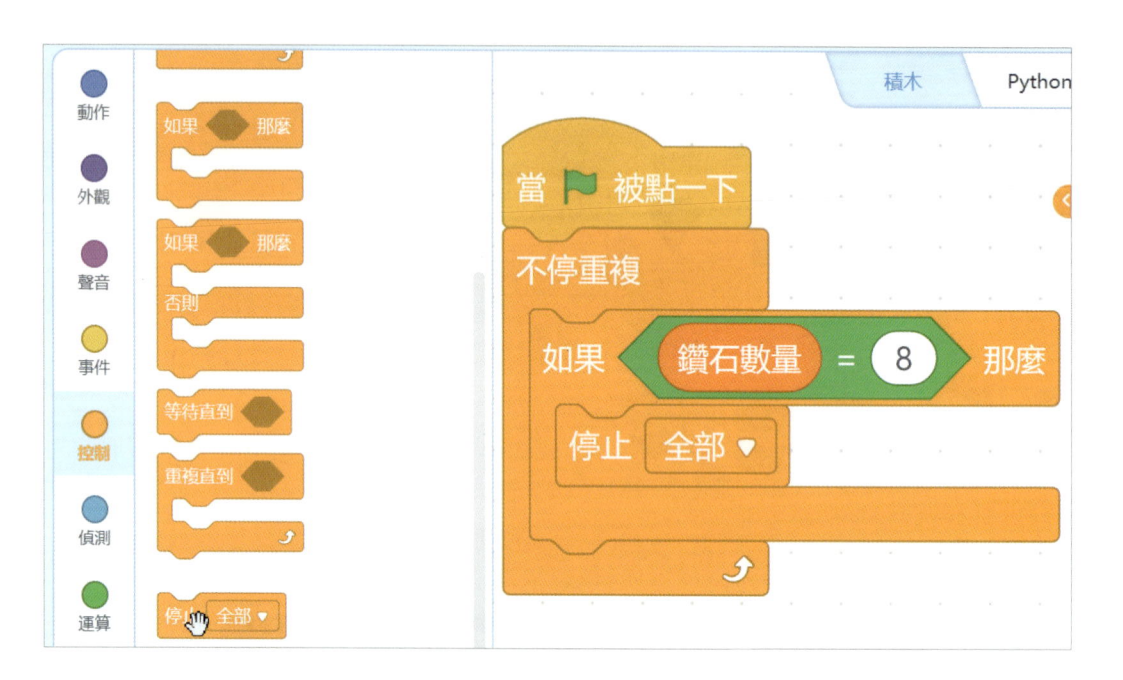

2 點擊 🚩 檢查「鑽石數量 =8」時,遊戲是否停止。

Chapter 5　學習評量

一、選擇題

_____ 1. 圖（一）何者是光線感測器的位置？
   (A) A
   (B) B
   (C) C
   (D) D。

圖（一）

_____ 2. 下列關於 mBot 硬體元件的敘述何者「錯誤」？
   (A)  超音波感測器
   (B) 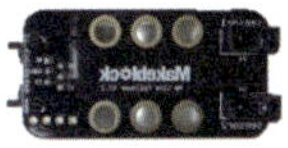 循線感測器
   (C)  蜂鳴器
   (D) 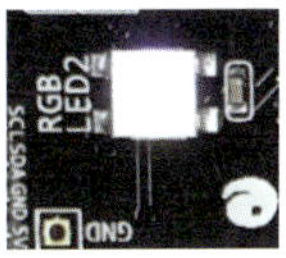 光線感測器。

_____ 3. 下列哪一種方式，能夠讓「設備」mBot 與「角色」Panda 之間，以「即時模式」傳遞光線感測器的數值？
   (A) 設定變數
   (B) 自訂積木
   (C) 上傳模式
   (D) 勾選光線感測器的光線強度。

_____ 4. 圖（二），角色 Panda 的方向何為？
   (A) 面向上（0 度）
   (B) 面向下（180 度）
   (C) 面向左（-90 度）
   (D) 面向右（90 度）。

圖（二）

_____ 5. 下列哪一個積木無法讓角色 Panda 移動？
   (A)  將y座標改變 10
   (B)  移動 10 步
   (C)  面朝 滑鼠游標 方向
   (D)  將x座標改變 10。

_____ 6. 關於圖（三）程式中，如果光線值 >500，角色 Panda 將如何移動？
   (A) 往上移動
   (B) 往下移動
   (C) 往左移動
   (D) 往右移動。

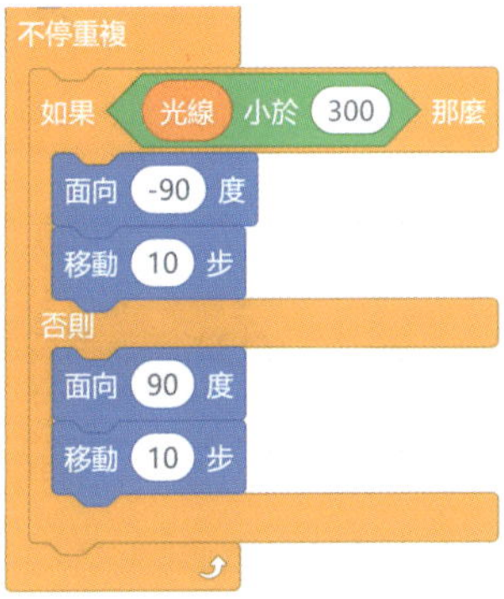

圖（三）

131

Chapter 5　學習評量

_____ 7. 關於圖(四)程式的敘述，何者「錯誤」？

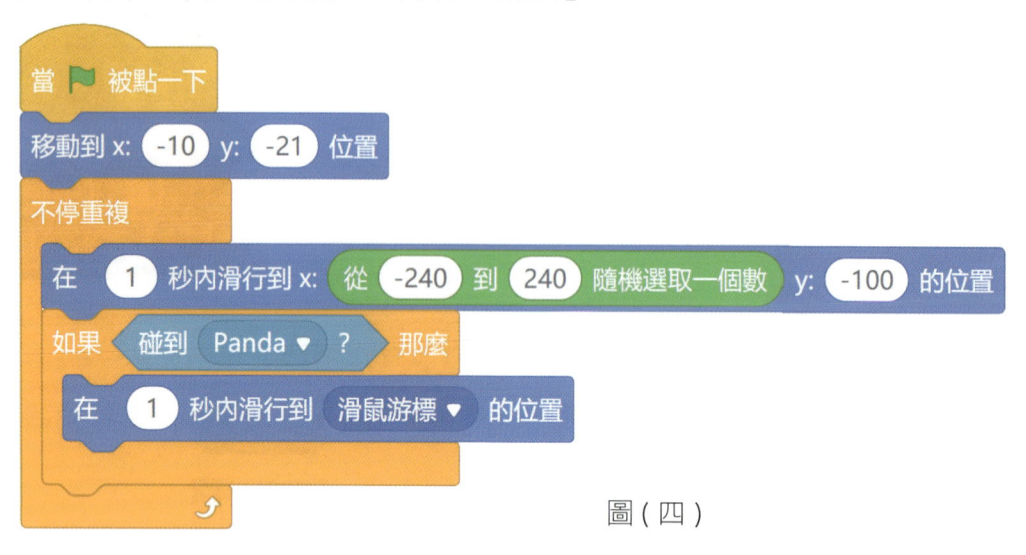

圖(四)

(A) 角色先定位在（-10,-21）的位置
(B) 角色會往滑鼠游標方向移動
(C) 角色會往下（y:-100）的方向移動
(D) 角色碰到 Panda 才會往滑鼠游標方向移動。

_____ 8. 當金幣碰到鑽石時，Panda 的鑽石數量要隨著增加，可以使用下列哪一類積木計算鑽石數量？

(A)  動作　　(B)  控制　　(C)  變數　　(D)  偵測。

_____ 9. 關於圖(五)程式的敘述，何者「錯誤」？

(A)  鑽石數量　設定舞台顯示鑽石數量
(B)  鑽石數量 5　在舞台顯示鑽石數量 5
(C)  變數 鑽石數量 設為 0　將鑽石數量設定從 0 開始
(D)  變數 鑽石數量 改變 1　當角色碰到金幣（Gold coin2）鑽石數量加 1。

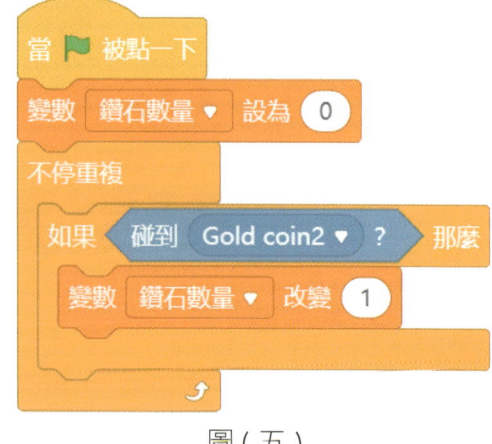

圖(五)

132

Chapter 5　學習評量

_____ 10. 下列關於背景舞台的敘述，何者「錯誤」？
　　(A) 背景舞台高度為 y 坐標，最上方 180
　　(B) 背景舞台高度為 360
　　(C) 背景舞台寬度為 x 坐標，最右方 -240
　　(D) 背景舞台寬度為 480。

二、實作題

1. 請以 `循線感測器 連接埠2▼ 數值` 積木，控制角色 Panda 左右移動，
(1) 如果循線感測器數值 =1，Panda 往右移動；(2) 否則往左移動。

2. 請以角色偵測的 `空白鍵▼ 鍵已按下?` 積木，利用鍵盤按下按鍵，控制 Panda 左右移動。

mBot 補給站

數字板與 LED 燈條：顯示鑽石數量

　　mBot 的感測器除了能夠控制角色的移動，它還能夠利用表情面板、數字板或 TFT-LCD 顯示遊戲的分數，或者加入 LED 燈條，每當金幣碰到鑽石的時候，廣播訊息給 mBot，在數字板顯示鑽石的數量，同時 LED 燈條點亮 1 個 LED 燈。

一 數字板

數字板 連接埠1▼ 顯示 100

顯示數字。

二 LED 燈條與 RJ25 適配器

　　LED 燈條有 15 個 LED RGB（紅、綠、藍）燈，編號依序為 1～15。LED 燈條必須先連接 RJ25 適配器，再經由 RJ25 適配器連接 mBot。

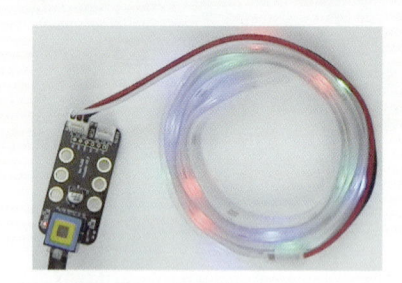

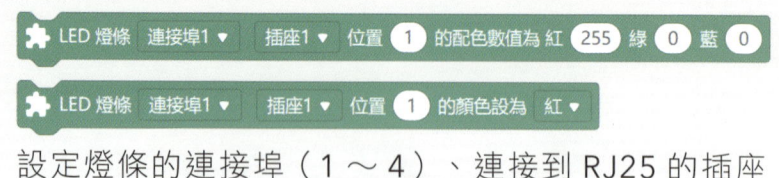

LED 燈條 連接埠1▼ 插座1▼ 位置 1 的配色數值為 紅 255 綠 0 藍 0

LED 燈條 連接埠1▼ 插座1▼ 位置 1 的顏色設為 紅▼

設定燈條的連接埠（1～4）、連接到 RJ25 的插座（1～2）、燈條 LED 燈的位置（1～15）與顏色。

三 數字板與 LED 燈條顯示鑽石數量

1 將 LED 燈條連接 RJ25 適配器的插座 1（Slot1），再將 RJ25 適配器連接在 mBot 的連接埠 3～4，其中一個。

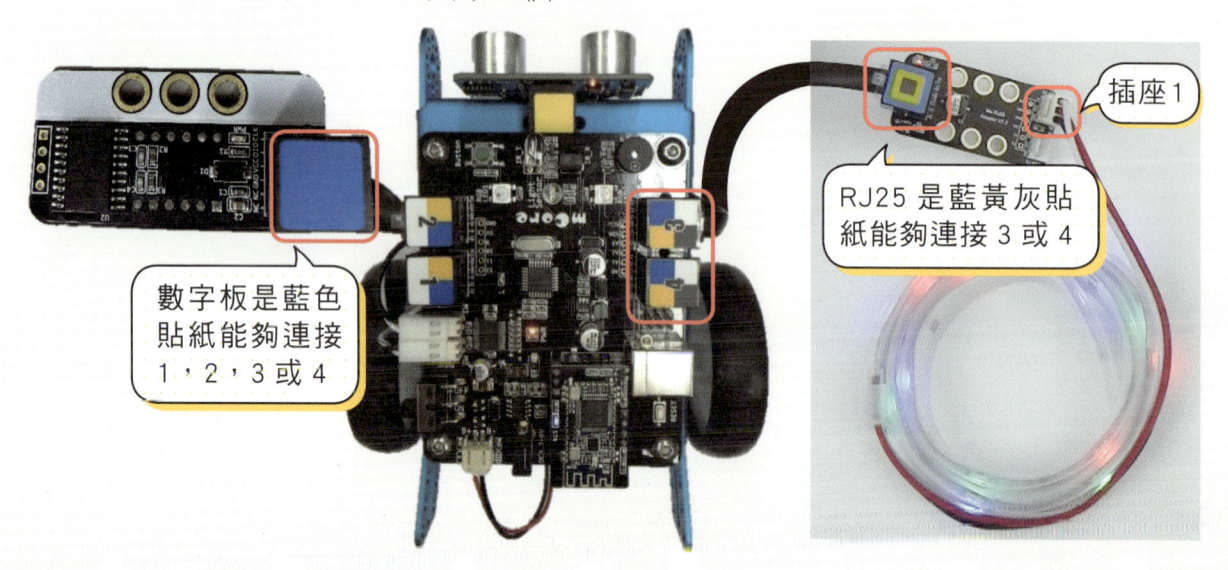

數字板是藍色貼紙能夠連接 1、2、3 或 4

插座 1

RJ25 是藍黃灰貼紙能夠連接 3 或 4

134

mBot 補給站

2. 將數字板連接在 mBot 的連接埠 1～4，其中一個。

3. 按【延伸集】，點選【創客平台】，再按【+ 添加】，新增創客平台擴展積木。

4. 拖曳在角色與設備分別拖曳下圖積木，每當鑽石數量改變 1 的時候，在數字板顯示鑽石數量並點亮燈條的一個 LED 燈。

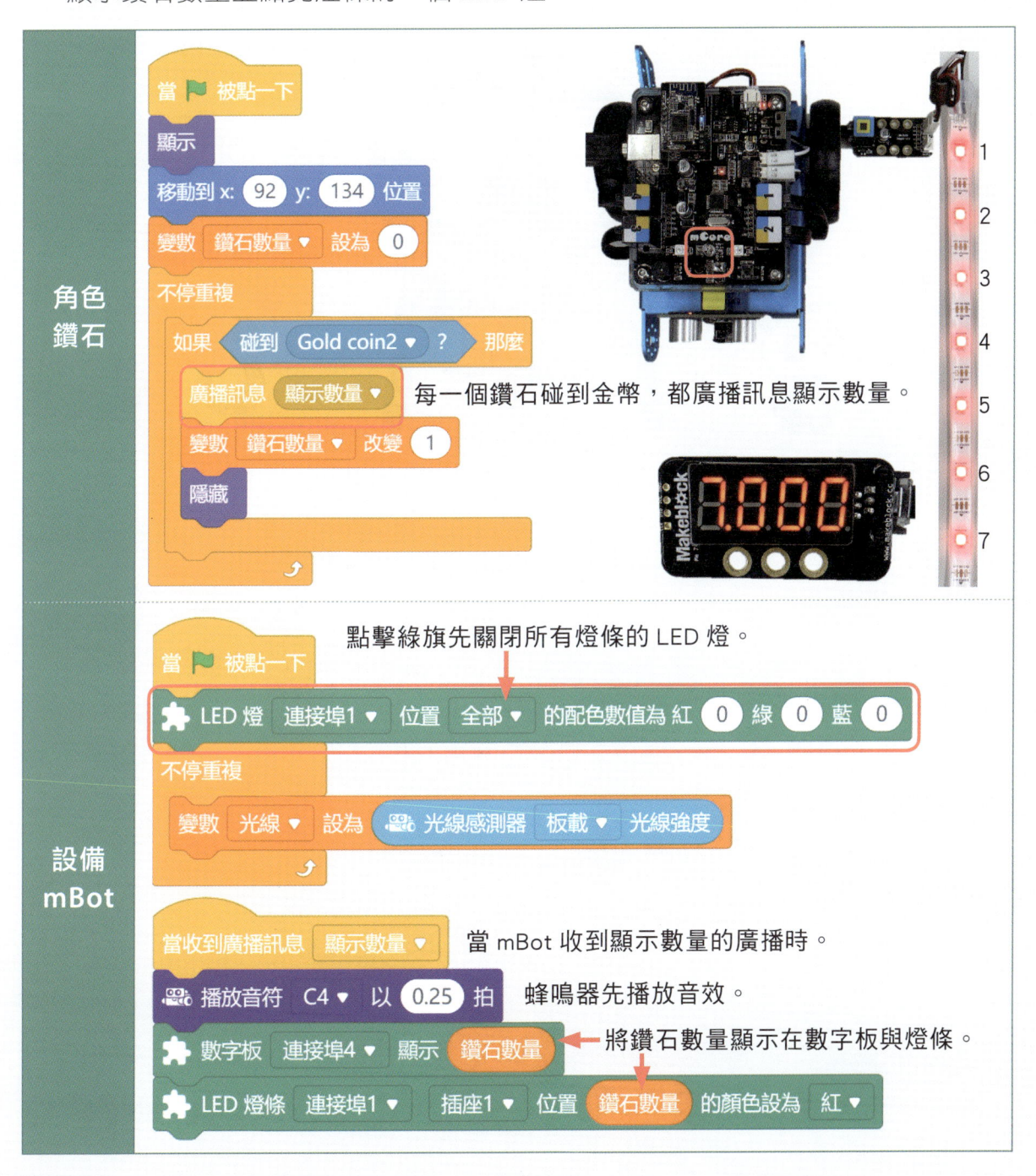

角色 鑽石

當 ▶ 被點一下
顯示
移動到 x: 92 y: 134 位置
變數 鑽石數量 ▼ 設為 0
不停重複
　如果 碰到 Gold coin2 ▼ ？ 那麼
　　廣播訊息 顯示數量 ▼　　每一個鑽石碰到金幣，都廣播訊息顯示數量。
　　變數 鑽石數量 ▼ 改變 1
　　隱藏

設備 mBot

點擊綠旗先關閉所有燈條的 LED 燈。

當 ▶ 被點一下
LED 燈 連接埠1 ▼ 位置 全部 ▼ 的配色數值為 紅 0 綠 0 藍 0
不停重複
　變數 光線 ▼ 設為 光線感測器 板載 ▼ 光線強度

當收到廣播訊息 顯示數量 ▼　　當 mBot 收到顯示數量的廣播時。
播放音符 C4 ▼ 以 0.25 拍　　蜂鳴器先播放音效。
數字板 連接埠4 ▼ 顯示 鑽石數量　　將鑽石數量顯示在數字板與燈條。
LED 燈條 連接埠1 ▼ 插座1 ▼ 位置 鑽石數量 的顏色設為 紅 ▼

MLC 實作題

題目名稱：mBot 鎖定鑽石互動遊戲　　　　　　　　　　　**40 mins**

題目說明：請設計 mBot 與角色 Panda 互動遊戲，利用 mBot 感測器控制角色 Panda 移動，鎖定目標鑽石。當 Panda 碰到金幣時金幣反彈往鑽石方向移動，碰到鑽石，Panda 擁有鑽石數量增加。

成品圖

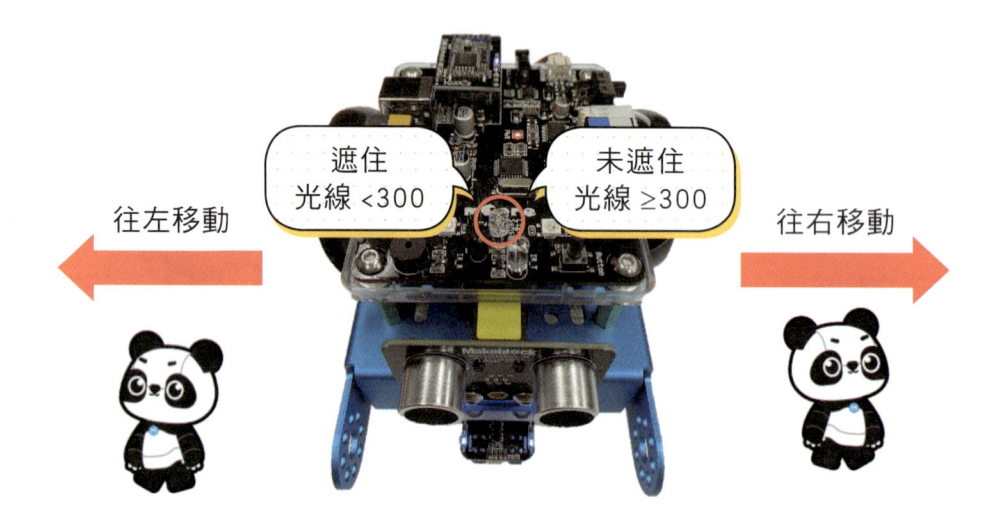

遮住光線 <300 → 往左移動
未遮住光線 ≥300 → 往右移動

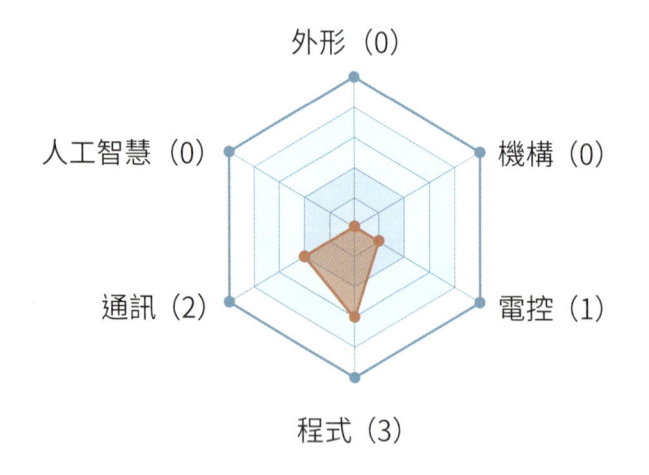

外形（0）
機構（0）
電控（1）
程式（3）
通訊（2）
人工智慧（0）

創客題目編號：A005050

・創客指標・

外形	0
機構	0
電控	1
程式	3
通訊	2
人工智慧	0
創客總數	6

Chapter 6

mBot 自走車與物聯網大數據

本章將認識物聯網,實作物聯網連接網路,存取即時天氣資訊中空氣品質、PM2.5 與一氧化碳(CO)三項指標,同時 mBot 將空氣品質三項指標輸入雲端數據,分析大數據、應用人工智慧判斷即時空氣品質以 LED 顯示。

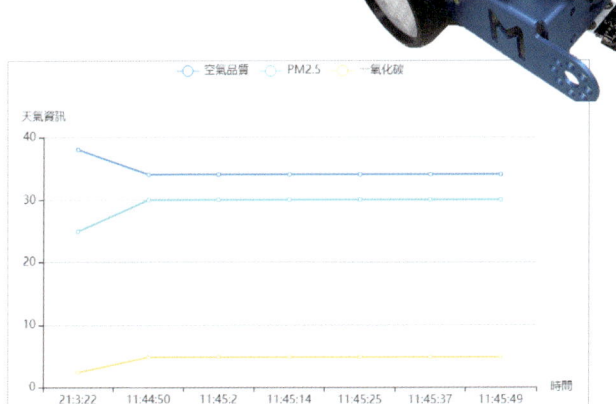

本章節次

- **6-1** 物聯網
- **6-2** mBot 與物聯網互動流程規劃
- **6-3** 角色說出天氣資訊
- **6-4** mBot 輸入數據圖表
- **6-5** 下載與分析數據圖表
- **6-6** mBot 應用人工智慧物聯網

mBot 補給站:自製溫濕度感測器

學習目標

1. 能夠理解物聯網 IoT 的概念。
2. 能夠設計 mBot 連接物聯網,搜尋資料。
3. 能夠設計 mBot LED 燈顯示空氣品質指標。
4. 能夠應用雲端表格儲存大數據、分析大數據。

6-1 物聯網

一 物聯網

物聯網（Internet of Things，IoT）就是將物體透過無線網路互相連接傳遞資訊，例如：mBot 透過無線網路連結氣象台，顯示天氣資訊、將環境感測器偵測值上傳、或者利用手機以無網網路遠端控制 mBot。利用 mBot 連接物聯網時，mBot 必須加裝無線模組（Wi-Fi），才能連接 Wi-Fi，同時在 mBlock5 註冊使用者帳戶，並設定為上傳模式。

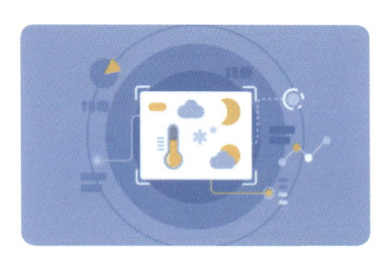

二 天氣資訊

mBlock 5 程式與物聯網相關的積木包括：天氣資訊與數據圖表。在「角色」的延伸集中「天氣資訊」利用網際網路連接相關網站，下載天氣相關即時資訊。相關積木功能如下：

功能	積木	說明
傳回溫度值	1. 城市 最高溫度 (°c) 2. 城市 最低溫度 (°c) 3. 城市 最高溫度 (°F) 4. 城市 最低溫度 (°F)	1. 傳回城市最高攝氏溫度值。 2. 傳回城市最低攝氏溫度值。 3. 傳回城市最高華氏溫度值。 4. 傳回城市最低華氏溫度值。
傳回濕度	城市 濕度 (%)	傳回城市濕度百分比。
傳回天氣值	城市 天氣	傳回城市天氣。
傳回日落或日出時間	1. 城市 日落時間 小時 2. 城市 日出時間 小時	1. 傳回城市日落的時間。 2. 傳回城市日出的時間。
傳回空氣品質	地區 空氣品質 空氣品質指數 指數 ✓ 空氣品質指數 PM2.5 PM10 CO SO2 NO2	傳回地區的空氣品質，包括：細懸浮微粒（PM2.5）、懸浮微粒（PM10）、一氧化碳（CO）、二氧化硫（SO^2）、二氧化氮（NO^2）。

Chapter 6　mBot 自走車與物聯網大數據

三　數據圖表

在「設備」延伸集中「數據圖表」或「角色」延伸集中「資料圖表」能夠將資料輸入雲端表格、畫出折線圖或將資料下載成試算表格式。相關積木功能如下：

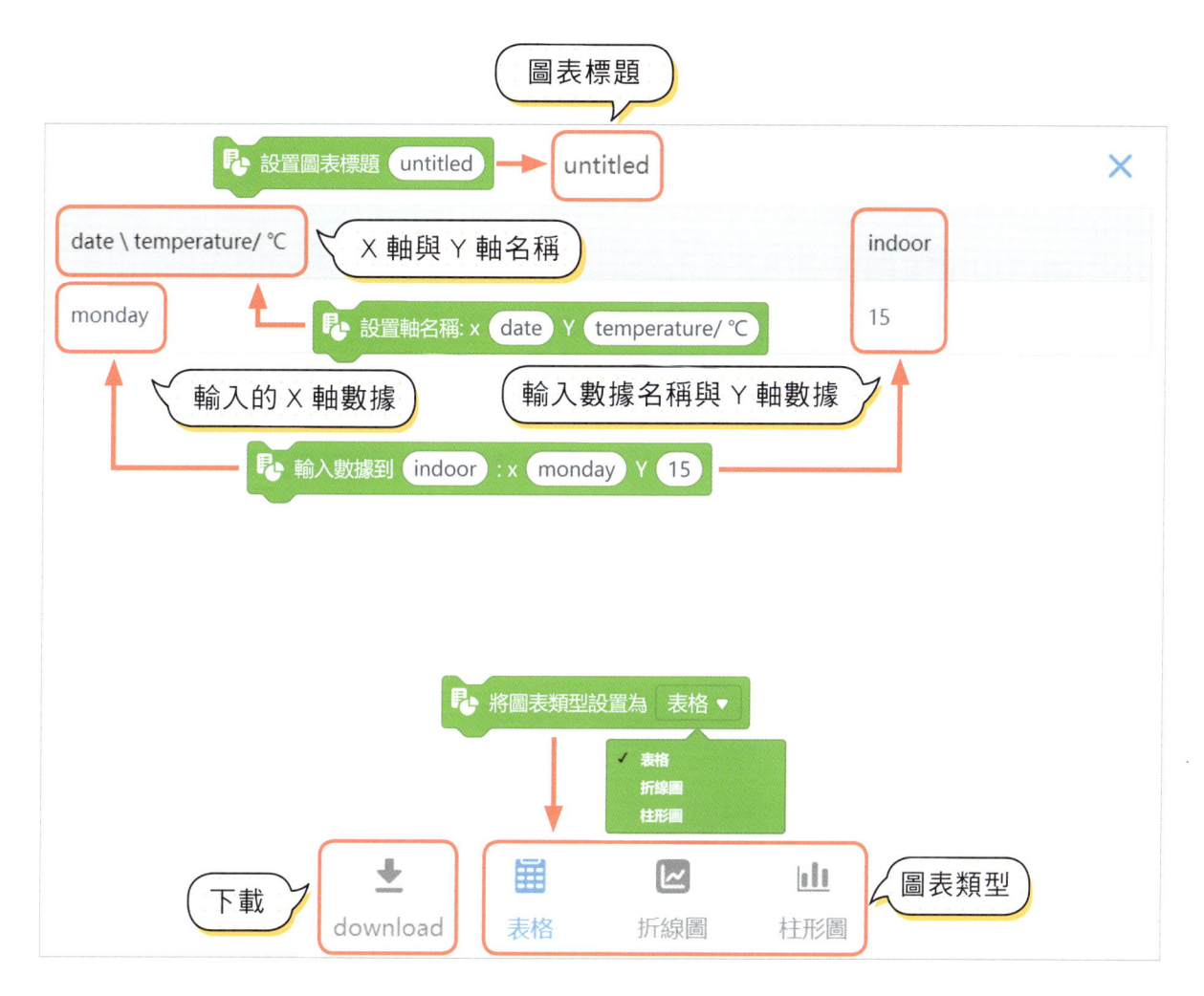

- 圖表標題：設置圖表標題 untitled → untitled
- X 軸與 Y 軸名稱：date \ temperature/ ℃，設置軸名稱：x date Y temperature/ ℃
- 輸入的 X 軸數據：monday
- 輸入數據名稱與 Y 軸數據：indoor 15
- 輸入數據到 indoor : x monday Y 15
- 將圖表類型設置為 表格（表格／折線圖／柱形圖）
- 下載：download
- 圖表類型：表格、折線圖、柱形圖

139

實作範例

ch6-1　mBot 即時監控溫度

請連接電腦與 mBot 並設定為即時模式，在角色新增天氣資訊，讓 Panda 說出台北的最高溫度，如果最高溫度大於 30 度，mBot 播放警示聲，Panda 則說出：「請注意防曬」。

1 將 USB 連接電腦與 mBot，開啟 mBot 機器人電源。

2 在「設備」按 添加 ，新增 mBot ，點選【連接 >COM 值 > 連接】，並選擇 上傳 即時 【即時】模式。

3 點選【角色】與 延伸集 ，在天氣資訊按【+ 添加】，新增「天氣資訊」積木。

4 按 事件 、 外觀 與 天氣資訊 ，在「城市」輸入【台北】，顯示台北最高溫度。

140

Chapter 6　mBot 自走車與物聯網大數據

5 按 ●事件、●控制、●運算 與 ●天氣資訊，拖曳下圖積木，如果「台北最高溫度 >30」，廣播訊息「高溫」、並説出：「請注意防曬」。

6 點選【設備】，如果 mBot 收到廣播訊息高溫，播放警示聲。

註　1. mBot 基本組成元件不包含無線模組（Wi-Fi），無法以 mBot 連接網路，本章使用角色連接網路，再將連線資訊傳送給 mBot。

141

用主題範例學運算思維與程式設計

6-2　mBot 與物聯網互動流程規劃

　　本章將利用角色連接網路，存取即時天氣資訊中空氣品質、PM2.5 與一氧化碳（CO）三項指標，同時 mBot 將空氣品質三項指標輸入雲端數據，再分析空氣品質、PM2.5 與一氧化碳（CO）三者之間的關係、判斷即時空氣品質並以 LED 顯示目前空氣品質狀態。

▎一　mBot 與物聯網互動方式

　　mBot 與物聯網互動方式為「設備」的 mBot 與角色的「天氣資訊」以變數傳遞即時天氣資訊，達到互動的效果。同時電腦必須在網路連線狀態下存取天氣資訊、mBot 則必須設定為「即時」模式。

設備（mBot）　　　　　　　　　　**角色（天氣資訊）**

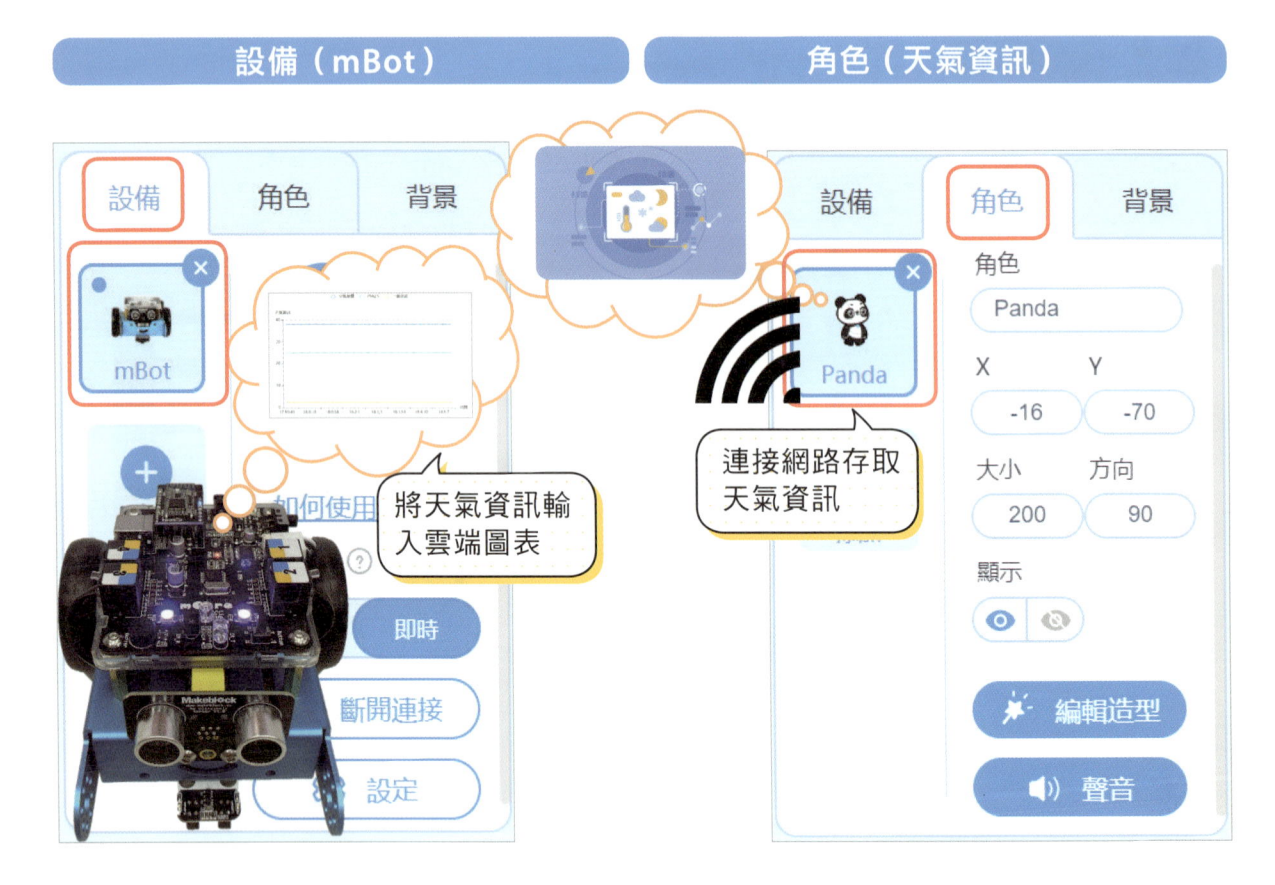

將天氣資訊輸入雲端圖表

連接網路存取天氣資訊

角色　Panda
X　-16　Y　-70
大小　200　方向　90
顯示
編輯造型
聲音

142

二 mBot 與物聯網互動流程規劃

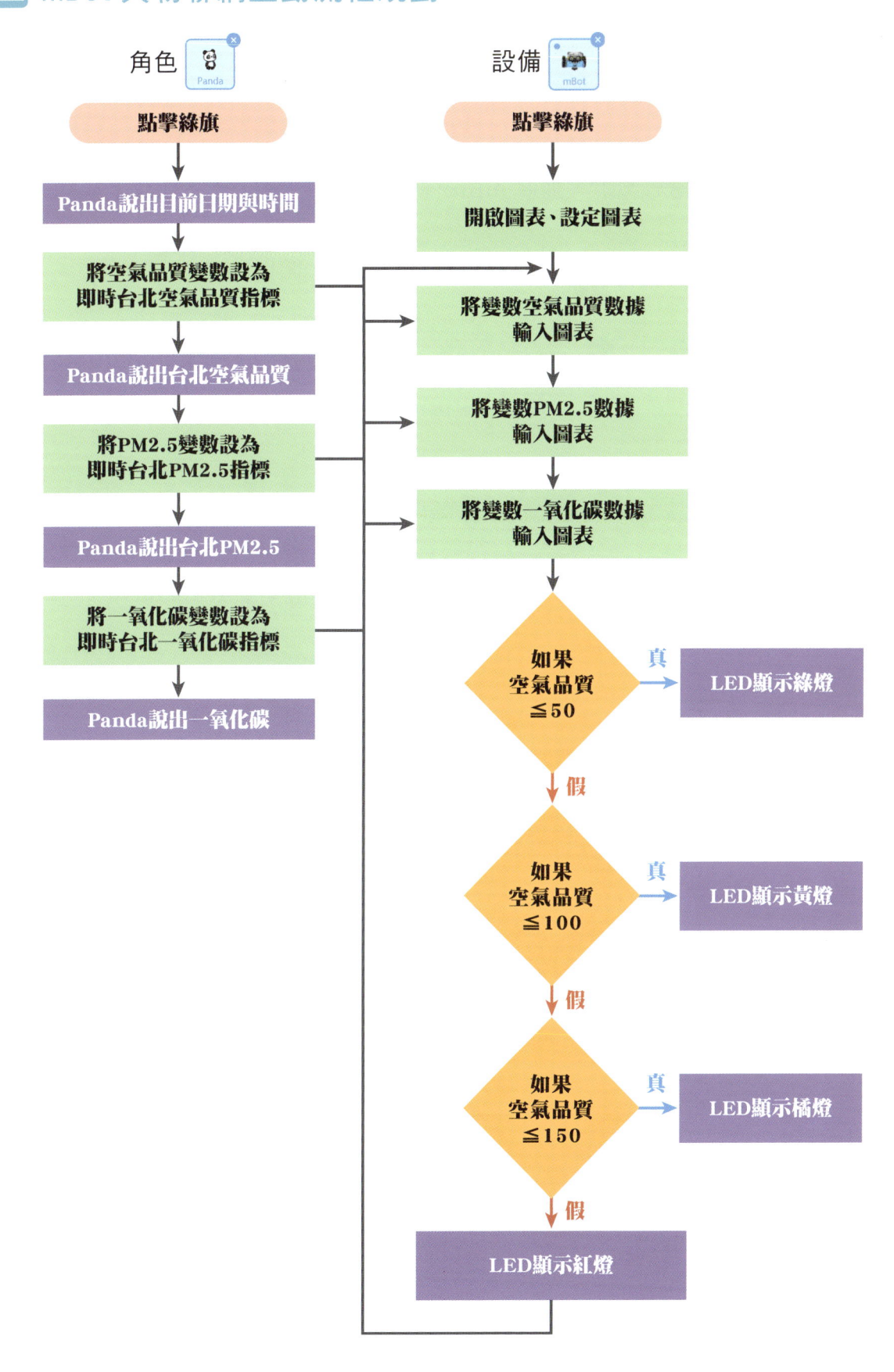

角色 Panda

- 點擊綠旗
- Panda說出目前日期與時間
- 將空氣品質變數設為即時台北空氣品質指標
- Panda說出台北空氣品質
- 將PM2.5變數設為即時台北PM2.5指標
- Panda說出台北PM2.5
- 將一氧化碳變數設為即時台北一氧化碳指標
- Panda說出一氧化碳

設備 mBot

- 點擊綠旗
- 開啟圖表、設定圖表
- 將變數空氣品質數據輸入圖表
- 將變數PM2.5數據輸入圖表
- 將變數一氧化碳數據輸入圖表
- 如果 空氣品質 ≦50 → 真 → LED顯示綠燈
- 假 → 如果 空氣品質 ≦100 → 真 → LED顯示黃燈
- 假 → 如果 空氣品質 ≦150 → 真 → LED顯示橘燈
- 假 → LED顯示紅燈

6-3 角色說出天氣資訊

角色先說出目前日期與時間、再連接網際網路,存取即時天氣資訊中空氣品質、PM2.5 與一氧化碳(CO)三項指標,並說出空氣品質指標數值。

1 點選【檔案 > 新增專案】,並將 mBto 設定為 上傳 即時 【即時】模式。

2 點選【角色】,按 變數,建立變數,輸入【日期】。

3 按 事件、變數、運算 與 偵測,將日期變數設定為電腦日期,例如:2020/12/20。

4 按 外觀 與 變數,拖曳下圖積木,讓角色說出:「目前電腦顯示的日期」,2 秒。

5 重複步驟 4～6,建立變數「時間」,拖曳下圖積木,讓角色說出:「目前電腦顯示的時間」,2 秒。

6 按 變數,分別建立「空氣品質」、「PM2.5」與「一氧化碳」三個變數。

7 點選 天氣資訊，將變數空氣品質設定為「台北空氣品質」、變數 PM2.5 設定為「台北 PM2.5」、變數一氧化碳設定為「台北 CO」。

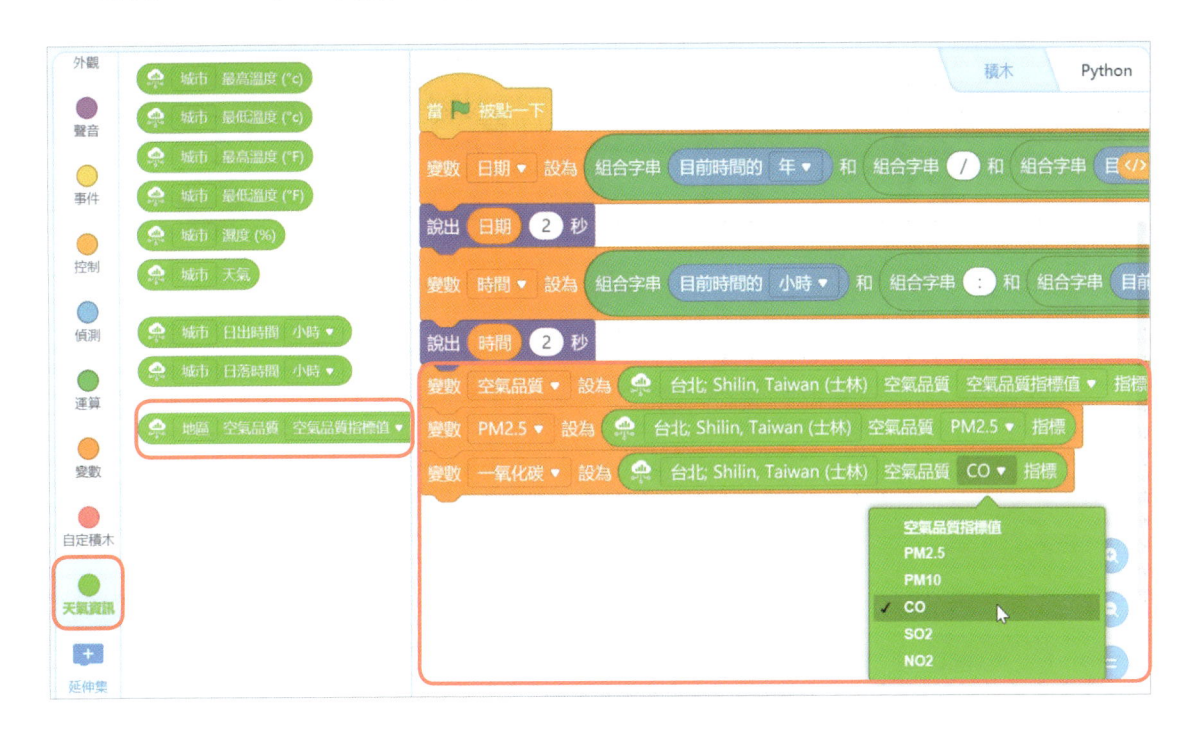

註 地區請輸入世界各地城市名稱。

8 按 外觀、運算 與 變數，拖曳下圖積木，讓角色說出：「台北空氣品質為 xx」、「台北 PM2.5 為 xx」與「台北一氧化碳為 xx」各 2 秒。

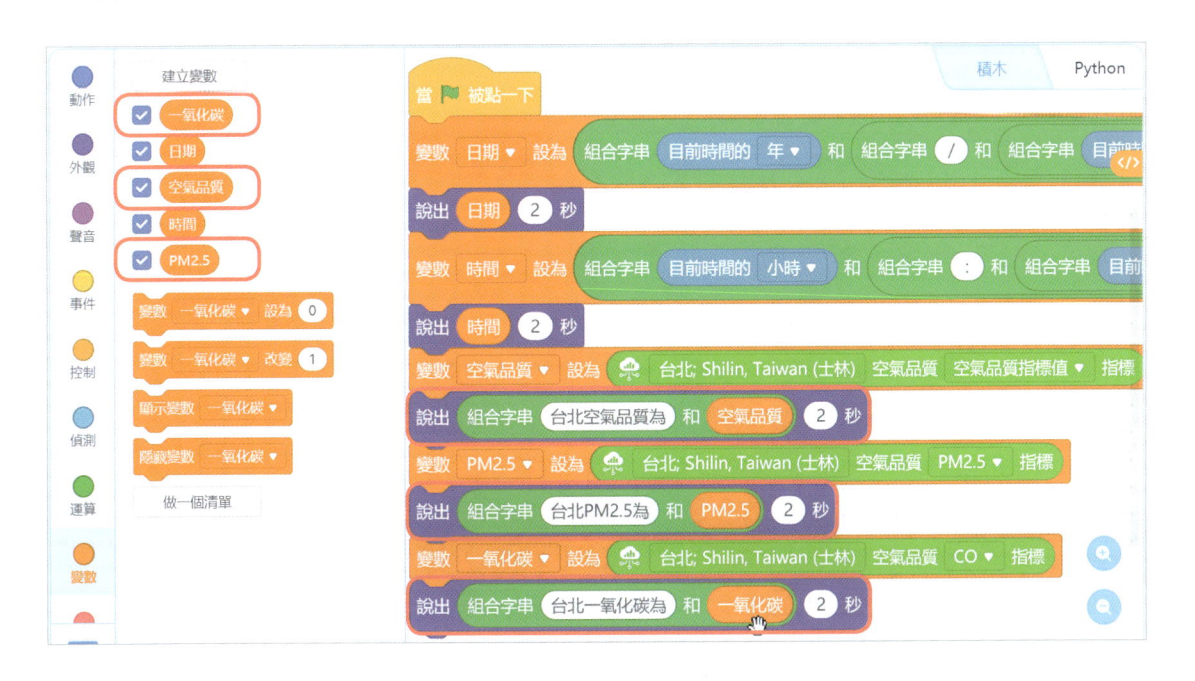

9 點擊 🚩，檢查 Panda 是否說出目前電腦日期「西元年 / 月 / 日」、「小時：分：秒」、「台北空氣品質為 xx」、「台北 PM2.5 為 xx」與「台北一氧化碳為 xx」各 2 秒。

Panda 對話內容：
- 2020/3/30
- 15:38:32
- 台北空氣品質為 50
- 台北 PM2.5 為 50
- 台北一氧化碳為 10

10 按 控制，拖曳 不停重複，讓角色重複說出日期、時間與天氣資訊。

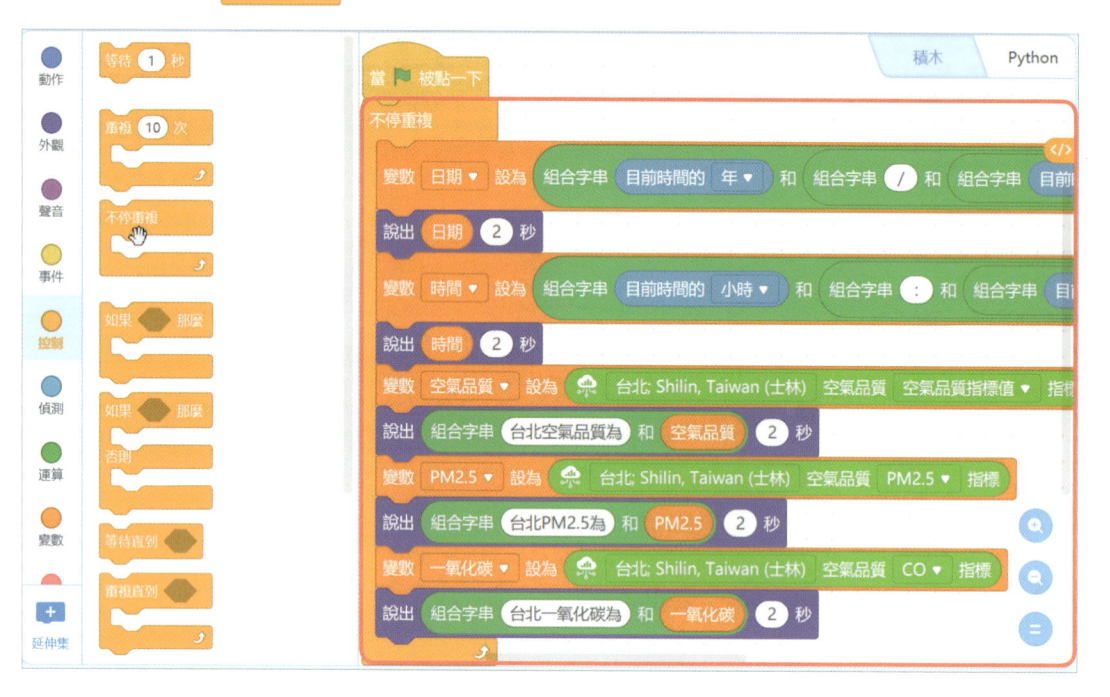

mBlock5 概念說明

在運算（運算）的 組合字串 蘋果 和 香蕉 能夠將「蘋果」欄位的文字與「香蕉」欄位的文字，組合成「蘋果香蕉」。將多個組合字串堆疊，能夠顯示長字串組合，例如將 4 個組合字串堆疊顯示「西元年 / 月 / 日」的堆疊方式如下：

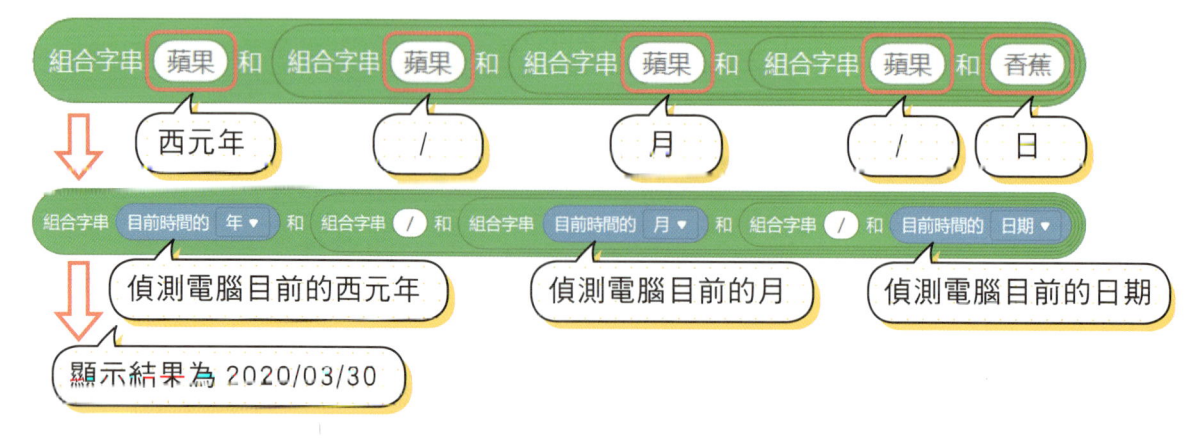

組合字串 蘋果 和 組合字串 蘋果 和 組合字串 蘋果 和 組合字串 蘋果 和 香蕉
- 西元年
- /
- 月
- /
- 日

⬇

組合字串 目前時間的 年 和 組合字串 / 和 組合字串 目前時間的 月 和 組合字串 / 和 目前時間的 日期
- 偵測電腦目前的西元年
- 偵測電腦目前的月
- 偵測電腦目前的日期

⬇

顯示結果為 2020/03/30

6-4 mBot 輸入數據圖表

將日期、時間、空氣品質、PM2.5 與一氧化碳的即時資訊，以變數即時連線傳遞給 mBot 讀取，同時 mBot 將變數的資訊輸入雲端的數據圖表。

1 點選【設備】與 **延伸集**，在數據圖表按【+ 添加】，新增「數據圖表」積木。

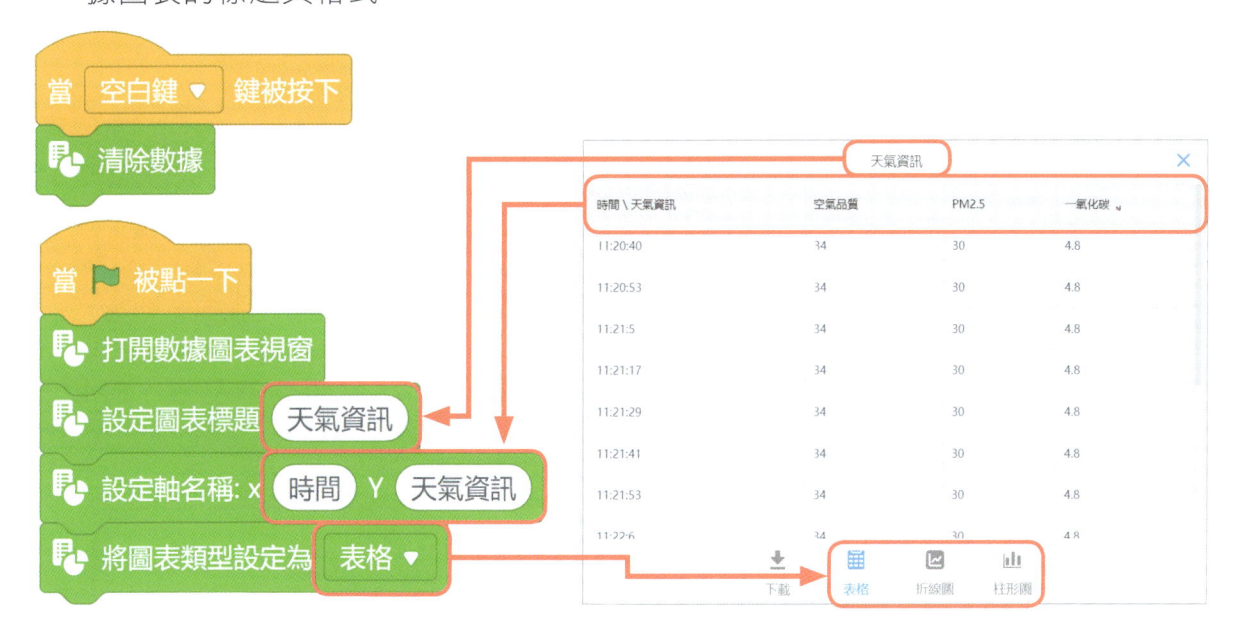

2 按 **事件** 與 **數據圖表**，拖曳下圖積木，按空白鍵清除數據，點擊綠旗時，設定數據圖表的標題與格式。

| mBlock5 概念說明 |

1 折線圖與柱形圖的圖表類型

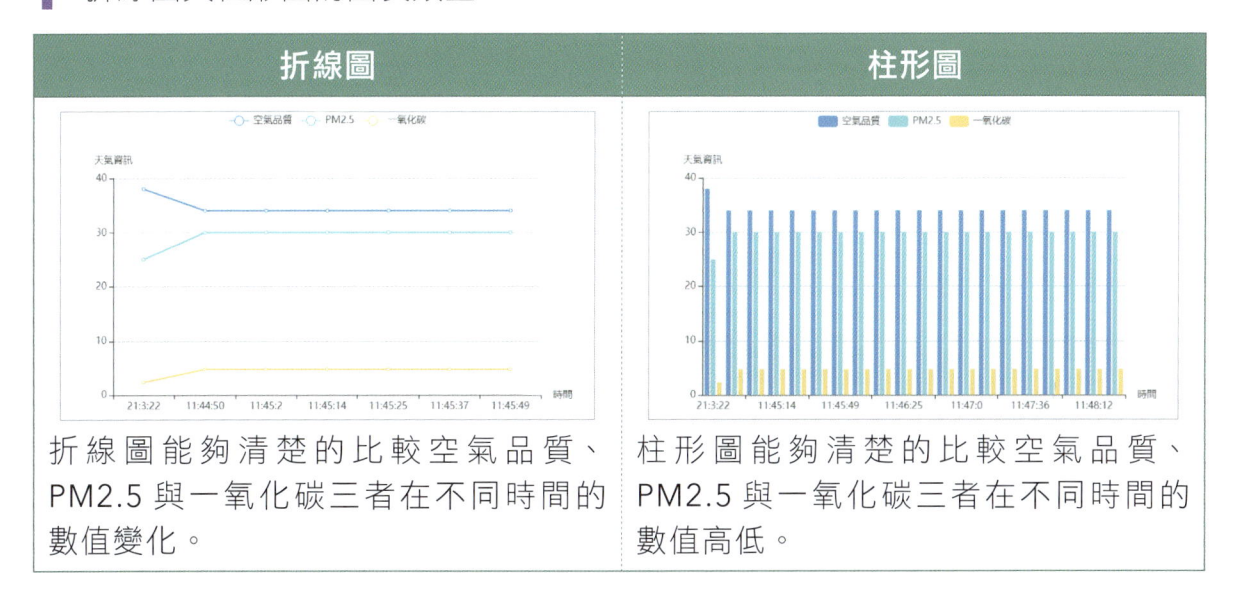

折線圖	柱形圖
折線圖能夠清楚的比較空氣品質、PM2.5 與一氧化碳三者在不同時間的數值變化。	柱形圖能夠清楚的比較空氣品質、PM2.5 與一氧化碳三者在不同時間的數值高低。

2 點擊下載能夠下載數據，如果是表格，下載的格式為試算表（.csv）格式、如果是折線圖或柱形圖則為圖表（.png）格式。

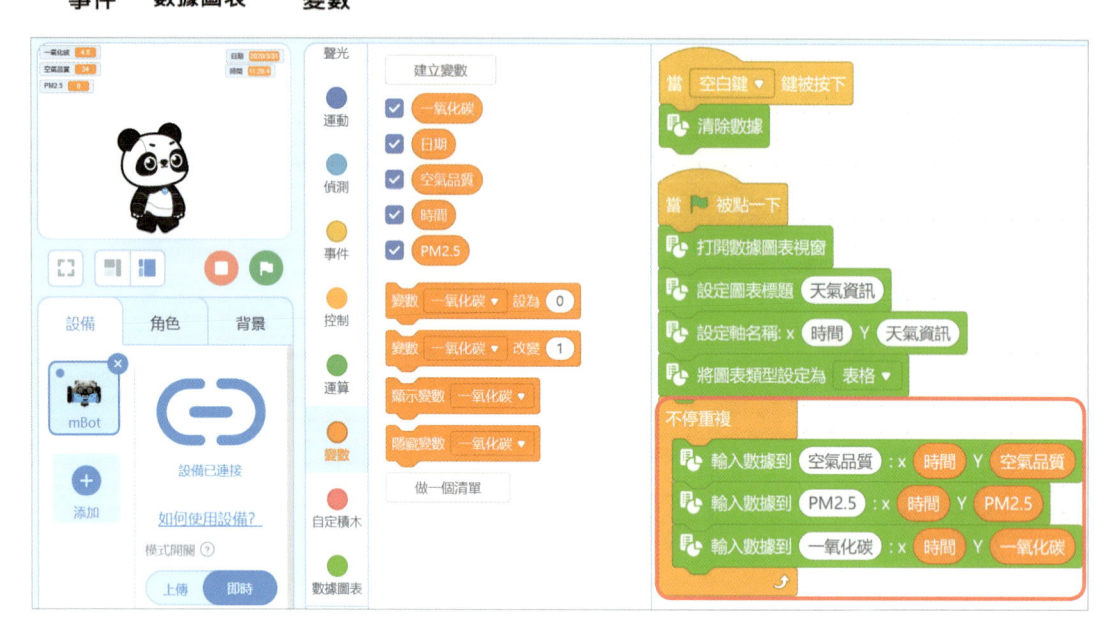

3 按 事件、數據圖表 與 變數，拖曳下圖積木，重複將空氣品質數據輸入到數據圖表。

4 檢查 mBot 與電腦連線是否為「即時」，點擊 ▶，檢查空氣品質、PM2.5 與一氧化碳數據是否寫入數據圖表中。

時間 \ 天氣資訊	空氣品質	PM2.5	一氧化碳
21:3:22	38	25	2.4
			4.8
11:45:2	34	30	4.8
11:45:14	34	30	4.8
11:45:25	34	30	4.8
11:45:37	34	30	4.8
11:45:49	34	30	4.0
11:46:1	34	30	4.8

以秒為單位，依據程式執行的時間寫入數據。

下載　表格　折線圖　柱形圖

mBlock5 概念說明

1. 寫入數據時間

   輸入數據到 空氣品質 : x 時間 Y 空氣品質 積木中，寫入數據的「時間」（時：分：秒）中，以秒為單位，依據程式執行的時間寫入；如果時間為分（時：分）則以分鐘為單位寫入…依此類推，如果以小時為單位，每一小時寫入一筆數據，或以日期為單位，則每天寫入一筆數據。

2. 寫入數據的量最多 200 筆。

6-5　下載與分析數據圖表

空氣品質隨著時間、天氣與污染物的變化而改變，下載數據圖表，以試算表分析空氣品質、PM2.5 與一氧化碳的平均值、最大值，並檢核空氣品質是否符合標準。

1 在數據表格中，點選【表格】，點擊【下載】，下載試算表。

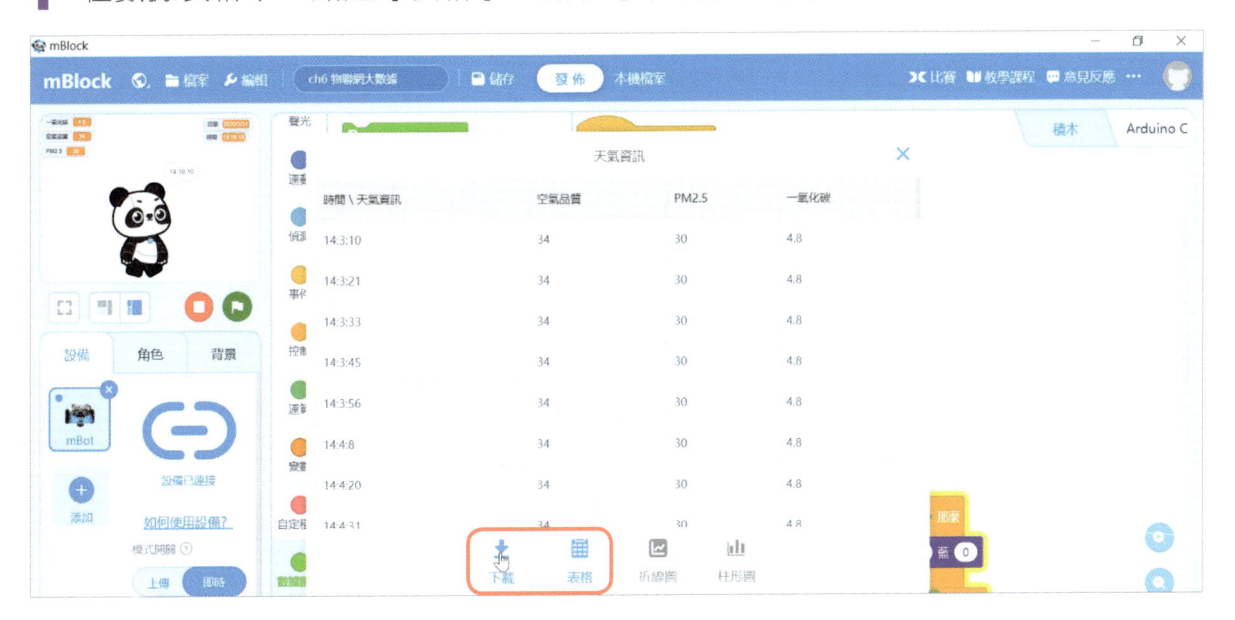

2 開啟試算表，以函數計算空氣品質、PM2.5 與一氧化碳的平均值、最小值與最大值。

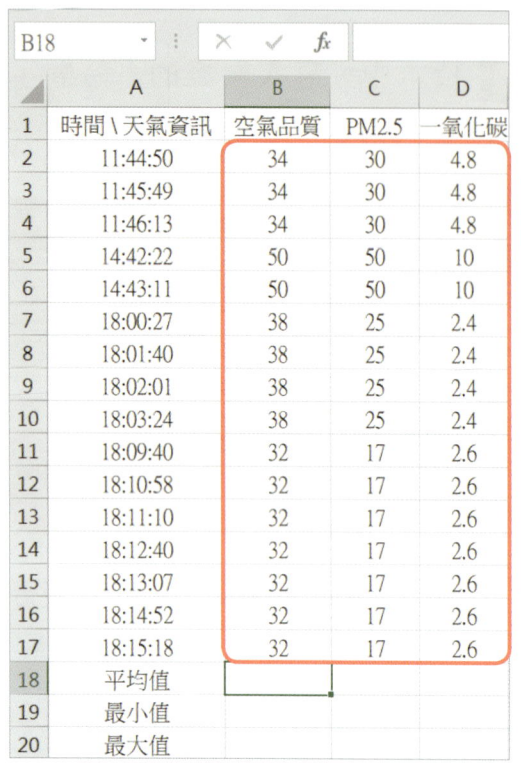

B18	:	× ✓ fx	
	A	B	C	D
1	時間\天氣資訊	空氣品質	PM2.5	一氧化碳
2	11:44:50	34	30	4.8
3	11:45:49	34	30	4.8
4	11:46:13	34	30	4.8
5	14:42:22	50	50	10
6	14:43:11	50	50	10
7	18:00:27	38	25	2.4
8	18:01:40	38	25	2.4
9	18:02:01	38	25	2.4
10	18:03:24	38	25	2.4
11	18:09:40	32	17	2.6
12	18:10:58	32	17	2.6
13	18:11:10	32	17	2.6
14	18:12:40	32	17	2.6
15	18:13:07	32	17	2.6
16	18:14:52	32	17	2.6
17	18:15:18	32	17	2.6
18	平均值			
19	最小值			
20	最大值			

	空氣品質	PM2.5	一氧化碳
平均值	=AVERAGE(B2：B17)	=AVERAGE(C2：C17)	=AVERAGE(D2：D17)
最小值	=MIN(B2：B17)	=MIN(C2：C17)	=MIN(D2：D17)
最大值	=MAX(B2：B17)	=MAX(C2：C17)	=MAX(D2：D17)

3 開啟行政院環保署空氣品質標準網站，檢查空氣品質大數據分析結果是否符合標準。

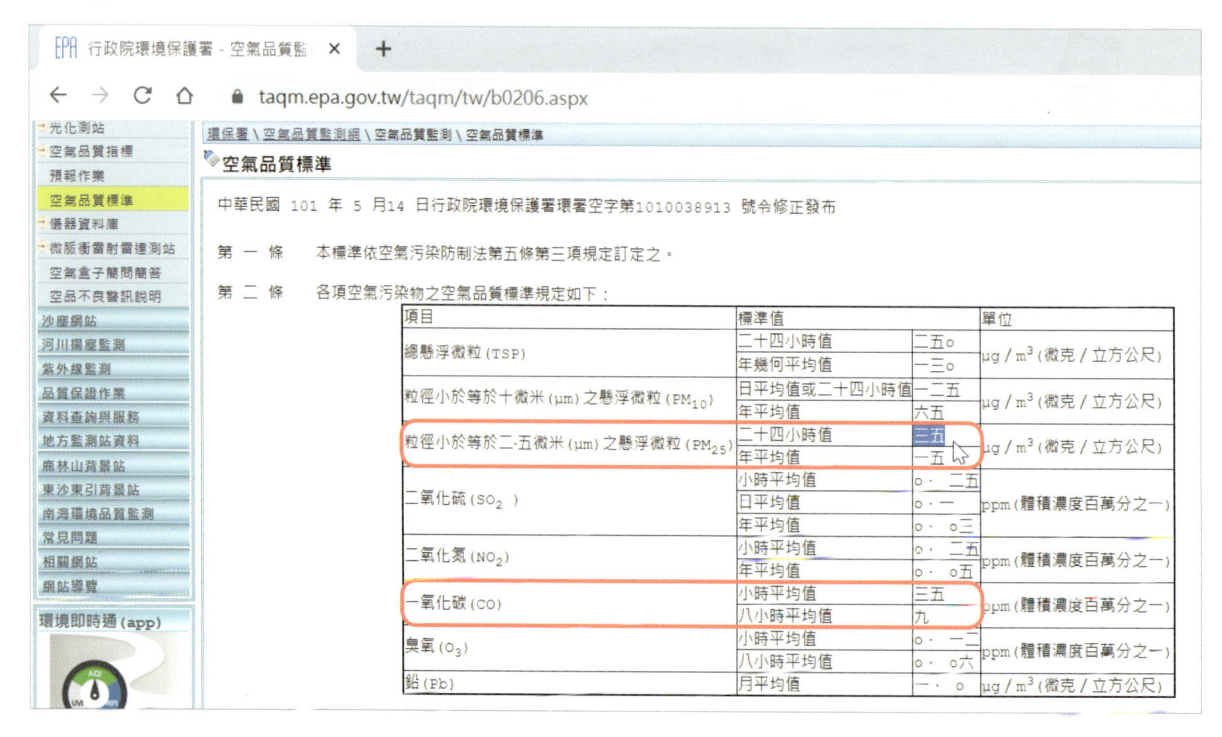

註 行政院環保署空氣品質標準網址：https://taqm.epa.gov.tw/laqm/tw/b0206.aspx

6-6 mBot 應用人工智慧物聯網

人工智慧物聯網（AIoT）是整合人工智慧在物聯網大數據，讓 mBot 能夠自動判斷環境空氣品質，並自動提供警示訊息。讓 mBot 判斷即時空氣品質，如果空氣品質小於等於 50，LED 亮綠燈、空氣品質小於等於 100，LED 亮黃燈、空氣品質小於等於 150，LED 亮橘燈、空氣品質大 150，LED 亮紅燈。

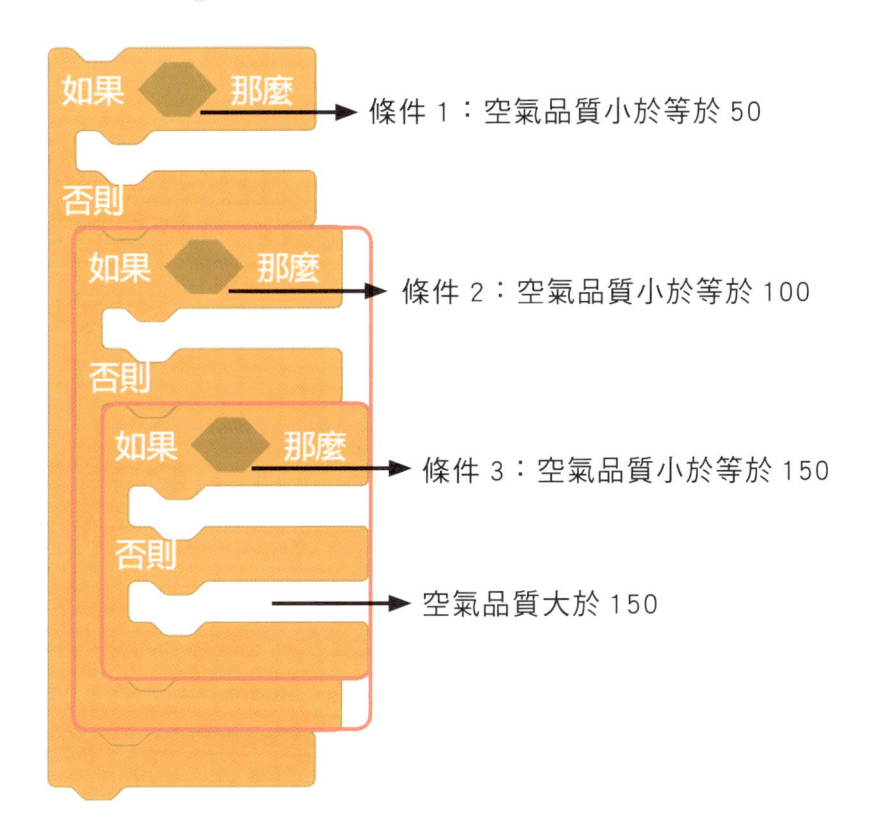

1 按 **控制**，拖曳 3 個 如果/那麼/否則，判斷空氣品質的 3 個條件。

- 條件 1：空氣品質小於等於 50
- 條件 2：空氣品質小於等於 100
- 條件 3：空氣品質小於等於 150
- 空氣品質大於 150

2 按 聲光、運算 與 變數，拖曳下圖積木，如果空氣品質小於或等於 50，點亮綠色 LED，空氣品質小於或等於 100，LED 亮黃燈、空氣品質小於或等於 150，LED 亮橘燈、空氣品質大 150，LED 亮紅燈。

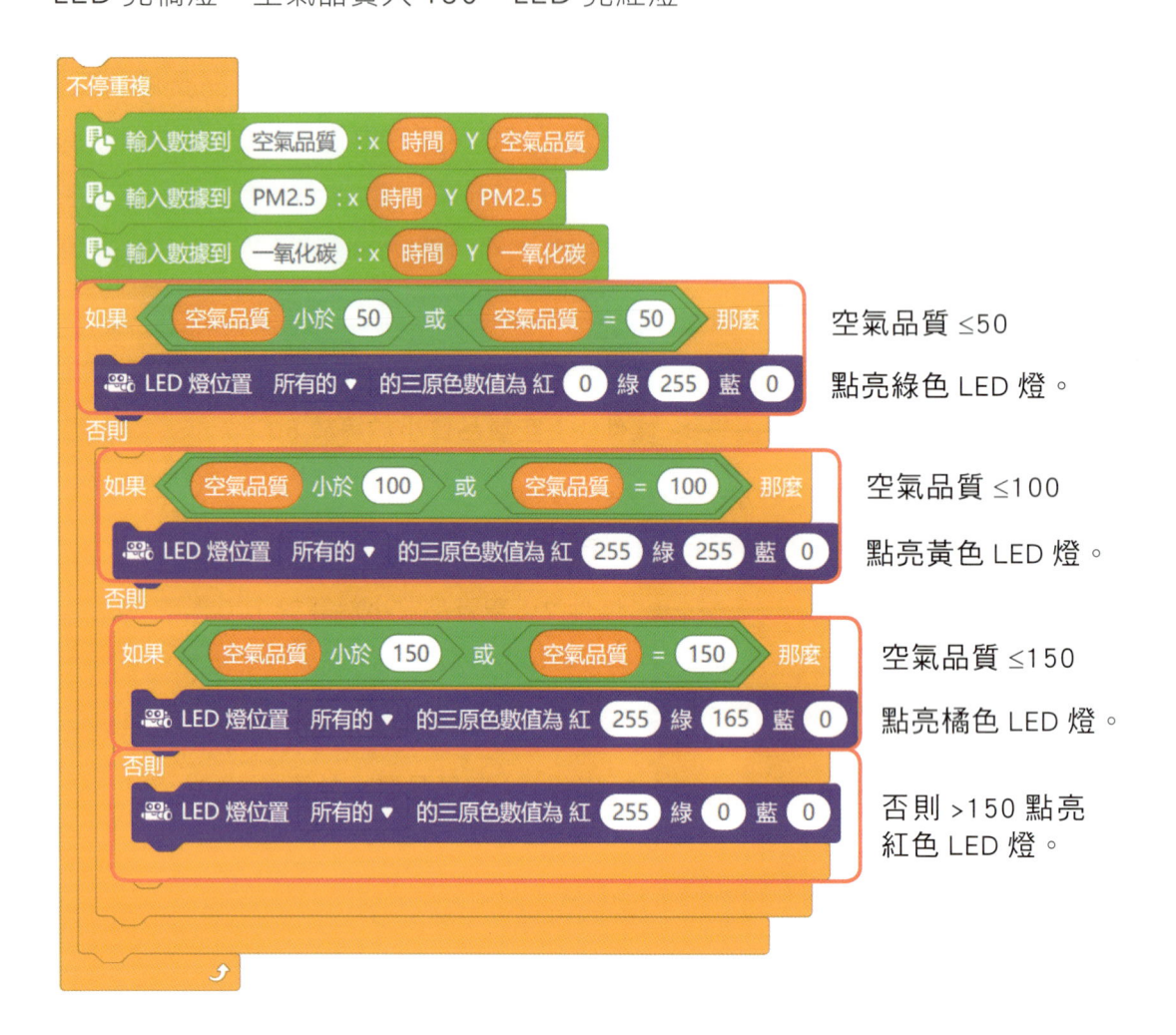

```
不停重複
    輸入數據到 空氣品質 :x 時間 Y 空氣品質
    輸入數據到 PM2.5 :x 時間 Y PM2.5
    輸入數據到 一氧化碳 :x 時間 Y 一氧化碳
    如果 空氣品質 小於 50 或 空氣品質 = 50 那麼          空氣品質 ≤50
        LED 燈位置 所有的▼ 的三原色數值為 紅 0 綠 255 藍 0    點亮綠色 LED 燈。
    否則
        如果 空氣品質 小於 100 或 空氣品質 = 100 那麼      空氣品質 ≤100
            LED 燈位置 所有的▼ 的三原色數值為 紅 255 綠 255 藍 0   點亮黃色 LED 燈。
        否則
            如果 空氣品質 小於 150 或 空氣品質 = 150 那麼  空氣品質 ≤150
                LED 燈位置 所有的▼ 的三原色數值為 紅 255 綠 165 藍 0  點亮橘色 LED 燈。
            否則
                LED 燈位置 所有的▼ 的三原色數值為 紅 255 綠 0 藍 0  否則 >150 點亮紅色 LED 燈。
```

mBot 操作提示

1 空氣品質指標分類請參考行政院環境保護署 - 空氣品質監測網，網址：https://taqm.epa.gov.tw/taqm/tw/default.aspx

2 LED 燈顯示紅、橙、黃、綠以 RGB 配色的數值如下：

顏色	紅	橙	黃	綠	關閉
R（紅）	255	255	255	0	0
G（綠）	0	165	255	255	0
B（藍）	0	0	0	0	0

Chapter 6　學習評量

一、選擇題

_____ 1. 如果想要將天氣資訊寫入雲端的表格，應該使用下列哪一類積木？
(A) 數據圖表　(B) 創客平台　(C) 人工智慧　(D) 變數。

_____ 2. 如果想讓電腦能夠連接網路搜尋天氣、日出或空氣品質等資訊，應該使用角色的哪一種功能？
(A) 人工智慧
(B) 天氣資訊
(C) 機器深度學習
(D) 使用者雲訊息。

_____ 3. 下列何者不屬於「角色」延伸集的功能？
(A) 認知服務　(B) 資料圖表　(C) 天氣資訊　(D) 聲光互動。

_____ 4. 如果想設計讓角色說出目前台北的空氣品質，應該使用下列哪一個積木？
(A) 城市 天氣
(B) 城市 日落時間 小時
(C) 城市 濕度(%)
(D) 地區 空氣品質 空氣品質指標值 指標。

_____ 5. 如果將 mBot 連接無線網路（Wi-Fi），再將手機也連接網路 遠端遙控 mBot，屬於哪一種主題的應用？
(A) 物聯網
(B) 人工智慧
(C) 機器深度學習
(D) 上傳模式廣播。

_____ 6. 關於圖(一)屬於哪一種圖表類型？
(A) 表格
(B) 折線圖
(C) 柱形圖
(D) 長條圖。

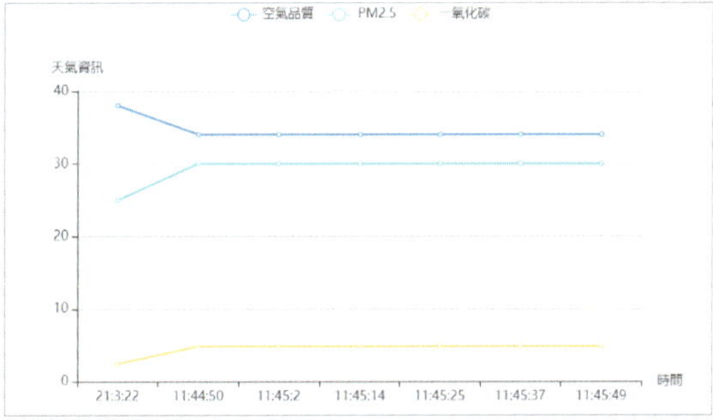

圖(一)

_____ 7. 如果想要存取目前電腦的日期或時間，應該使用下列哪一個積木？
(A) 計時器
(B) 組合字串 蘋果 和 香蕉
(C) 目前時間的 年
(D) 計時器。

153

Chapter 6　學習評量

_____ 8. 如果舞台顯示的一氧化碳為 10，則圖 (二) 程式的執行結果為何？

圖 (二)

(A) 說出：「10」
(B) 說出：「台北一氧化碳為」
(C) 說出：「台北一氧化碳為 10」
(D) 說出：「台北一氧化碳為台北空氣品質指標」。

_____ 9. 關於圖 (三) 數據圖表的敘述，何者「錯誤」？

時間 \ 天氣資訊	空氣品質	PM2.5	一氧化碳
21:3:22	38	25	2.4
11:44:50	34	30	4.8

圖 (三)

(A) 圖表類型屬於表格
(B) 寫入數據的時間以秒為單位
(C) 利用 [設置圖表標題 untitled] 積木設定表格的標題
(D) 利用 [設置軸名稱: x date Y temperature/ ℃] 積木，將數據寫入表格。

_____ 10. 如果目前的日期為 2020 年 02 月 20 日，圖 (四) 程式的執行結果為何？

圖 (四)

(A) 在舞台顯示「2020/02/20」　　(B) 在舞台顯示「年 / 月 / 日」
(C) 語音說出：「2020/02/20」　　(D) 在舞台顯示「說出日期」。

二、實作題

1. 請在延伸集新增文字轉語音（Text to speech）功能，讓角色以中文語音播放台北的空氣品質。

2. 請在延伸集新增翻譯（Translate），將台北空氣品質以中文語音播放之後，再以日文語音或其他國家語音播放。

mBot 補給站

TFT-LCD 與溫濕度感測器：自製溫濕度感測器

氣象資訊是利用物聯網連接網路到氣象局搜尋天氣相關資訊。現在我們也能夠利用 TFT-LCD 與溫濕度感測器，自製居家環境的溫濕度感測器。以 TFT-LCD 播放所處環境的溫度與濕度。

一 溫濕度感測器

1. 傳回溫度或濕度值

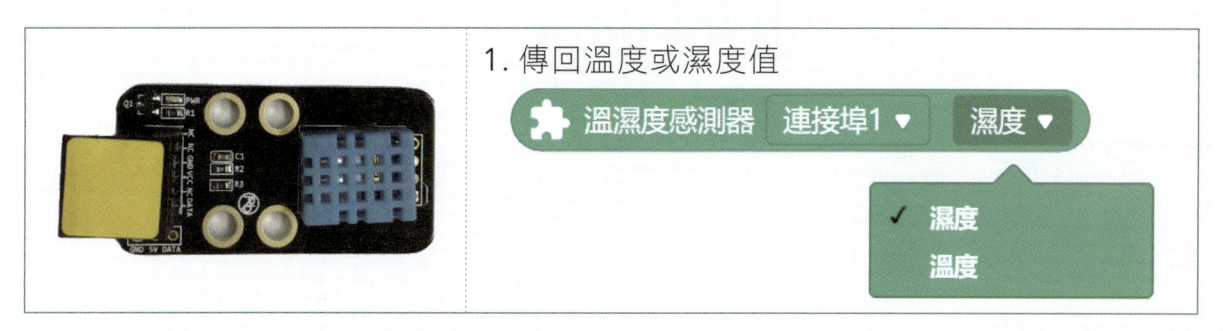

溫濕度感測器　連接埠1 ▼　濕度 ▼
　　　　　　　　　　　　　　✓ 濕度
　　　　　　　　　　　　　　　溫度

二 TFT-LCD

TFT-LCD 能夠顯示圖案、文字與數字，並設定 LCD 面板與文字的顏色。面板顯示方式以坐標（x,y）表示。

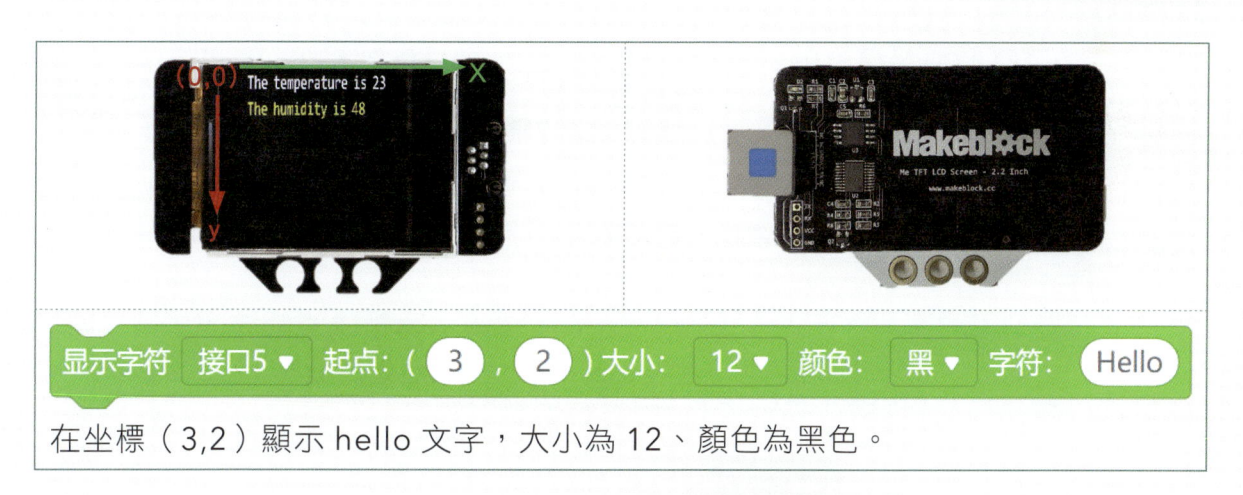

顯示字符　接口5 ▼　起點:（ 3 , 2 ）大小: 12 ▼　顏色: 黑 ▼　字符: Hello

在坐標（3,2）顯示 hello 文字，大小為 12、顏色為黑色。

三 自製溫濕度感測器

自製溫濕度感測器，只要開啟 mBot 電源，就自動顯示 mBot 所在環境的溫度與濕度。

mBot 補給站

1 將 TFT-LCD 器連接在 mBot 的連接埠 1～4，其中一個。

> 溫濕度是黃色貼紙，連接 1～4

> TFT-LCD 是白藍色貼紙，連接 1～4

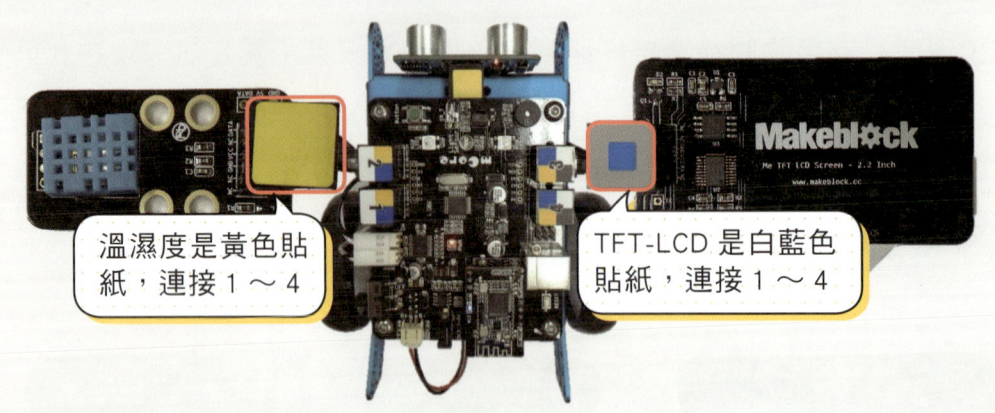

2 將溫濕度感測器連接在 mBot 的連接埠 1～4，其中一個。

3 按 **延伸集**，添加【創客平台】與【TFT-LCD】，新增擴展積木。

4 拖曳下圖積木，讓 mBot 的 TFT-LCD 每隔 3 秒播放「The temperature is xx」（溫度）與「The humidity is xx」（濕度）。

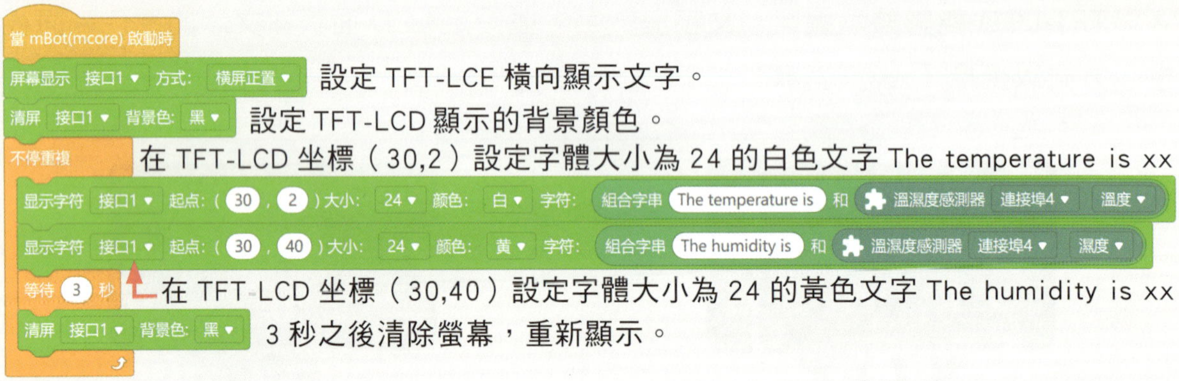

- 設定 TFT-LCE 橫向顯示文字。
- 設定 TFT-LCD 顯示的背景顏色。
- 在 TFT-LCD 坐標（30,2）設定字體大小為 24 的白色文字 The temperature is xx
- 在 TFT-LCD 坐標（30,40）設定字體大小為 24 的黃色文字 The humidity is xx
- 3 秒之後清除螢幕，重新顯示。

5 點擊 **上傳**，將程式上傳到 mCore 主控板，再斷開電腦與 mBot 連線。只要開啟電源，mBot 的 TFT-LCD 自動顯示即時溫度與濕度。

MLC 實作題

題目名稱：mBot 自走車與物聯網大數據　　　　　　　　30 mins

題目說明：請實作物聯網連接網路，存取即時天氣資訊中空氣品質、PM2.5 與一氧化碳（CO）三項指標，同時 mBot 將空氣品質三項指標輸入雲端數據，判斷即時空氣品質以 LED 顯示。

成品圖

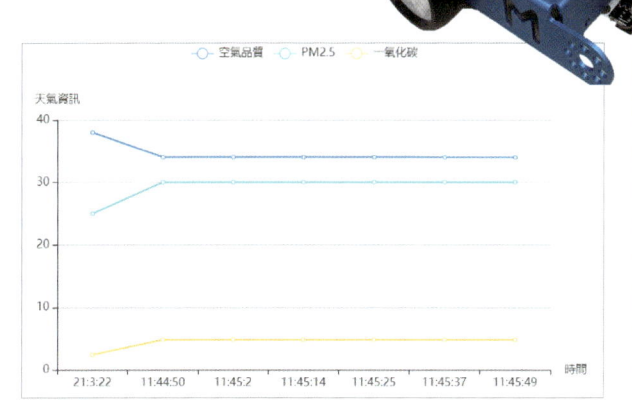

創客指標

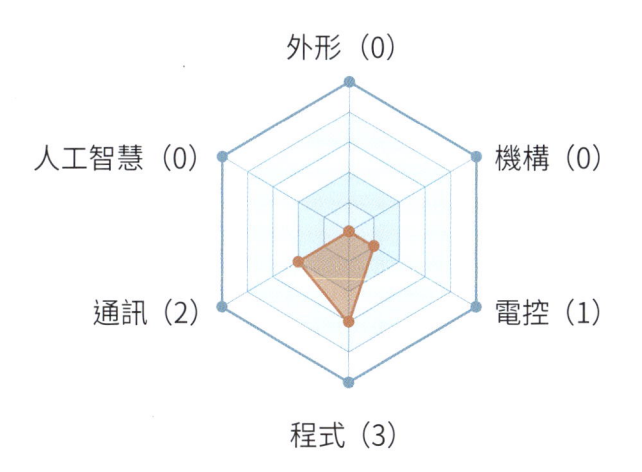

外形	0
機構	0
電控	1
程式	3
通訊	2
人工智慧	0
創客總數	6

外形（0）
機構（0）
電控（1）
程式（3）
通訊（2）
人工智慧（0）

創客題目編號：A005051

MEMO

Chapter 7

人工智慧 mBot 自走車

本章將利用角色 Panda 的人工智慧，設計人工智慧認知服務（Cognitive Service）功能進行語音、印刷文字與人臉情緒辨識，再讓 mBot 依據辨識結果執行循線前進、避開障礙物與唱歌。

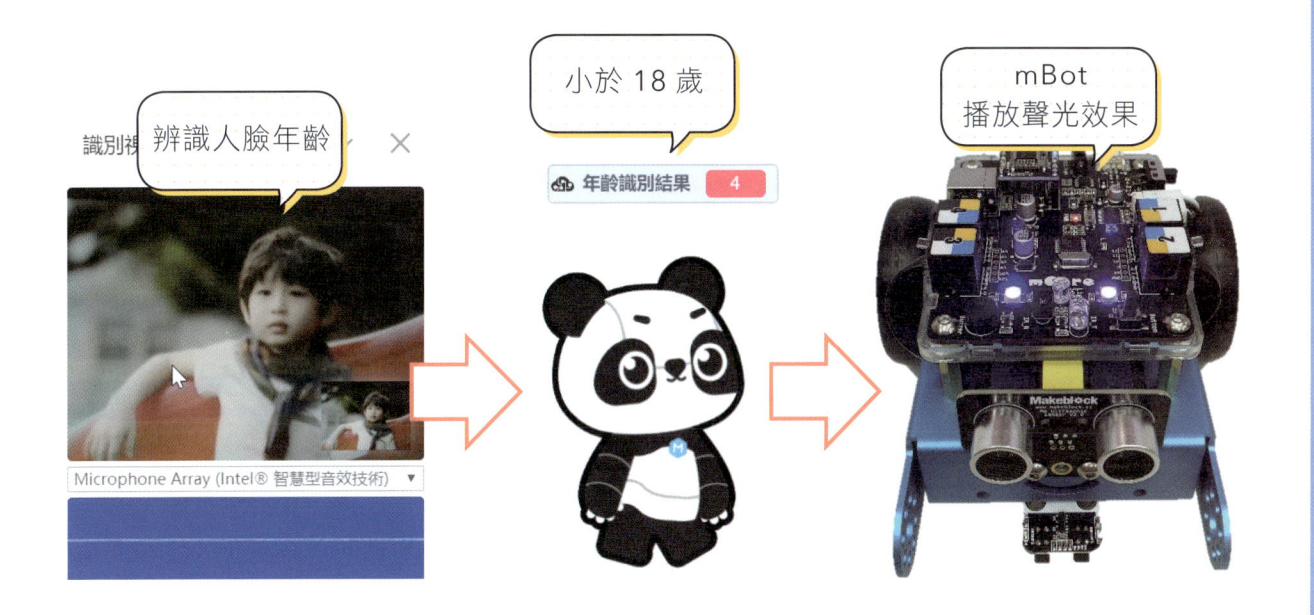

本章節次

7-1 人工智慧
7-2 人工智慧辨識流程規劃
7-3 語音控制 mBot 循線
7-4 文字控制 mBot 避開障礙物
7-5 人臉情緒控制 mBot 唱歌
mBot 補給站：人工智慧 mBot 循線唱歌

學習目標

1. 能夠理解人工智慧認知服務的原理
2. 能夠操作人工智慧辨識。
3. 能夠應用人工智慧辨識結果，設計 mBot 互動的動作。

7-1 人工智慧

人工智慧（Artificial Intelligence，AI）是設計程式讓電腦執行類似人類智慧的能力。人工智慧目前已廣泛應用在醫療的智慧影像診斷、無人自動駕駛車的自動判斷即時車況或警政單位改裝車噪音判斷等。在 mBlock 5 程式中人工智慧讓電腦能夠辨識人類語音的內容或辨識人類的喜、怒、哀、樂表情等。「角色」 Panda 的 延伸集 積木中新增 人工智慧 積木，與人工智慧相關的認知服務積木如下：

功能	積木與說明	
語音辨識	開始 中文(繁體) 語音識別，持續 2 秒 中文(簡體) / 廣東話(繁體) / 中文(繁體) / 英文 / 法文 / 德文 / 義大利文 / 西班牙文	在 2～10 秒，辨識中文、英文、法文、德文、意大利文或西班牙文等各國語音。
	語音識別結果	傳回語音識別結果。
文字辨識	在 2 秒後辨識 中文(繁體) 印刷文字 中文(簡體) / 中文(繁體) / 英文 / 法文 / 德文 / 義大利文 / 西班牙文	在 2～10 秒，辨識中文、英文、法文、德文、意大利文或西班牙文等各國文字。
	在 2 秒後辨識英文手寫文字	在 2～10 秒，辨識英文手寫文字。
	文字辨識結果	傳回文字識別結果。

類別	積木	說明
圖像辨識	在 1 秒後, 在影像中識別 影像辨識 （影像辨識／品牌／公眾人物／地標／圖片說明）	在 1～3 秒，辨識影像、品牌、公眾人物、地標或圖片說明。
	影像辨識 識別結果	傳回影像辨識結果。
年齡辨識	在 1 秒後, 辨識人臉年齡	在 1～3 秒，辨識人臉年齡。
	年齡識別結果	傳回人臉年齡識別結果。
情緒辨識	在 1 秒後辨識人臉情緒	在 1～3 秒，辨識人臉情緒為高興、平靜、驚訝、悲傷、生氣、輕視、厭惡或恐懼。
	高興 的指數 （高興／平靜／驚訝／悲傷／生氣／輕視／厭惡／恐懼）	傳回人臉情緒識別為高興（或平靜、驚訝、悲傷、生氣、輕視、厭惡與恐懼）的指數，數值範圍從 0～100。
	情緒為 高興	邏輯判斷人臉情緒是否為高興（或平靜、驚訝、悲傷、生氣、輕視、厭惡與恐懼）。邏輯判斷結果：(1) true：情緒是高興；(2) false：情緒不是高興。
性別辨識	在 1 秒後, 辨識性別	在 1～3 秒，辨識性別。
	性別辨識結果	傳回性別辨識結果。

用主題範例學運算思維與程式設計

眼鏡類型辨識	在 1▼ 秒後, 辨識眼鏡類型	在 1～3 秒，辨識眼鏡類型。
	佩戴 太陽鏡▼ ？ ✓ 太陽鏡 普通眼鏡 泳鏡 無眼鏡	邏輯判斷眼鏡類型是否為太陽眼鏡（或普通眼鏡、泳鏡或無眼鏡）。 邏輯判斷結果：(1) true：佩戴太陽眼鏡；(2) false：不是佩戴太陽眼鏡。
笑容辨識	在 1▼ 秒後, 辨識笑容程度	在 1～3 秒，辨識笑容程度。
	笑容識別結果	傳回笑容程式的指數，數值範圍從 0～100。
頭部姿勢辨識	在 1▼ 秒後, 辨識頭部姿態	在 1～3 秒，辨識頭部姿勢。
	在 1▼ 秒後, 辨識頭部姿態 ✓ 翻滾 偏航角 俯仰	傳回頭部姿勢的角度，包括：翻滾（頭部左右擺動角度）、偏航角（頭部旋轉角度、俯仰、頭部上下擺動角度）

註 更多人工智慧辨識功能陸續更新中。

mBlock5 操作提示

人工智慧辨識時，請檢查下列事項：

(1) 網路連線，才能夠連線後端資料庫進行人工智慧辨識功能。

(2)「設備」的 mBot 設定為「即時」模式，才能夠傳遞即時資訊。

(3) 註冊 mBlock 帳號並登入使用者帳戶。

實作範例

ch7-1　語音控制 mBot

請開啟電腦的視訊攝影機及麥克風，在角色新增認知服務，設計點擊 Panda 輸入語音：「向左轉」，角色 Panda 顯示辨識結果，並讓 mBot 左轉。

1 將 USB 連接電腦與 mBot，開啟 mBot 機器人電源。

2 在「設備」按 添加 ，新增 mBot ，點選【連接 >COM 值 > 連接】，並選擇 上傳 即時 【即時】模式。

3 點選【角色】，在 延伸集 按【+ 添加】，新增「認知服務」積木。

4 點選 ○ 註冊 / 登入【使用者帳號（電子郵件）】或按 Ⓖ 以 Google 帳戶登入，再按【下一步】。

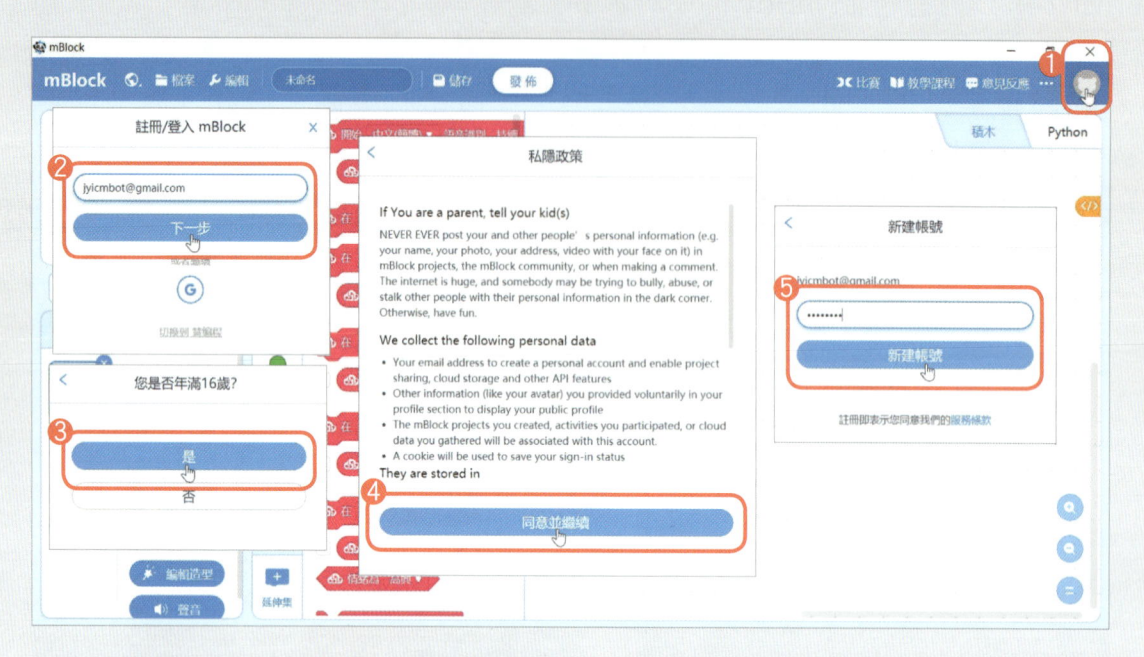

用主題範例學運算思維與程式設計

5 點選【是】,已滿16歲,再點選【同意並繼續】隱私政策,輸入【密碼】,再按【新建帳號】。

6 開啟電腦的視訊攝影機及麥克風。

7 按 事件 與 人工智慧 ,拖曳下圖積木,點擊 Panda 時,對著麥克風說:「向左轉」。

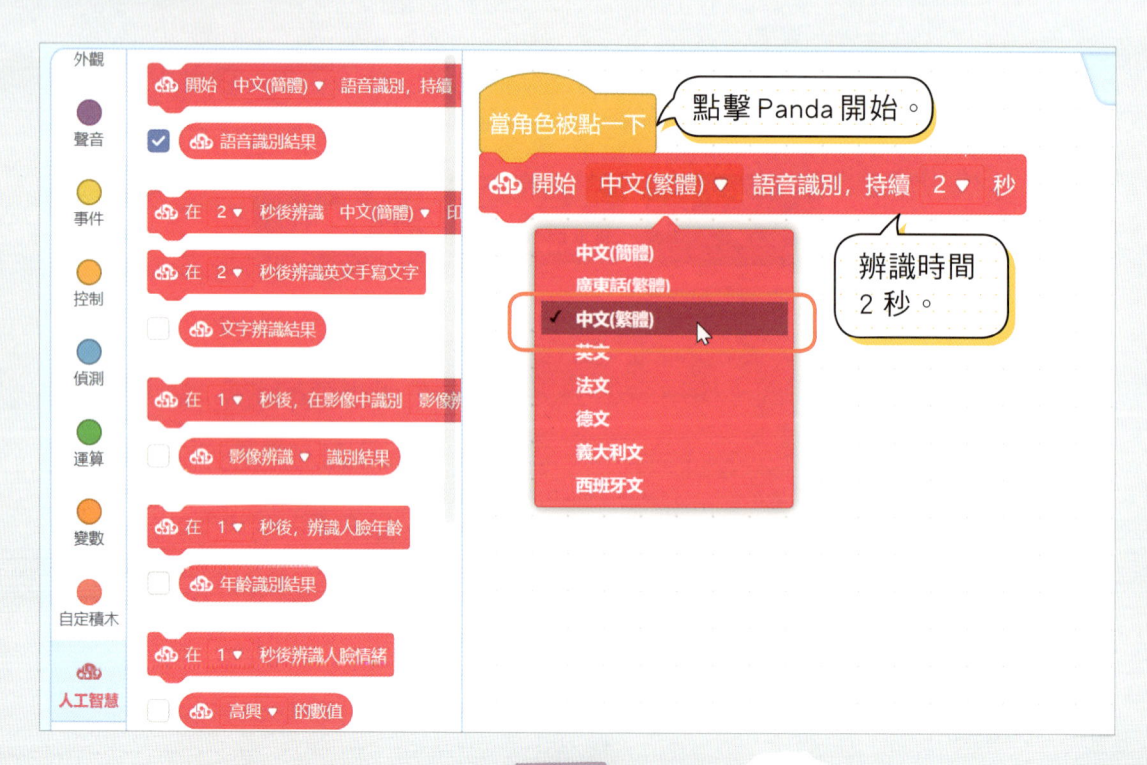

164

Chapter 7　人工智慧 mBot 自走車

8 勾選語音識別結果，點擊 Panda，對著麥克風說：「向左轉」，檢查舞台是否顯示「向左轉」。

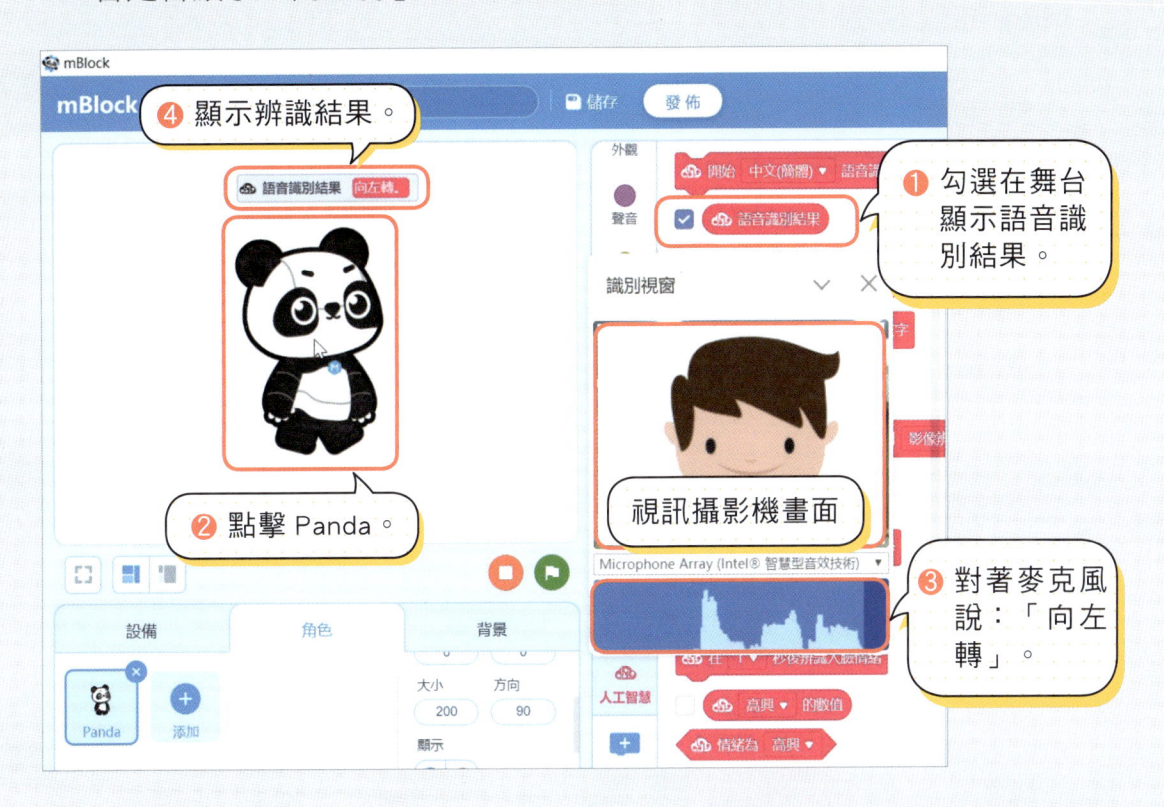

9 按 控制、運算 與 人工智慧，拖曳下圖積木，如果語音識別結果包含「左轉」。

165

用主題範例學運算思維與程式設計

10 按 **事件**，在廣播訊息點選【新訊息】，輸入【左轉】，廣播訊息給 mBot 接收。

註：如果語音識別結果不包含左轉，則不廣播訊息結束程式執行。

11 點擊【設備】，按 **事件** 與 **運動**，當 mBot 收到廣播訊息，開始左轉。

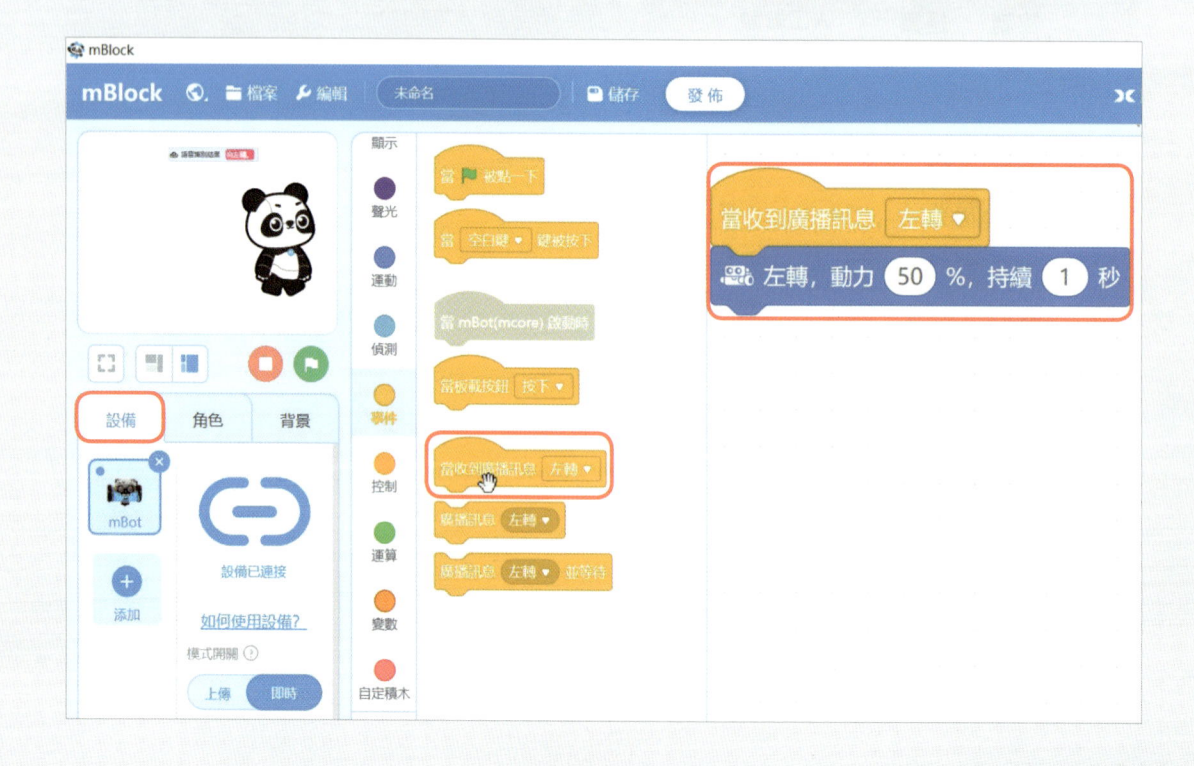

mBlock5 概念說明

1. 字串包含與等於的差異

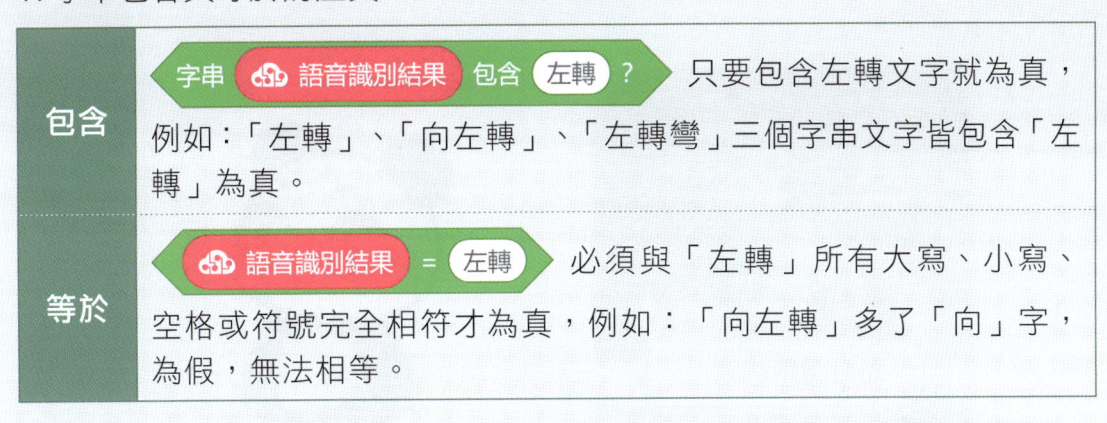

包含	字串 語音識別結果 包含 左轉 ？ 只要包含左轉文字就為真，例如：「左轉」、「向左轉」、「左轉彎」三個字串文字皆包含「左轉」為真。
等於	語音識別結果 = 左轉 必須與「左轉」所有大寫、小寫、空格或符號完全相符才為真，例如：「向左轉」多了「向」字，為假，無法相等。

實作範例

ch7-2 年齡控制 mBot 動作

請開啟電腦的視訊攝影機及麥克風，設計按下鍵盤按鍵 1，辨識人臉年齡，如果年齡小於 18 歲，mBot 開心播放聲光效果。

1 按 事件 與 人工智慧，拖曳下圖積木，同時，勾選年齡識別結果。

按 1 開始。

1 秒辨識人臉年齡。

167

2 按下鍵盤按鍵 1，辨識人臉年齡，並顯示辨識結果。

3 按 ⬤ 事件、⬤ 運算 與 ☁ 人工智慧，拖曳下圖積木，等待直到年齡識別結果小於 18 歲，廣播訊息【聲光表演】。

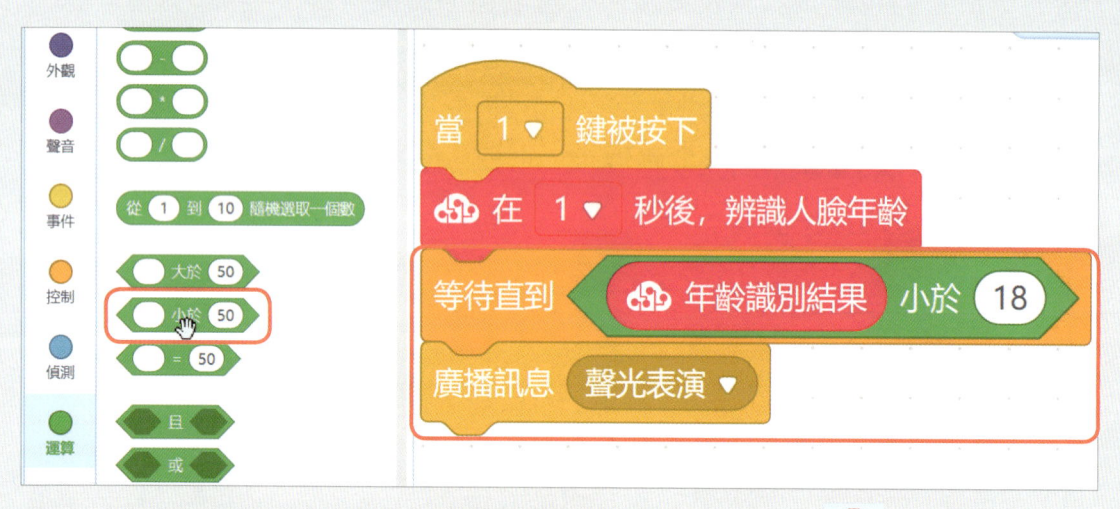

[註] 如果年齡識別結果大於等於 18 歲，程式重複執行等待，按 ⬛ 停止程式執行。

4 點擊【設備】，按 ⬤ 事件 與 ⬤ 聲光，當 mBot 收到廣播訊息，閃爍 LED 並播放 DoReMe 音效。

168

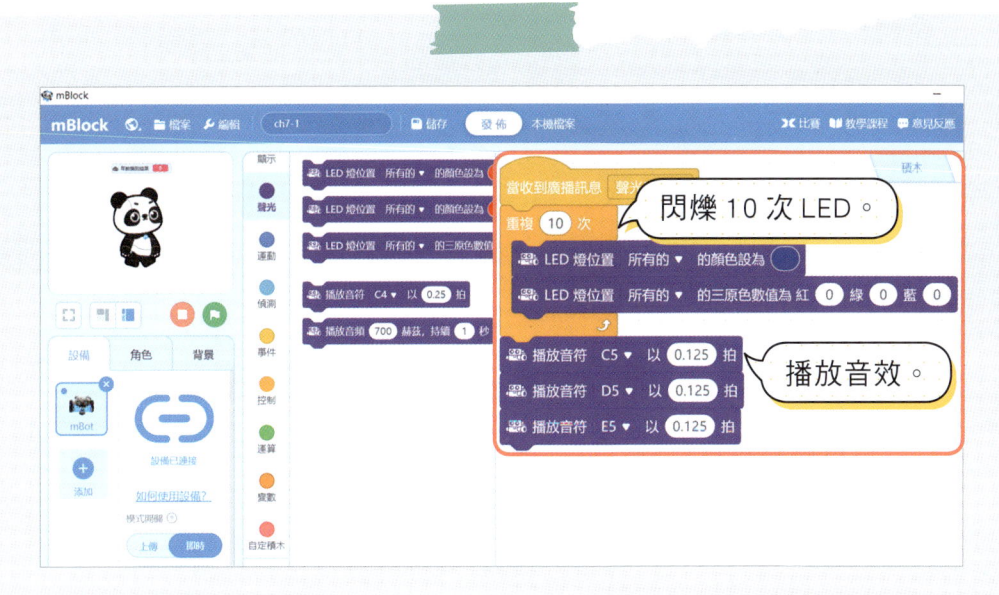

Chapter 7　人工智慧 mBot 自走車

5　按下鍵盤按鍵 1，辨識人臉年齡，檢查年齡小於 18 歲時，mBot 是否閃爍 LED 燈並播放音效。

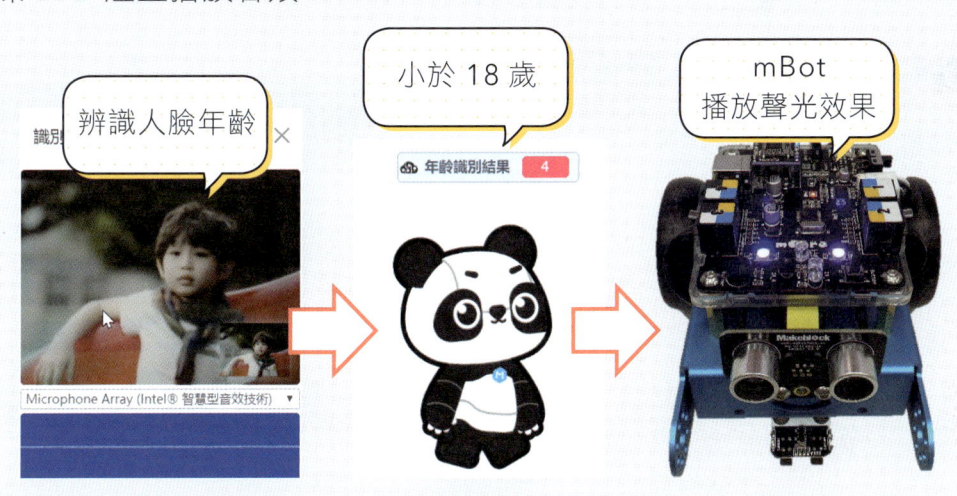

mBlock5 概念說明

mBlock5 的 控制 積木中，等待直到 積木能夠控制程式一直等待，直到 < 條件 > 為真，才繼續執行下一行程式。例如：下圖程式，按下空白鍵之後，點亮紅色 LED 燈開始等待，直到光線強度大於 500 才繼續執行下一行關閉 LED 燈，如果光線強度沒有大於 500，則程式持續亮紅色 LED 燈。

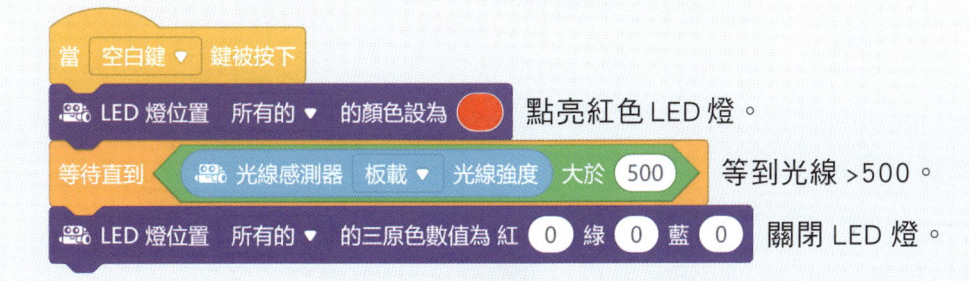

7-2 人工智慧辨識流程規劃

本章將利用角色 Panda 的人工智慧，設計人工智慧認知服務（Cognitive Service）功能進行語音、印刷文字與人臉情緒辨識，再讓 mBot 依據辨識結果循線前進、避開障礙物與唱歌。

一 人工智慧辨識 mBot 執行動作流程規劃

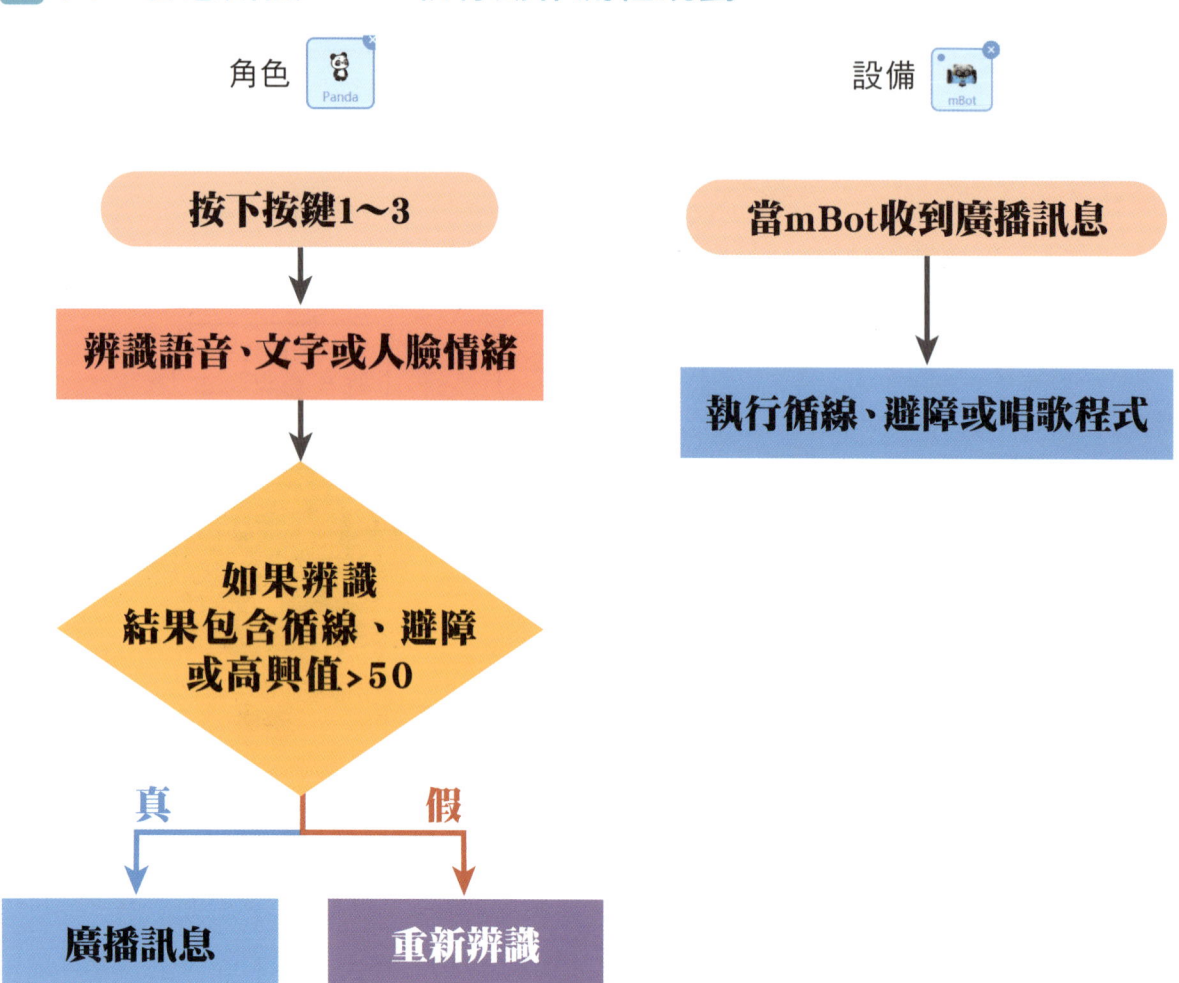

角色 Panda

設備 mBot

按下按鍵1～3
↓
辨識語音、文字或人臉情緒
↓
如果辨識結果包含循線、避障或高興值>50
- 真 → 廣播訊息
- 假 → 重新辨識

當mBot收到廣播訊息
↓
執行循線、避障或唱歌程式

Chapter 7 人工智慧 mBot 自走車

7-3 語音控制 mBot 循線

當按下按鍵 1，開始辨識語音，如果語音識別結果包含「循線」，廣播訊息「循線」。當 mBot 收到廣播訊息循線，循白線前進。

一 中文語音識別

1 點擊角色，勾選語音識別結果，拖曳積木按下按鍵 1，開始辨識中文語音 5 秒。

2 按 控制、運算 與 人工智慧，拖曳下圖積木，如果語音識別結果包含「循線」則廣播訊息循線、否則說出：「請按 1 重新識別」。

- 按下 1，開始中文語音辨識。
- 如果語音識別結果包含循線，廣播訊息循線。
- 否則說出：「請按 1 重新識別」。

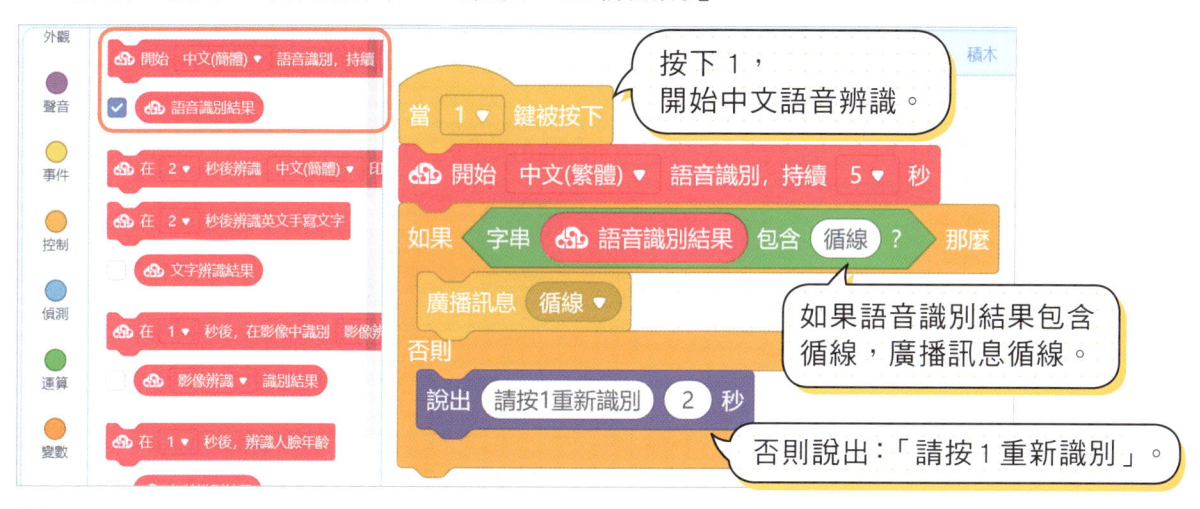

註 識別的語音愈長，持續時間愈久。

3 按下 1，對著麥克風說：「循線感測器」，檢查語音識別結果。

- 對著麥克風說：「循線感測器」。
- 循線感測器包含「循線」兩個字，廣播訊息。

171

用主題範例學運算思維與程式設計

二 語音控制 mBot 循線

當 mBot 收到循線廣播訊息,開始循白線前進。

1 點擊【設備】的 mBot,拖曳下圖積木,當 mBot 收到廣播訊息,開始循白線前進。

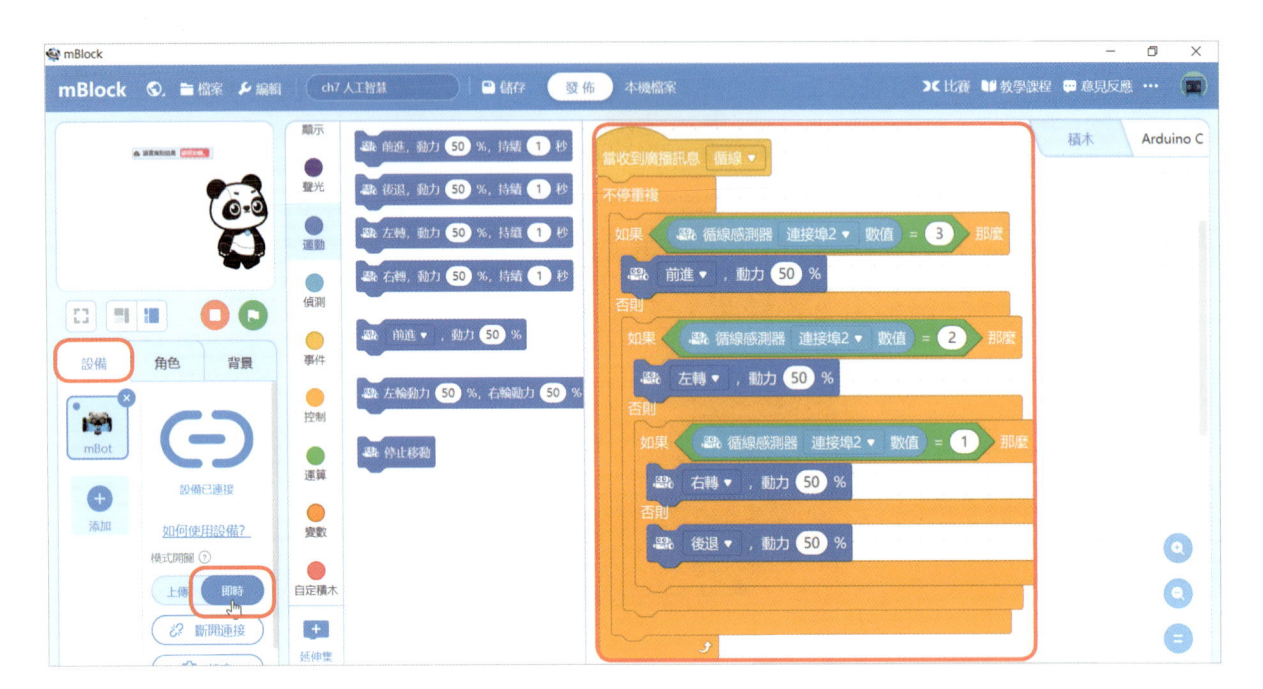

mBot 操作提示

1 mBot 設定為「即時」模式,才能夠接收角色廣播的訊息,循白線程式請參閱第四章。

2 重新按下 1,在麥克風前說出「循線感測器」,檢查角色是否說出語音識別結果、mBot 也循白線前進。

Chapter 7　人工智慧 mBot 自走車

7-4　文字控制 mBot 避開障礙物

當按下按鍵 2，開始辨識文字，如果文字識別結果包含「超音波」，廣播訊息「避障」。當 mBot 收到廣播訊息避障，開始前進並自動避開障礙物。

一　中文文字識別

1 點擊角色，勾選文字辨識結果，拖曳下圖積木，按下按鍵 2，開始辨識文字。

> 按下 2，開始中文文字辨識。

> 如果辨識結果包含超音波廣播訊息避障。

> 否則說出：「請按 2 重新識別」。

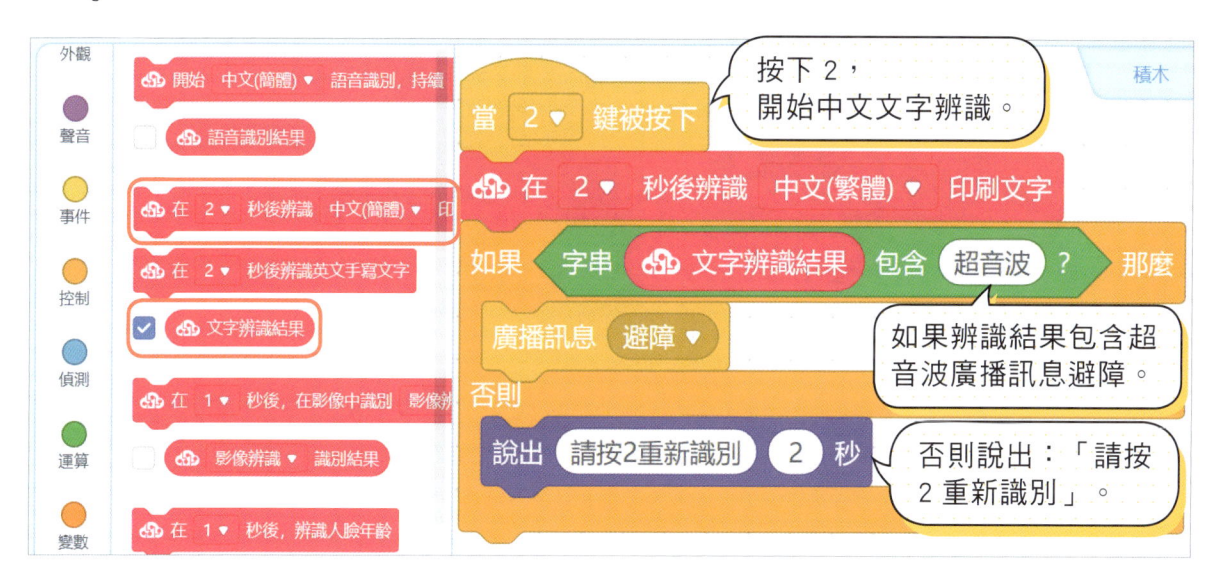

2 在視訊攝影機前顯示「超音波感測器」文字，檢查文字辨識結果。

> 面對識別視窗顯示超音波感測器文字

> 超音波感測器包含「超音波」三個字，廣播訊息。

173

二 文字控制 mBot 避開障礙物

當 mBot 收到避障廣播訊息，開始前進並自動避開障礙物。

1 點擊【設備】的 mBot，拖曳下圖積木，當 mBot 收到廣播訊息，開始前進並自動避開障礙物。

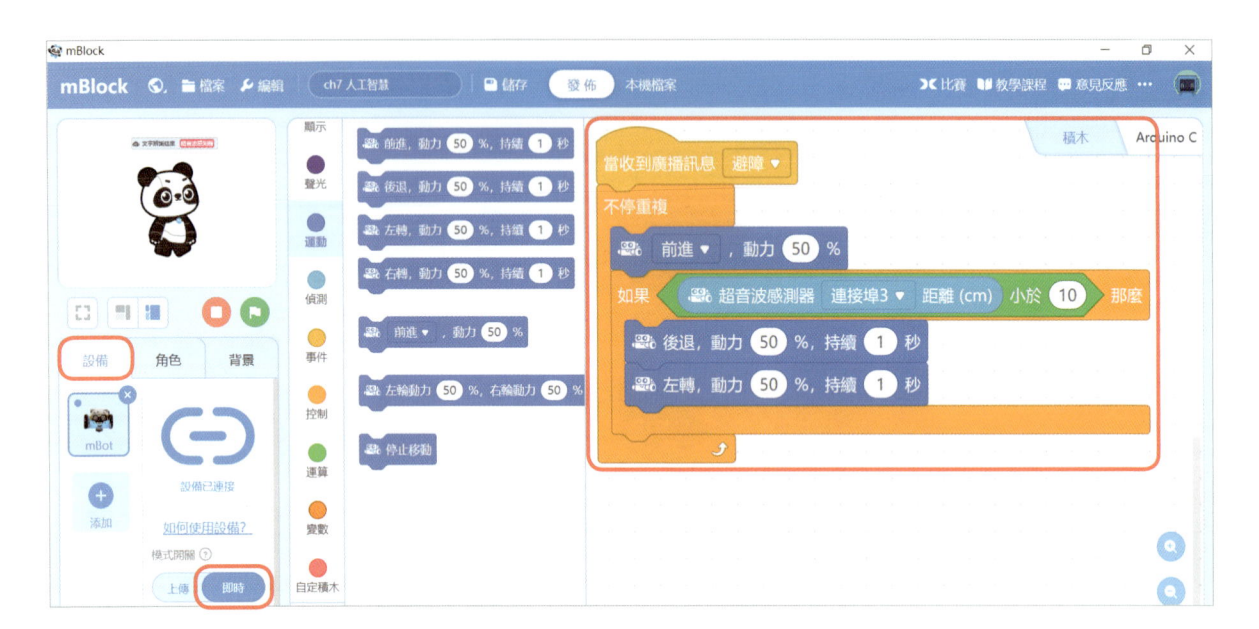

mBot 操作提示

1 mBot 設定為「即時」模式，才能夠接收角色廣播的訊息，自動避開障礙物程式請參閱第三章。

2 重新按下 2，在視訊攝影機前顯示「超音波感測器」文字，檢查角色是否顯示文字識別結果、mBot 也前進並自動避開障礙物。

7-5 人臉情緒控制 mBot 唱歌

當按下按鍵 3，開始辨識人臉的情緒。如果高興的數值大於 50，廣播訊息「唱歌」。當 mBot 收到唱歌的廣播訊息，蜂鳴器播放快樂頌。

一 角色辨識人臉情緒

1 點擊角色，勾選高興的數值，拖曳下圖積木，按下按鍵 3，開始辨識人臉的情緒。

> 按下 3，開始辨識人臉情緒。

> 如果高興數值 >50，廣播訊息唱歌。

> 否則說出：「請按 3 重新識別」。

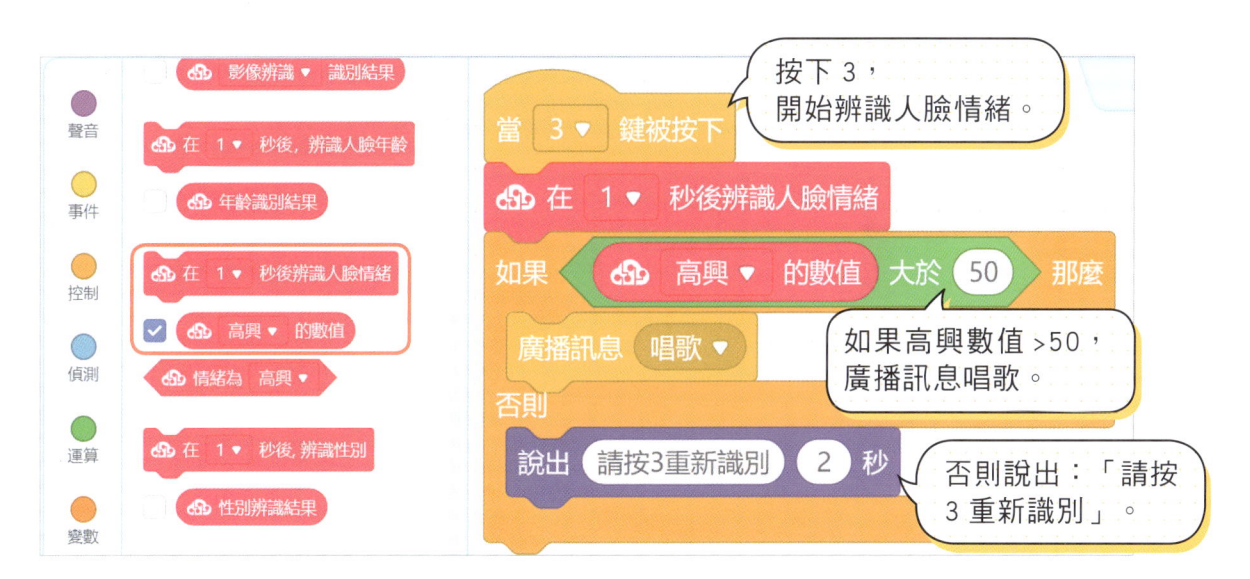

2 在視訊攝影機前開口笑，檢查人臉情緒識別結果。

❶ 面對識別視窗開口笑。

❷ 角色說出：「高興的數值」

高興 的數值 100

人臉情緒控制 mBot 唱歌

當 mBot 收到唱歌廣播訊息，以蜂鳴器播放快樂頌。

1 點擊【設備】的 mBot，拖曳下圖積木，當 mBot 收到廣播訊息，播放快樂頌。

mBot 操作提示

1 mBot 設定為「即時」模式，才能夠接收角色廣播的訊息，快樂頌程式請參閱第二章。

2 重新按下 3，在視訊攝影機前開口笑或不笑，檢查角色是否顯示人臉情緒高興指數、當高興指數大於 50 時 mBot 唱歌。

Chapter 7　學習評量

一、選擇題

_____ 1. 如果想要讓電腦執行類似人類智慧的能力，應該使用下列哪一類積木？

　　(A) 數據圖表　　(B) 天氣資訊　　(C) 人工智慧　　(D) 創客平台。

_____ 2. 下列哪一個積木無法進行人工智慧辨識？

　　(A) 情緒為 高興　　　　　　(B) 在 1 秒後辨識人臉情緒

　　(C) 在 1 秒後, 辨識性別　　(D) 在 1 秒後, 辨識眼鏡類型。

_____ 3. 下列關於人工智慧辨識的敘述，何者「錯誤」？

　　(A) 必須有網路連線

　　(B) 必須登入使用者帳戶

　　(C) mBot 必須設定為即時模式

　　(D) 必須在設備 mBot 的延伸集中新增人工智慧積木。

_____ 4. 下列哪一個積木能夠讓程式一直等待，直到條件為真才繼續執行下一行程式？

　　(A) 等待 1 秒　(B) 不停重複　(C) 等待直到　(D) 如果 那麼。

_____ 5. 關於圖（一）程式的辨識結果中，何者無法廣播訊息？

```
當角色被點一下
開始 中文(繁體) 語音識別, 持續 2 秒
如果 〈字串 語音識別結果 包含 左轉 ?〉 那麼
　廣播訊息 左轉
```

圖（一）

　　(A) 左轉　　(B) 右轉　　(C) 左轉右轉　　(D) 右轉左轉。

Chapter 7　學習評量

_____ 6. 下列哪一個積木能夠產生圖(二)的執行結果？

(A)  在 1▼ 秒後，辨識人臉年齡

(B)  在 2▼ 秒後辨識 中文(繁體)▼ 印刷文字

(C)  開始 中文(繁體)▼ 語音識別，持續 2▼ 秒

(D)  在 1▼ 秒後，在影像中識別 影像辨識▼ 。

語音識別結果　循線感測器

圖(二)

_____ 7. 圖(三)程式中，如果高興的數值 =60，那麼程式的執行結果為何？

當 3▼ 鍵被按下
在 1▼ 秒後辨識人臉情緒
如果 高興▼ 的數值 大於 50 那麼
　廣播訊息 唱歌▼
否則
　說出 請按3重新識別 2 秒

圖(三)

(A) 廣播訊息唱歌　　　　　　(B) 說出：「請按 3 重新識別」
(C) 等待高興數值小於 50　　　(D) 重新辨識人臉情緒。

_____ 8. 如果想設計文字識別結果是否包含「超音波」，應該使用下列哪一個積木進行判斷？

(A)  字串 蘋果 的第 1 字母　　　(B)  清單 蘋果 包含 一個 ？
(C)  蘋果 的字元數量　　　　　(D)  組合字串 蘋果 和 香蕉 。

Chapter 7　學習評量

_____ 9. 關於圖 (四) 程式的敘式，何者「正確」？

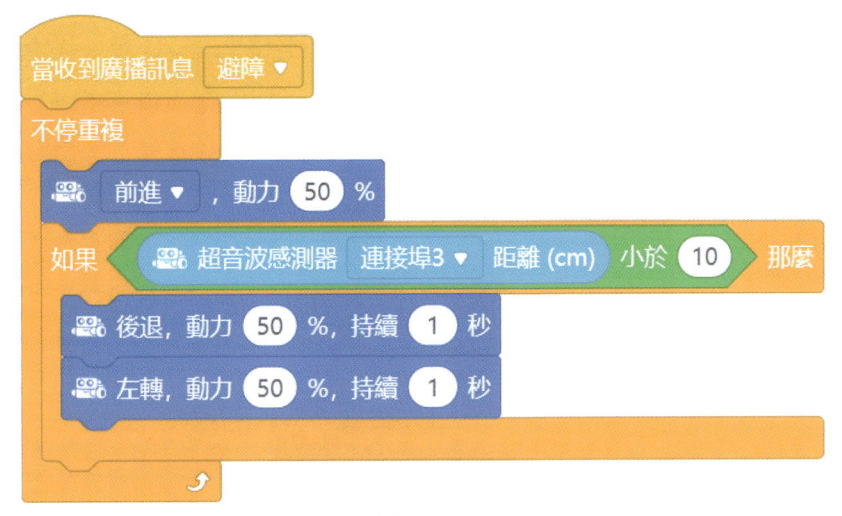

圖 (四)

(A) mBot 收到廣播訊息「避障」時，開始前進

(B) 超音波距離小於 10 時，mBot 開始前進

(C) mBot 自動執行前進

(D) mBot 收到廣播訊息「避障」時，後退與左轉各 1 秒。

_____ 10. 圖 (五) 識別視窗中，進行哪一種人工智慧辨識？

(A) 文字辨識

(B) 人臉情緒辨識

(C) 性別辨識

(D) 語音辨識。

圖 (五)

二、實作題

1. 請利用 [在 1 秒後, 辨識性別] 積木，設計 Panda 辨識性別之後，廣播訊息與 mBot 互動。

2. 請利用 [在 1 秒後, 在影像中識別 影像辨識] 積木的品牌、公眾人物或地標，設計 Panda 辨識影像之後，說出辨識結果。

mBot 補給站

智慧相機：人工智慧 mBot 循線唱歌

人工智慧辨識功能應用在 mBot 時，將 mBot 連接智慧相機。智慧相機包含 (1) 線段或標籤追蹤模式；(2) 色塊偵測模式，兩種功能模式，能夠自動辨識線段、標籤或顏色，讓 mBot 依據標籤的條碼前進、後退、左轉與右轉；也能夠偵測顏色循色移動。本節先認識線段或標籤追蹤模式。

一 智慧相機（smart camera）

智慧相機相關元件如下圖所示：

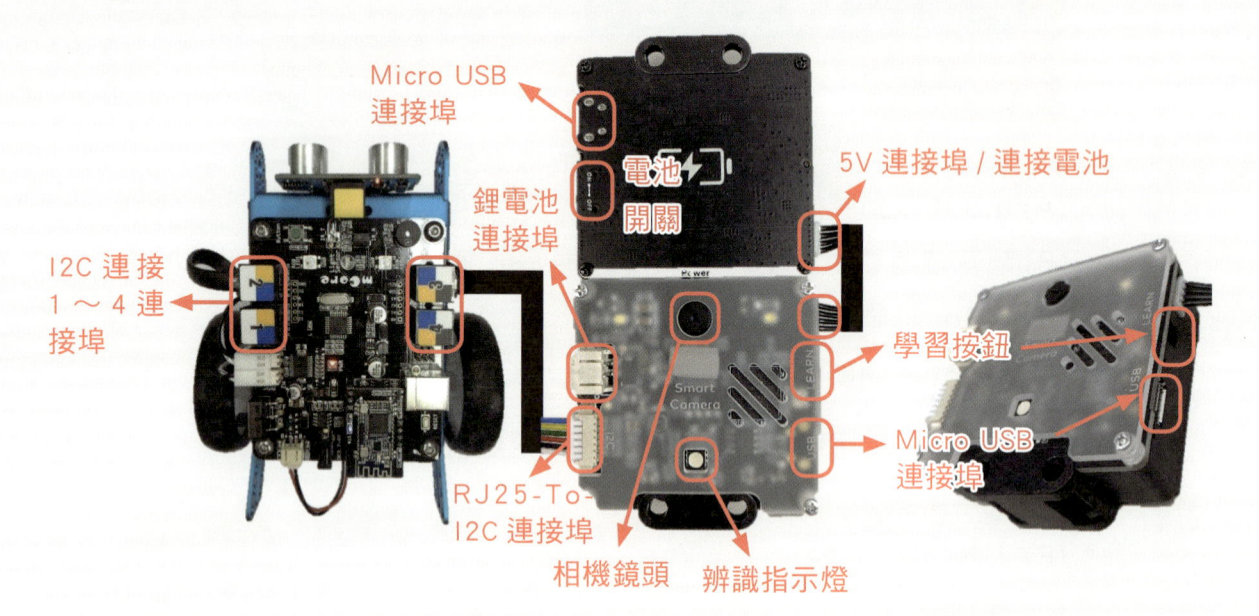

（Micro USB 連接埠、鋰電池連接埠、電池開關、5V 連接埠/連接電池、I2C 連接 1～4 連接埠、學習按鈕、Micro USB 連接埠、RJ25-To-I2C 連接埠、相機鏡頭、辨識指示燈）

二 智慧相機辨識線段或標籤

智慧相機內建人工智慧線段或標籤辨識，包含：前進、後退…等 15 種條碼。例如下圖積木用來判斷識別的標籤是否為前進。

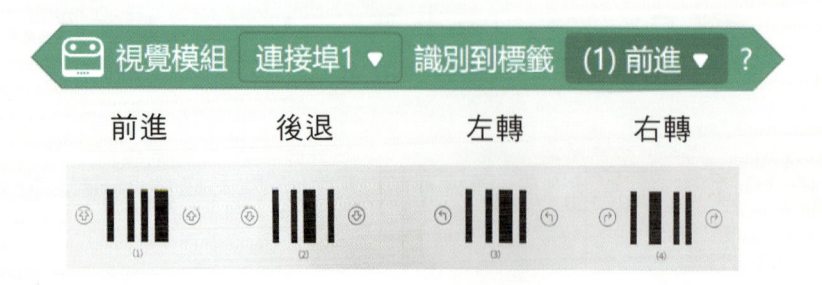

`視覺模組 連接埠1▼ 識別到標籤 (1)前進▼ ?`

前進　　後退　　左轉　　右轉

✓ (1) 前進
(2) 後退
(3) 左轉
(4) 右轉
(5) 停止
(6) 加號
(7) 減號
(8) 問號
(9) 紅心
(10) A
(11) B
(12) C

mBot 補給站

三 人工智慧 mBot 循線唱歌

將智慧相機連接 mBot，讓 mBot 辨識條碼移動，並演奏音符。

1 將 I2C 連接到 mBot 的連接埠 1～4，其中一個。

2 5V 連接埠連接智慧相機與電池，並開啟電源的電源開關（開啟時，電源亮綠燈）。

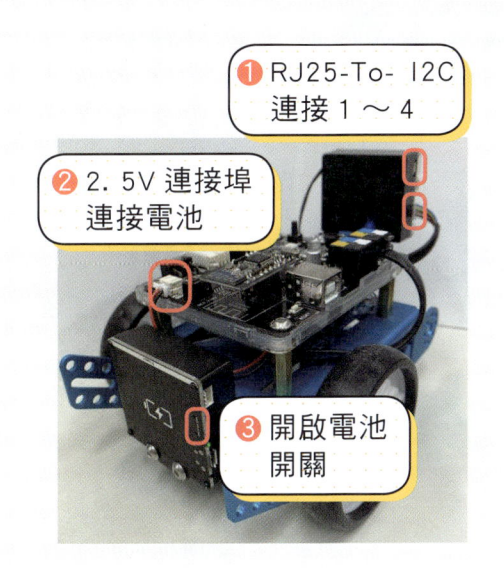

3 按 延伸集，點選【視覺模組】，再按【+添加】，新增擴展積木，並將 mBot 設定為【上傳】模式。

❶ RJ25-To-I2C 連接 1～4
❷ 2.5V 連接埠連接電池
❸ 開啟電池開關

註 建議先將 mBot 更新韌體。

4 點選【線段／標籤追蹤】，拖曳下圖一積木，讓 mBot 依據條碼辨識結果移動。

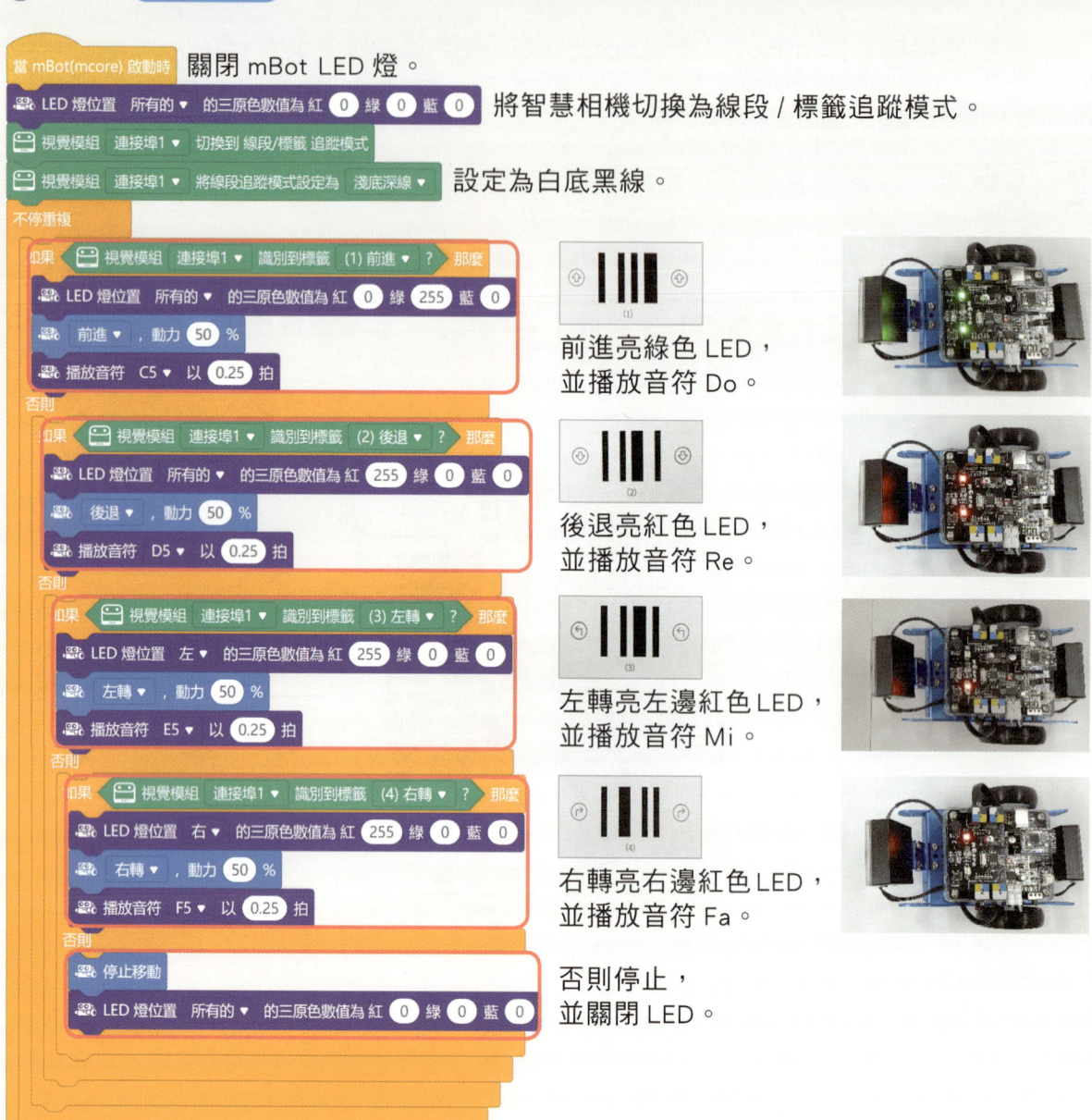

mBot 補給站

5 點擊 【↑ 上傳】，將程式上傳到 mCore 主控板，檢查執行結果是否正確。

```
當 mBot(mcore) 啟動時                關閉 mBot LED 燈。
LED 燈位置 所有的▼ 的三原色數值為 紅 0 綠 0 藍 0
                                      將智慧相機切換為線段/標籤追蹤模式。
視覺模組 連接埠1▼ 切換到 線段/標籤 追蹤模式
視覺模組 連接埠1▼ 將線段追蹤模式設定為 淺底深線▼    設定為白底黑線。
不停重複
  如果 視覺模組 連接埠1▼ 識別到標籤 (1) 前進▼ ? 那麼
    LED 燈位置 所有的▼ 的三原色數值為 紅 0 綠 255 藍 0
    前進▼ ，動力 50 %
    播放音符 C5▼ 以 0.25 拍
  否則
  如果 視覺模組 連接埠1▼ 識別到標籤 (2) 後退▼ ? 那麼
    LED 燈位置 所有的▼ 的三原色數值為 紅 255 綠 0 藍 0
    後退▼ ，動力 50 %
    播放音符 D5▼ 以 0.25 拍
  否則
  如果 視覺模組 連接埠1▼ 識別到標籤 (3) 左轉▼ ? 那麼
    LED 燈位置 左▼ 的三原色數值為 紅 255 綠 0 藍 0
    左轉▼ ，動力 50 %
    播放音符 E5▼ 以 0.25 拍
  否則
  如果 視覺模組 連接埠1▼ 識別到標籤 (4) 右轉▼ ? 那麼
    LED 燈位置 右▼ 的三原色數值為 紅 255 綠 0 藍 0
    右轉▼ ，動力 50 %
    播放音符 F5▼ 以 0.25 拍
  否則
    停止移動
    LED 燈位置 所有的▼ 的三原色數值為 紅 0 綠 0 藍 0
```

前進亮綠色 LED，
並播放音符 Do。

後退亮紅色 LED，
並播放音符 Re。

左轉亮左邊紅色 LED，
並播放音符 Mi。

右轉亮右邊紅色 LED，
並播放音符 Fa。

否則停止，
並關閉 LED。

MLC 實作題

題目名稱： 人工智慧 mBot 自走車 〔30 mins〕

題目說明： 請利用角色 Panda 的人工智慧，設計人工智慧認知服務（Cognitive Service）功能進行語音、印刷文字與人臉情緒辨識，再讓 mBot 依據辨識結果執行循線前進、避開障礙物與唱歌。

成品圖

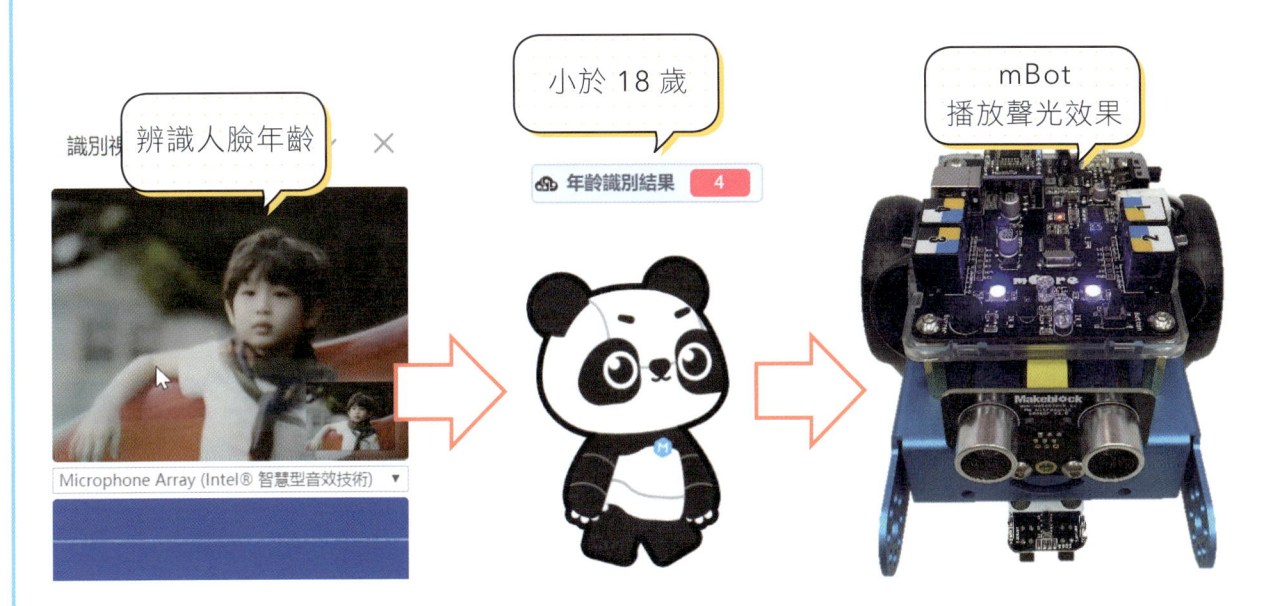

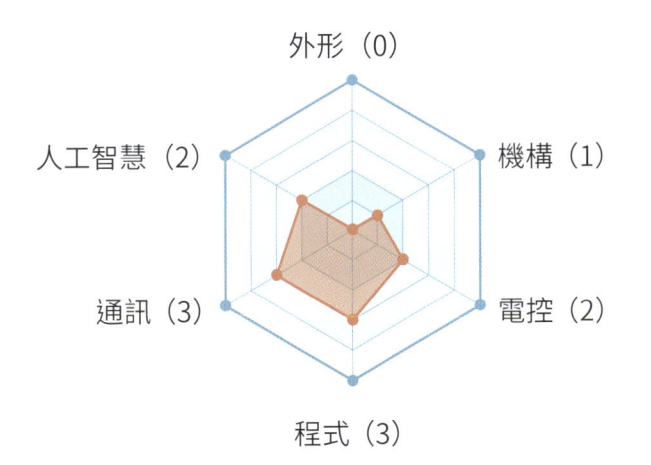

小於 18 歲

mBot 播放聲光效果

創客指標

外形	0
機構	1
電控	2
程式	3
通訊	3
人工智慧	2
創客總數	11

創客題目編號：A005052

MEMO

Chapter 8

mBot 與機器深度學習

本章將認識機器深度學習、利用機器深度學習的概念教電腦學習交通標誌，再驗證電腦的學習結果是否能夠正確辨識交通標誌。

角色（機器深度學習）

學習遵行標誌

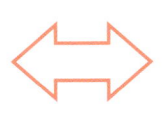

設備（mBot）

依據遵行標誌判斷結果前進、左轉、右轉或左右轉

機器深度學習
開發者：mBlock
借助機器自己學習，你就不用為它寫程式，取而代之的是，你可以訓練電腦學習東西，建立類似人類大腦的人造神經網路。

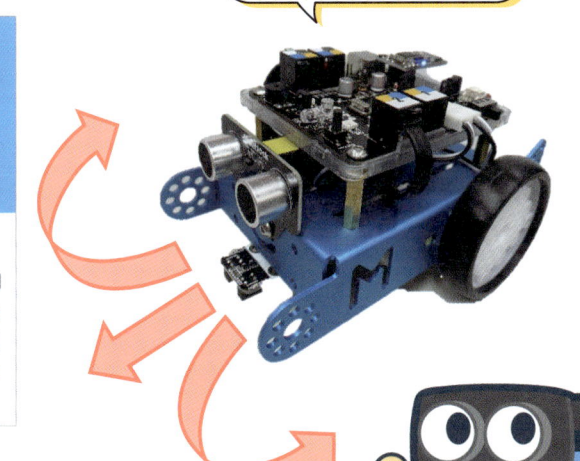

本章節次

8-1 機器深度學習
8-2 mBot 與機器深度學習互動規劃
8-3 訓練模型
8-4 檢驗機器深度學習
8-5 mBot 應用機器深度學習
mBot 補給站：人工智慧 mBot 辨色前進

學習目標

1. 能夠理解機器深度學習概念。
2. 能夠建立交通標誌的學習模型。
3. 能夠應用機器深度學習，驗證電腦學習結果。
4. 能夠應用設計 mBot 辨識交通標誌的結果進行互動。

8-1 機器深度學習

一 機器深度學習

機器深度學習（Machine Learning，ML）或稱機器學習是訓練電腦學習東西，建立類似人類大腦的人造神經網路。機器深度學習已經廣泛應用在日常生活，例如訓練電腦學習人臉年齡、語音、車牌等，再應用識別結果解決生活中的問題。

二 人工智慧與機器深度學習

人工智慧（AI）是設計程式讓電腦具有類似人類的智慧，例如設計程式讓電腦能夠識別人腦年齡或語音等。機器深度學習與人工智慧的關係，就好像「學以致用」，訓練電腦學習屬於「機器深度學習」、設計程式讓電腦將學到的東西用出來就是「人工智慧」。

三 建立機器深度學習

機器深度學習分為訓練、檢驗與應用三階段。

1 訓練

訓練階段在訓練電腦建立模型，例如：訓練電腦建立交通標誌特徵模型。

訓練電腦學習警告標誌特徵模型。

訓練電腦學習禁制標誌特徵模型。

訓練電腦學習指示標誌特徵模型。

2 檢驗

檢驗階段在驗證電腦建立模型的可信度。例如：讓電腦辨識禁制標誌，電腦正確說出禁標誌的可信度。

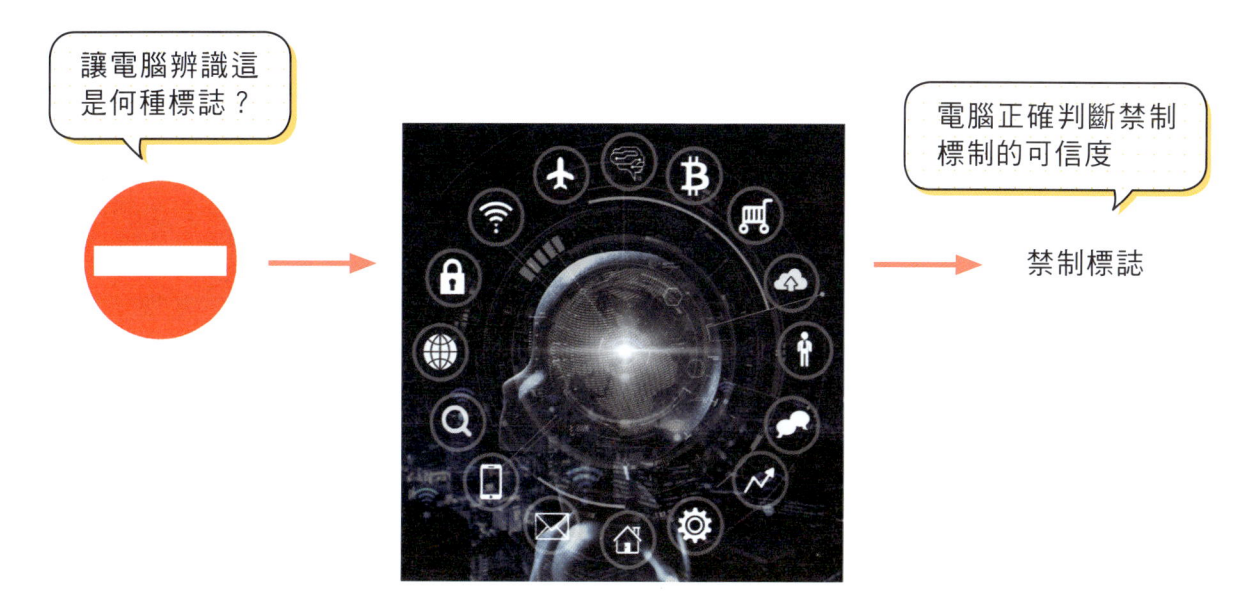

讓電腦辨識這是何種標誌？

電腦正確判斷禁制標制的可信度

禁制標誌

3 應用

應用電腦判斷的結果。例如：電腦正確判斷禁制標誌之後，無人駕駛自動車，遇到禁止進入的標誌自動停止進入或轉向。

電腦辨識禁制標誌

電腦辨識禁制標誌

停止進入或轉向

8-2　mBot 與機器深度學習互動規劃

本章將應用機器深度學習，訓練電腦學習交通標誌，建立類似人類大腦的人造神經網路。再讓電腦辨識交通標誌，將辨識結果傳遞給 mBot，讓 mBot 依據判斷結果，遵循標誌執行動作。

一 mBot 與機器深度學習互動方式

mBot 與機器深度學習方式為「設備」的「mBot」與「角色」的「機器深度學習」利用廣播傳遞資訊，達到互動的效果。

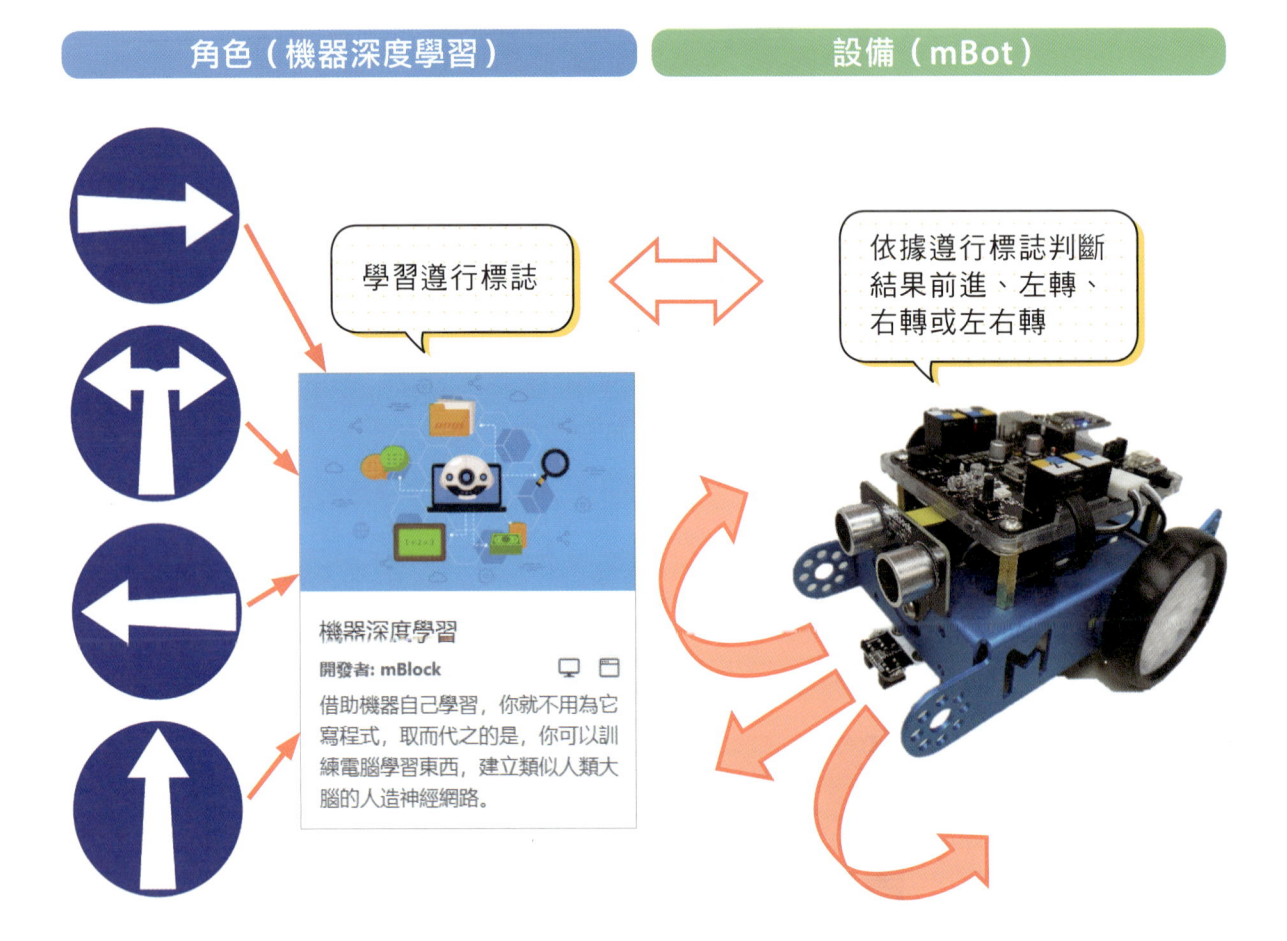

角色（機器深度學習）	設備（mBot）
學習遵行標誌	依據遵行標誌判斷結果前進、左轉、右轉或左右轉

機器深度學習
開發者：mBlock
借助機器自己學習，你就不用為它寫程式，取而代之的是，你可以訓練電腦學習東西，建立類似人類大腦的人造神經網路。

二 mBot 與機器深度學習互動規劃

機器深度學習：訓練模型

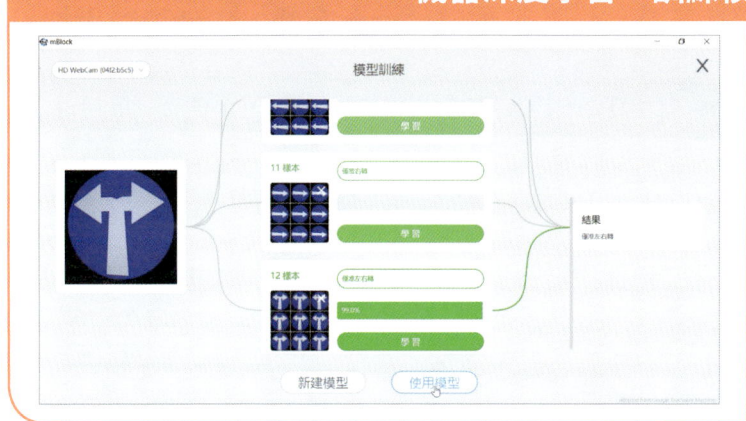

- 訓練僅准直行模型
- 訓練僅准左轉模型
- 訓練僅准右轉模型
- 訓練僅准左右轉模型

機器深度學習：檢驗

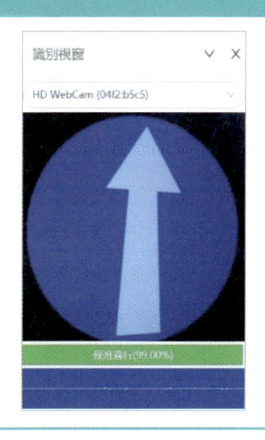

- 以僅准直行給角色辨識
- 以僅准左轉給角色辨識
- 以僅准右轉給角色辨識
- 以僅准左右轉給角色辨識

機器深度學習：應用

- 如果辨識結果是僅准直行，語音播放：「僅准直行」、角色說出：「僅准直行」文字、mBot 直線前進。
- 如果辨識結果是僅准左轉（或右轉），語音播放：「僅准左轉（或右轉）」、角色說出：「僅准左轉（或右轉）」文字、mBot 左轉（或右轉）。

8-3 訓練模型

訓練電腦學習僅准直行、僅准左轉、僅准右轉與僅准左右轉，建立訓練模型。

1 在「設備」按 添加，新增 【mBot】，點選【連接 >COM 值 > 連接】，並選擇【即時】模式。

2 點選「角色」，點按 延伸集，在附加元件中心，點選「機器深度學習」按【+ 添加】。

3 點選 機器深度學習，按【訓練模型】，點選【建立模型】，輸入【4】，建立四類樣本。

4 在模型訓練樣本的分類中,分別輸入【僅准直行】、【僅准左轉】、【僅准右轉】與【僅准左右轉】。

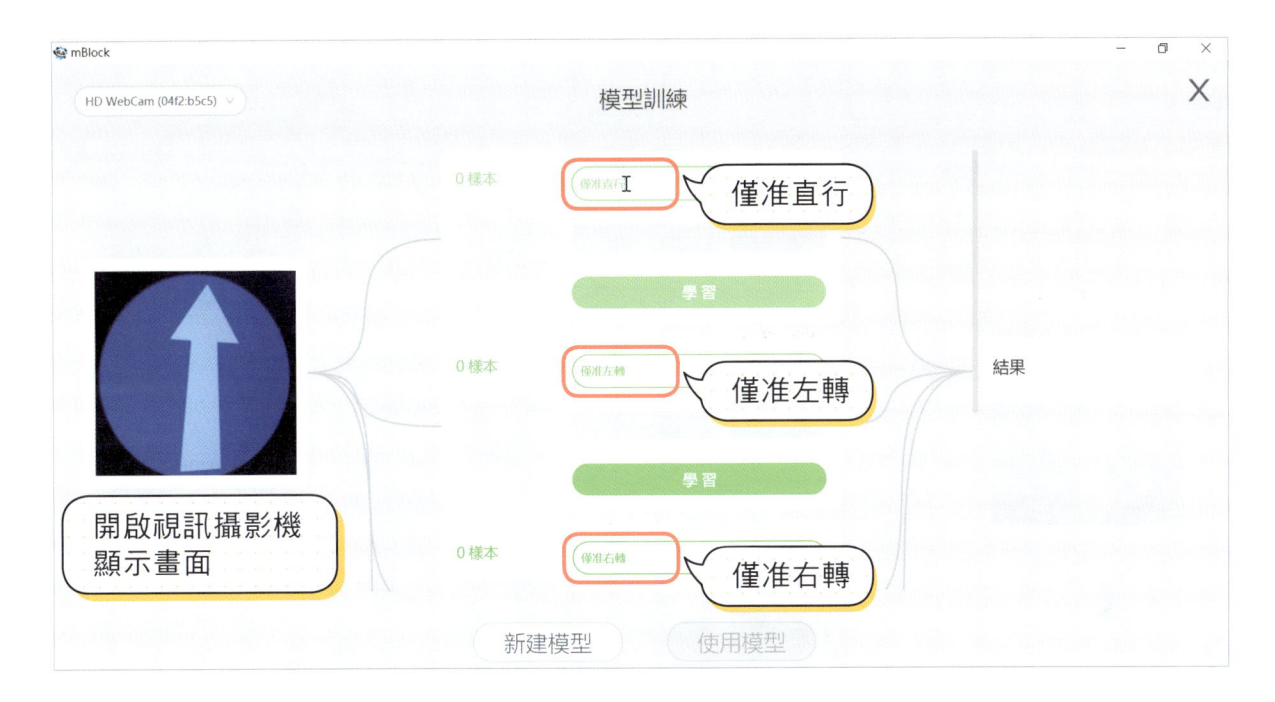

5 開啟視訊攝影機,將僅准直行圖片放在視訊攝影機鏡頭前,長按【學習】,直到「樣本」照片超過 10 張,再放開「學習」按鈕,訓練辨識僅准直行。

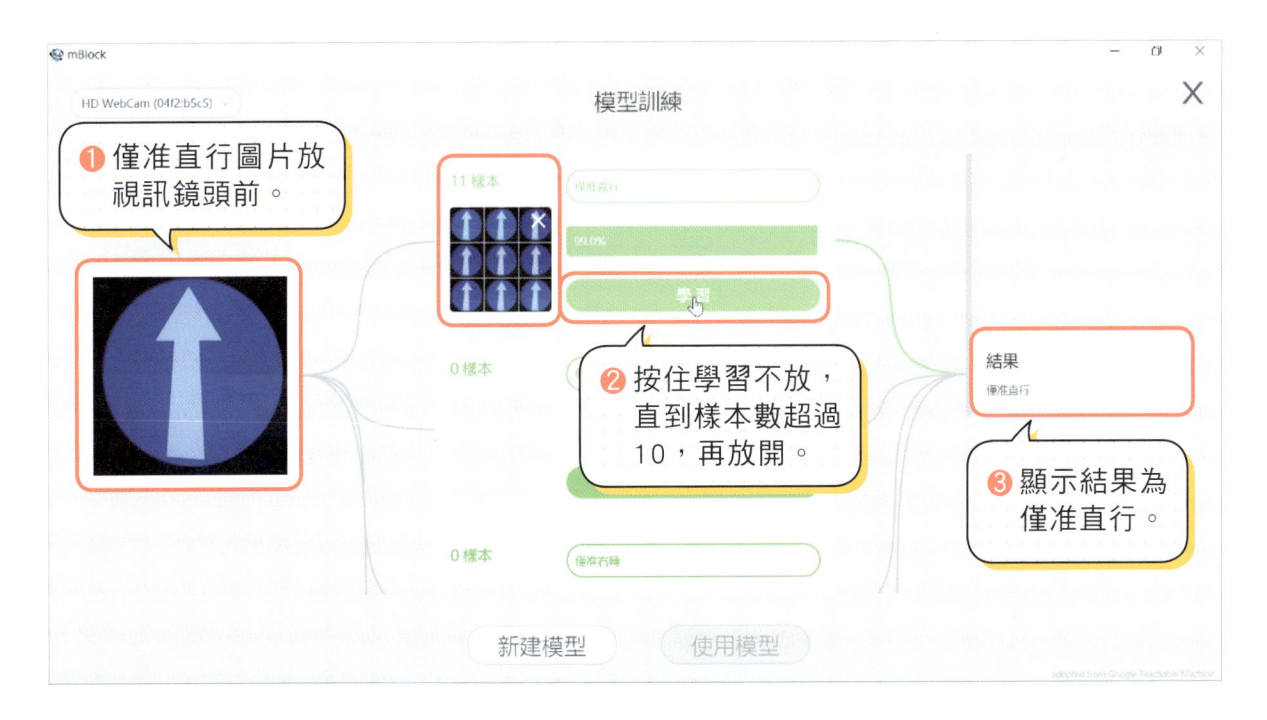

6 重複相同動作,將僅准左轉、僅准右轉與僅准左右轉放在視訊攝影機鏡頭前,長按【學習】,直到「樣本」照片超過 10 張,再放開「學習」按鈕,訓練辨識僅准左轉、僅准右轉與僅准左右轉模型。

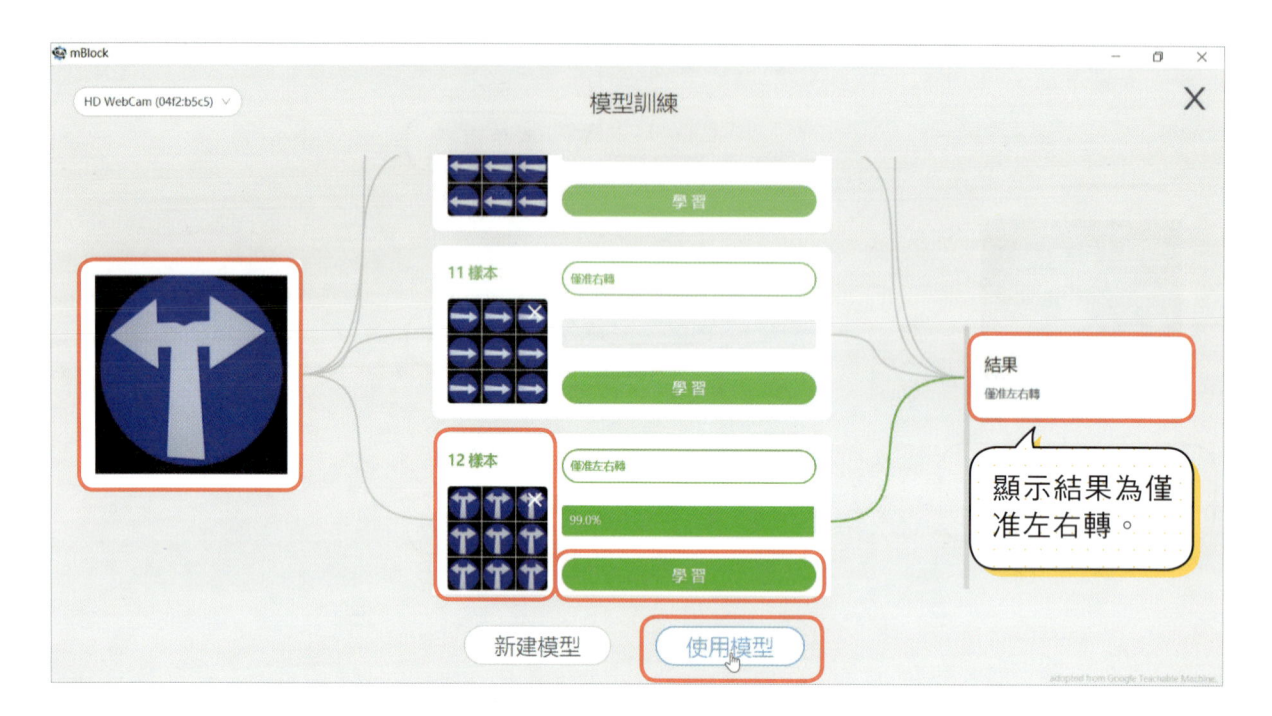

7 點選【使用模型】,自動產生機器深度學習積木。

mBot 操作提示

遵行標誌圖片請參閱附錄一。

▎mBlock5 概念說明 ▎

利用生活中常見的具體範例建立機器學習模型,範例的差異性愈大時,機器學習結果的可信度愈高。

8-4 檢驗機器深度學習

訓練模型建立成功之後，自動產生機器深度學習僅准直行、僅准左轉、僅准右轉與僅准左右轉積木。

一 機器深度學習積木

功能	積木	說明
傳回結果	辨識結果	傳回辨識結果。
可信度	僅准直行▼ 的可信度 ✓ 僅准直行 僅准左轉 僅准右轉 僅准左右轉	傳回辨識結果可信度的數值。
判斷結果	辨識結果是 僅准直行▼ ? ✓ 僅准直行 僅准左轉 僅准右轉 僅准左右轉	判斷辨識結果是否為僅准直行、僅准左轉、僅准右轉與僅准左右轉模型。傳回值為 true（真）、fasle（假）。

二 檢驗機器深度學習

以僅准直行、僅准左轉、僅准右轉與僅准左右轉圖片給角色辨識，角色以文字顯示辨識結果與可信度。

1 按 事件、控制、外觀 與 機器深度學習，拖曳下圖積木，角色說出辨識結果。

2 點擊 🟢，將遵行標誌圖片放在視訊攝影機前面，檢查角色是否顯示辨識結果的文字。

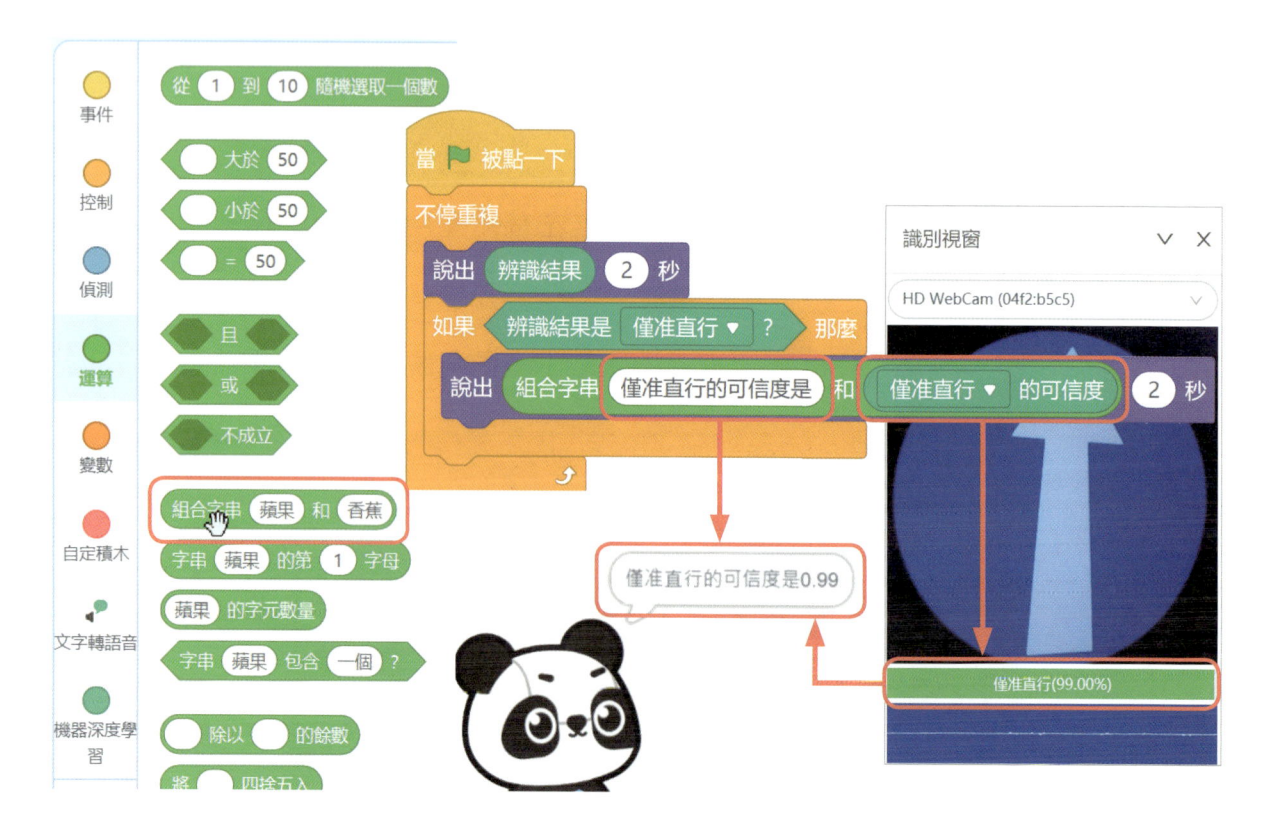

3 按 控制、運算 與 機器深度學習，拖曳下圖積木，如果辨識結果為僅准直行，角色顯示「僅准直行的可信度是 0.99」的文字。

4 重複上述步驟，辨識僅准左轉、僅准右轉與僅准左右轉、角色顯示辨識結果與可信度。

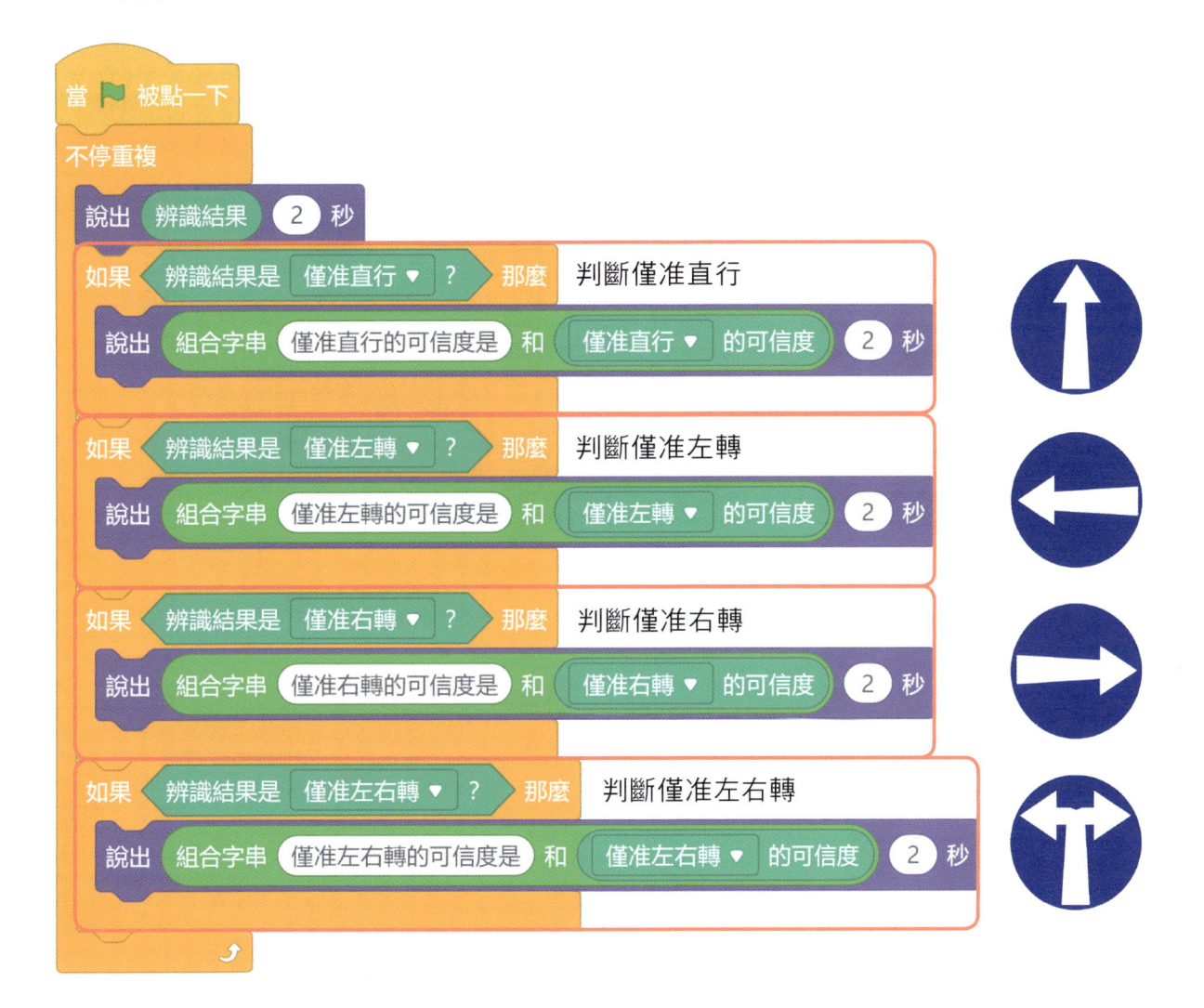

```
當 🏁 被點一下
不停重複
    說出 辨識結果 2 秒
    如果 辨識結果是 僅准直行 ？ 那麼 判斷僅准直行
        說出 組合字串 僅准直行的可信度是 和 僅准直行 的可信度 2 秒
    如果 辨識結果是 僅准左轉 ？ 那麼 判斷僅准左轉
        說出 組合字串 僅准左轉的可信度是 和 僅准左轉 的可信度 2 秒
    如果 辨識結果是 僅准右轉 ？ 那麼 判斷僅准右轉
        說出 組合字串 僅准右轉的可信度是 和 僅准右轉 的可信度 2 秒
    如果 辨識結果是 僅准左右轉 ？ 那麼 判斷僅准左右轉
        說出 組合字串 僅准左右轉的可信度是 和 僅准左右轉 的可信度 2 秒
```

▌mBlock5 概念說明▌

在運算（ 運算 ）的 組合字串 蘋果 和 香蕉 能夠將「蘋果」欄位的文字與「香蕉」欄位的文字，組合成「蘋果香蕉」。如果僅准直行的可信度為 0.99，組合字串 僅准直行的可信度是 和 僅准直行 的可信度 顯示「僅准直行的可信度是 0.99」。

三 文字轉語音

角色延伸集中，利用 [Text to Speech] 將文字轉換成語音，相關功能如下：

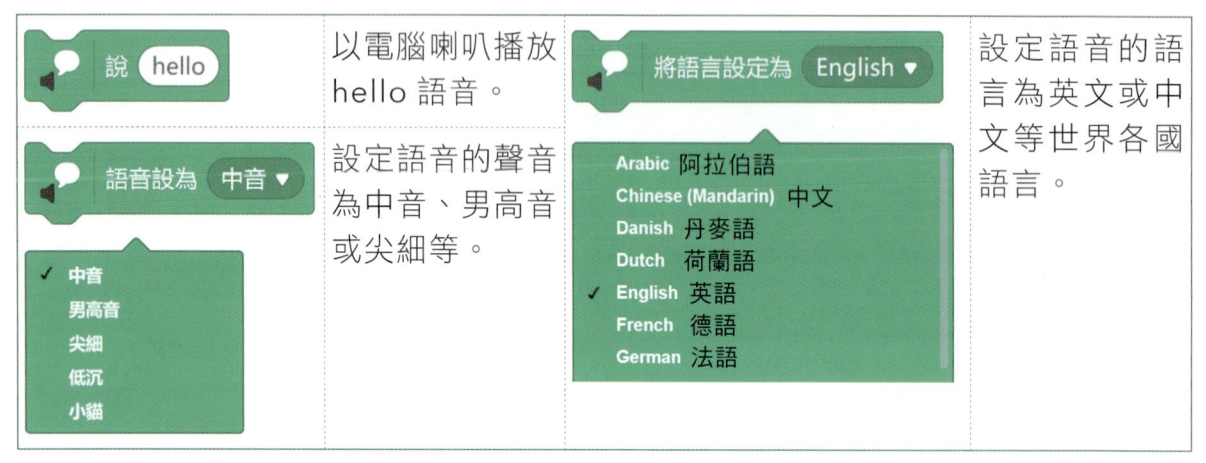

積木	說明	積木	說明
說 hello	以電腦喇叭播放 hello 語音。	將語言設定為 English ▼	設定語音的語言為英文或中文等世界各國語言。
語音設為 中音 ▼（中音／男高音／尖細／低沉／小貓）	設定語音的聲音為中音、男高音或尖細等。	Arabic 阿拉伯語 Chinese (Mandarin) 中文 Danish 丹麥語 Dutch 荷蘭語 ✓ English 英語 French 德語 German 法語	

| mBlock5 概念說明 |

文字轉語音辨識時，電腦須連接網路，以即時將文字轉換成語音。

四 語音說出辨識結果

角色語音說出辨識結果與可信度，例如：辨識結果為僅准直行，角色以電腦語音說出：「僅准直行的可信度是 0.99」。

1 按【延伸集】，點選【Text to Speech】的【＋添加】，新增文字轉語音積木。

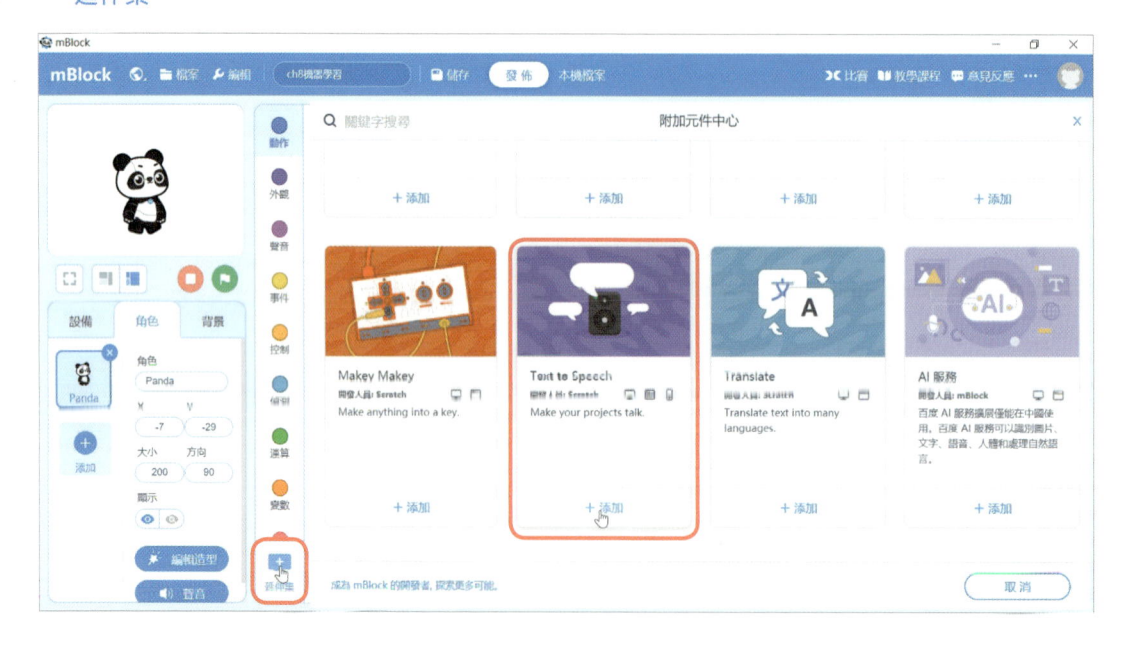

2 按 運算 與 Text to Speech，將語音設定為中文（Chinese Mandarin），拖曳下圖積木，先語音播放辨識結果與可信度，再顯示辨識結果與可信度的文字。

```
當 ▶ 被點一下
  將語言設定為 Chinese (Mandarin) ▼    設定中文語音
不停重複
  說出 辨識結果 2 秒
  如果 辨識結果是 僅准直行 ▼ ？ 那麼
    說 組合字串 僅准直行的可信度是 和 僅准直行 ▼ 的可信度    說出僅准直行與
                                                        可信度語音
    說出 組合字串 僅准直行的可信度是 和 僅准直行 ▼ 的可信度 2 秒

  如果 辨識結果是 僅准左轉 ▼ ？ 那麼
    說 組合字串 僅准左轉的可信度是 和 僅准左轉 ▼ 的可信度    說出僅准左轉與
                                                        可信度語音
    說出 組合字串 僅准左轉的可信度是 和 僅准左轉 ▼ 的可信度 2 秒

  如果 辨識結果是 僅准右轉 ▼ ？ 那麼
    說 組合字串 僅准右轉的可信度是 和 僅准右轉 ▼ 的可信度    說出僅准右轉與
                                                        可信度語音
    說出 組合字串 僅准右轉的可信度是 和 僅准右轉 ▼ 的可信度 2 秒

  如果 辨識結果是 僅准左右轉 ▼ ？ 那麼
    說 組合字串 僅准左右轉的可信度是 和 僅准左右轉 ▼ 的可信度   說出僅准左右轉
                                                          與可信度語音
    說出 組合字串 僅准左右轉的可信度是 和 僅准左右轉 ▼ 的可信度 2 秒
```

3 點擊 ▶，將遵行標誌圖片放在視訊攝影機前面，檢查角色是否先說出辨識結果與可信度的語音、再顯示文字。

8-5 mBot 應用機器深度學習

❶ 如果辨識結果是僅准直行,角色廣播訊息「直行」、mBot 前進。

❷ 如果辨識結果是僅准左轉,角色廣播訊息「左轉」、mBot 左轉。

❸ 如果辨識結果是僅准右轉,角色廣播訊息「右轉」、mBot 右轉。

❹ 如果辨識結果是僅准左右轉,角色廣播訊息「左或右轉」、mBot 先左轉再右轉。

1 點選 **事件**,拖曳廣播訊息,點選【新訊息】,輸入【直行】。

Chapter 8　mBot 與機器深度學習

2 重複上述步驟，依據辨識結果，分別廣播【左轉】、【右轉】與【左轉或右轉】。

```
當 ▶ 被點一下
將語言設定為 Chinese (Mandarin) ▼
不停重複
    說出 辨識結果 2 秒
    如果 辨識結果是 僅准直行 ▼ ？ 那麼
        說 組合字串 僅准直行的可信度是 和 僅准直行 ▼ 的可信度
        說出 組合字串 僅准直行的可信度是 和 僅准直行 ▼ 的可信度 2 秒
        廣播訊息 直行 ▼           廣播直行，讓 mBot 前進

    如果 辨識結果是 僅准左轉 ▼ ？ 那麼
        說 組合字串 僅准左轉的可信度是 和 僅准左轉 ▼ 的可信度
        說出 組合字串 僅准左轉的可信度是 和 僅准左轉 ▼ 的可信度 2 秒
        廣播訊息 左轉 ▼           廣播左轉，讓 mBot 左轉

    如果 辨識結果是 僅准右轉 ▼ ？ 那麼
        說 組合字串 僅准右轉的可信度是 和 僅准右轉 ▼ 的可信度
        說出 組合字串 僅准右轉的可信度是 和 僅准右轉 ▼ 的可信度 2 秒
        廣播訊息 右轉 ▼           廣播右轉，讓 mBot 右轉

    如果 辨識結果是 僅准左右轉 ▼ ？ 那麼
        說 組合字串 僅准左右轉的可信度是 和 僅准左右轉 ▼ 的可信度
        說出 組合字串 僅准左右轉的可信度是 和 僅准左右轉 ▼ 的可信度 2 秒
        廣播訊息 左轉或右轉 ▼     廣播左或右轉，讓 mBot 左轉或右轉
```

3 點選【設備】，按 事件 與 運動，拖曳下圖積木，當 mBot 接到到廣播訊息時，前進、左轉、右轉或先左轉再右轉。

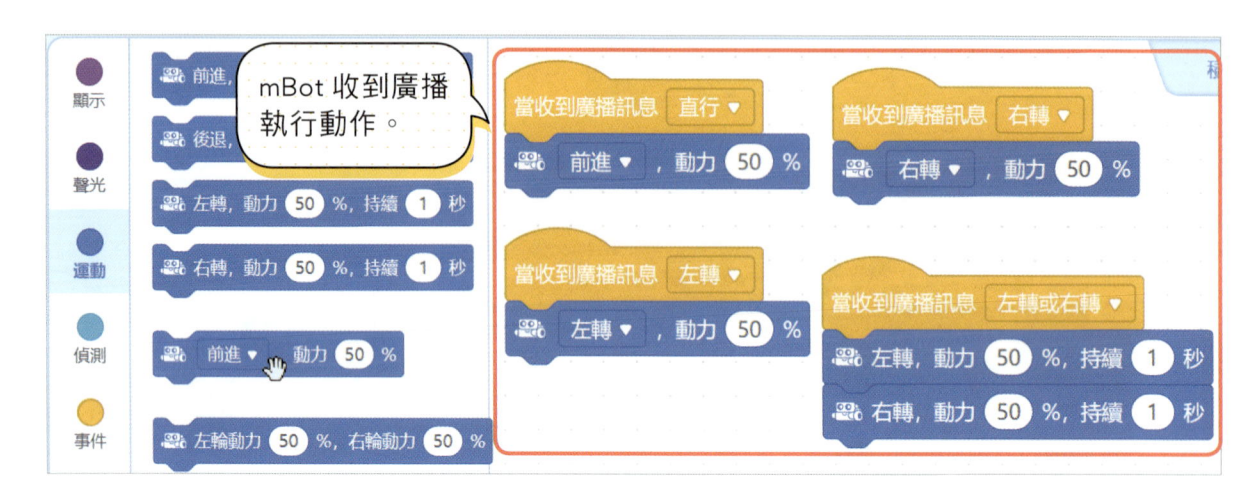

4 點擊 🚩，將遵行標誌圖片放在視訊攝影機前面，檢查角色是否先說出辨識結果與可信度的語音、再顯示文字、mBot 則是依據辨識結果前進、左轉、右轉或左轉再右轉。

Chapter 8　學習評量

一、選擇題

_____ 1. 如果想讓電腦能夠像人類一樣學習辨識交通標誌，應該使用下列哪一種功能訓練電腦學習？
(A) 人工智慧
(B) 物聯網
(C) 機器深度學習
(D) 使用者雲訊息。

_____ 2. 下列關於人工智慧與機器深度學習的敘述，何者「錯誤」？
(A) 停車場的電腦能夠自動辨識車牌，計算停車時間屬於人工智慧的應用
(B) 機器深度學習是訓練電腦學習東西，建立類似人類大腦的人造神經網路
(C) 訓練電腦辨識車牌屬於機器深度學習的應用
(D) 機器深度學習是設計程式讓電腦具有類似人類的智慧。

_____ 3. 下列哪一類積木能夠教電腦學習，建立類似人類大腦的人造神經網路？
(A) 人工智慧　(B) 創客平台　(C) 機器深度學習　(D) 數據圖表。

_____ 4. 圖（一）程式的功能為何？
(A) 訓練電腦辨識交通標誌
(B) 檢核電腦是否能夠辨識交通標誌
(C) 應用電腦辨識交通標誌的結果
(D) 以上皆是。

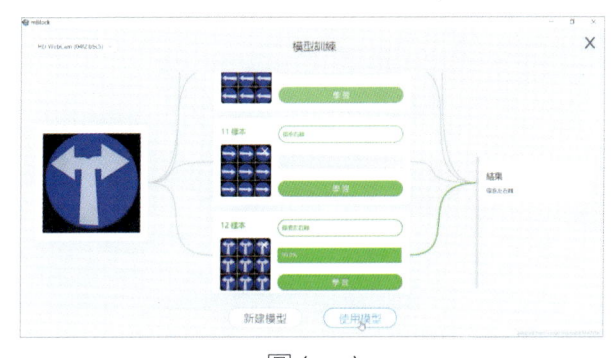

圖（一）

_____ 5. 下列關於機器深度學習的敘述，何者「錯誤」？
(A) 辨識結果　開始辨識機器深度學習的內容
(B) 僅准直行▼ 的可信度　説出僅准直行的可信度
(C) 辨識結果是 僅准直行▼ ?　判斷是否為僅准直行
(D) 辨識結果　屬於機器深度學習功能。

Chapter 8　學習評量

_____ 6. 下列關於文字轉語音的敘述，何者「錯誤」？

(A) 說 hello　語音說出 hello

(B) 說 hello　顯示 hello 文字

(C) 語音設為 中音　設定語音的聲音

(D) 將語言設定為 English　設定語音的語言。

_____ 7. 如果「僅准直行的可信度為 0.99」，圖（二）程式執行結果的敘述何者「錯誤」？

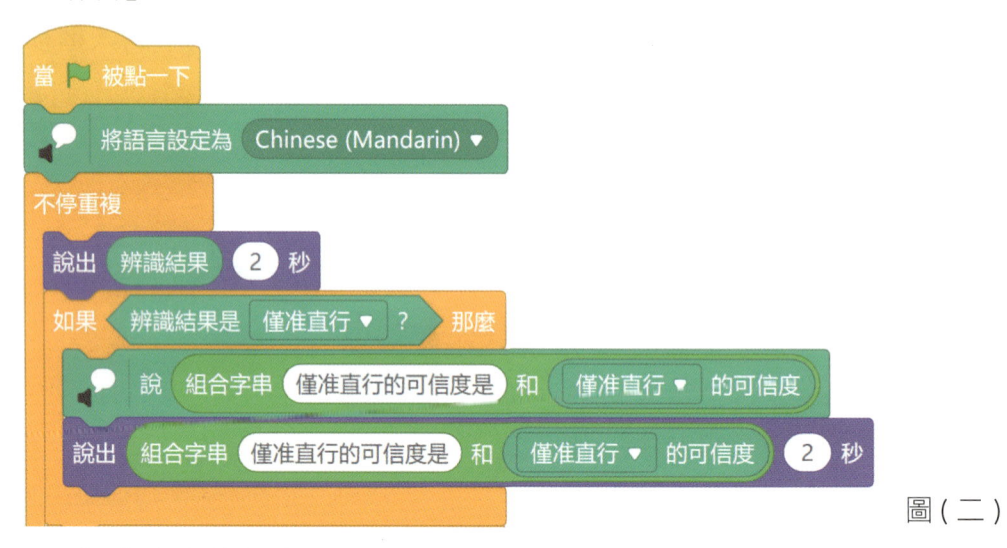

圖（二）

(A) 設定中文的語音

(B) 角色說出「僅准直行的可信度是 0.99」的中文語音

(C) 角色顯示「僅准直行的可信度是 0.99」的文字

(D) 角色說出「僅准直行」的中文語音。

_____ 8. 圖（三）識別視窗，屬於機器深度學習的哪一個階段？

(A) 訓練模型

(B) 應用

(C) 檢驗

(D) 人工智慧辨識。

圖（三）

Chapter 8　學習評量

_____ 9. 如果想要傳回辨識結果的可信度，應該使用下列哪一個積木？

(A) `僅准直行▼ 的可信度`　　(B) `辨識結果`

(C) `辨識結果是 僅准直行▼ ?`　　(D) `組合字串 蘋果 和 香蕉`。

_____ 10. 如果想要依據角色辨識交通標誌的結果，讓設備 mBot 分別執行動作，應該將 mBot 設定為何種模式？

(A) 上傳　　(B) 即時

(C) 上傳或即時皆可　　(D) 使用者雲。

二、實作題

1. 請利用生活中常用的物品，例如鈔票、硬幣、學生證或車牌等重新建立訓練模型，再讓 Panda 説出人工智慧辨識的結果與可信度，同時檢查是否相似度愈高的模型（例如硬幣的人像），人工智慧辨識結果的可信度愈低。

2. 請在延伸集新增翻譯（translate）積木，將人工智慧辨識結果以英文、法文或韓文等國語音播放。

mBot 補給站

智慧相機：人工智慧 mBot 辨色前進

本節將機器深度學習延伸應用到 mBot，將 mBot 連接智慧相機，取代以電腦連接視訊攝影機。首先教智慧相機學習顏色，再切換色塊偵測模式，讓智慧相機辨識顏色，最後 mBot 追隨顏色前進。

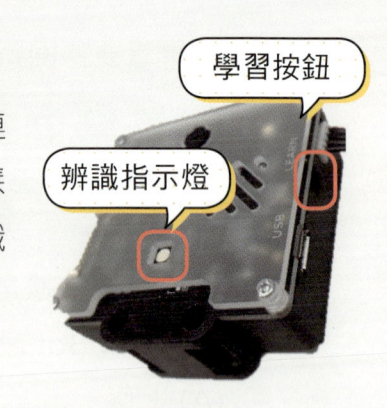

學習按鈕
辨識指示燈

一、智慧相機辨識顏色

智慧相機內建人工智慧顏色辨識，它能夠辨識 1～7 種顏色。

學習顏色
〔視覺模組 連接埠1▼ 開始學習色塊 1▼ 直到按鈕按下〕

開始學習顏色 1，當辨識指示燈亮的顏色與學習的顏色相同時，按下學習按鈕。

判斷顏色
〔視覺模組 連接埠1▼ 識別到色塊 1▼ ?〕

判斷辨識的顏色，是否為顏色 1。

馬達速差
〔視覺模組 連接埠1▼ ：在馬達速差計算中將 Kp 設定為 0.5〕

Kp 用來計算馬達的速差，Kp 介於 0～1 之間，數值愈大，轉速愈快。

計算差分速：傳回 mBot 追隨特定顏色 1 時，保持顏色 1 與智慧相機圖像 x 軸所需的馬達差分速度。

〔視覺模組 連接埠1▼ 計算馬達差分速度（自動追隨標籤 (1) 前進▼ 至 x軸▼ 軸 150）〕

二、人工智慧 mBot 辨色前進

將智慧相機連接 mBot，讓 mBot 追隨顏色前進的執行流程為：

一、學習顏色 → 二、辨識顏色 → 三、追隨顏色前進

一、學習顏色
❶ 將綠色放相機鏡頭前。
❷ 當辨識指示燈亮綠色，按下學習按鈕。

二、辨識顏色 / 三、追隨顏色前進
將綠色放相機鏡頭前，如果智慧相機辨識結果為綠色，mBot 跟著綠色前進。

mBot 補給站

1 將 I2C 連接到 mBot 的連接埠 1～4，其中一個。（接線方式與第七章相同）

2 5V 連接埠連接智慧相機與電池，並開啟電源的電源開關。

3 按 延伸集 ，點選【視覺模組】，再按【+ 添加】，新增擴展積木。

4 點選【色塊辨識】與【視覺模組的特定事件】，拖曳下圖一積木，讓 mBot 學習綠色、再跟著綠色前進。

5 點擊 上傳 ，將程式上傳到 mCore 主控板，檢查執行結果是否正確。

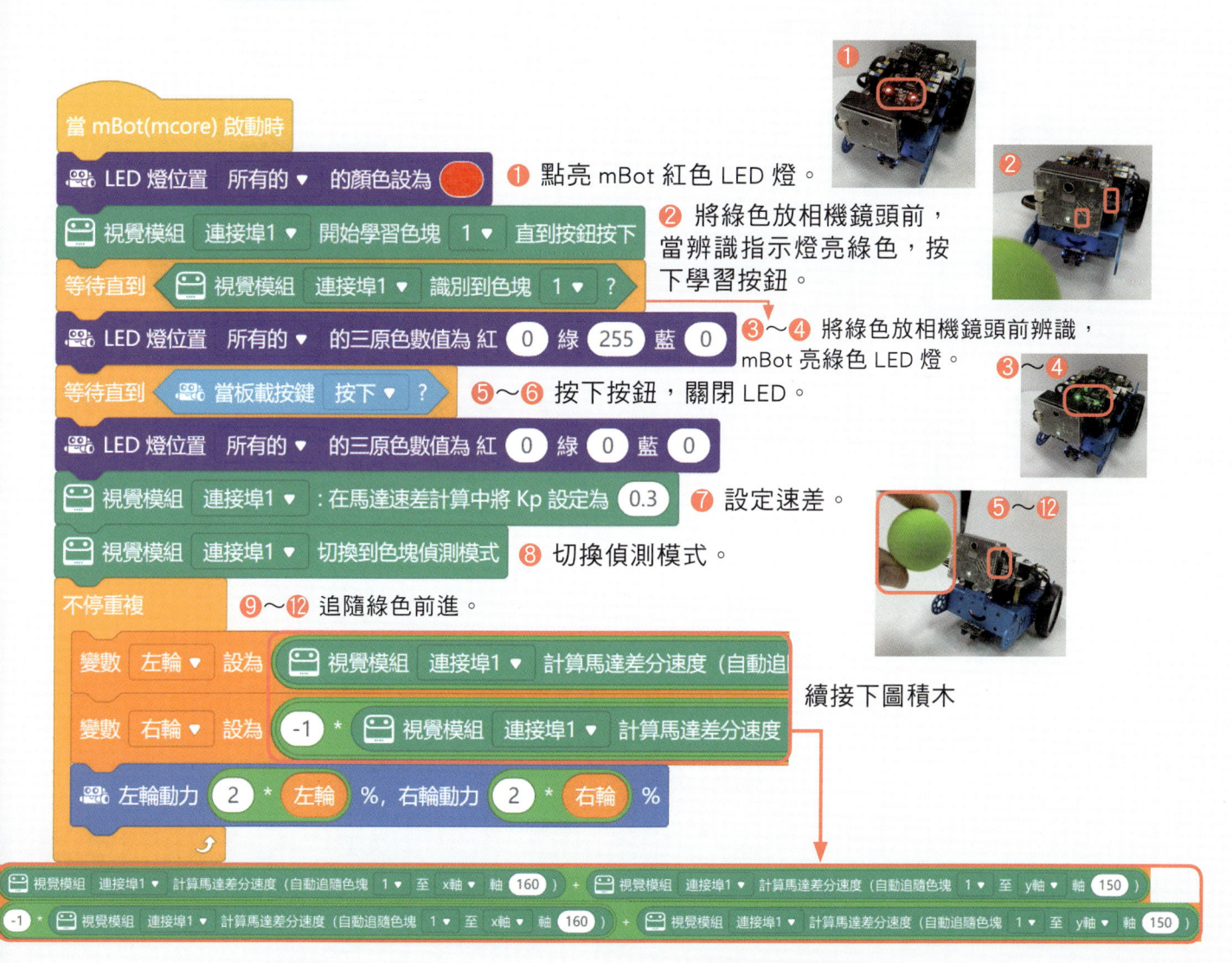

❶ 點亮 mBot 紅色 LED 燈。

❷ 將綠色放相機鏡頭前，當辨識指示燈亮綠色，按下學習按鈕。

❸～❹ 將綠色放相機鏡頭前辨識，mBot 亮綠色 LED 燈。

❺～❻ 按下按鈕，關閉 LED。

❼ 設定速差。

❽ 切換偵測模式。

❾～❿ 追隨綠色前進。

續接下圖積木

205

MLC 實作題

題目名稱：mBot 機器深度學交通標誌

⏱ 30 mins

題目說明： 請利用機器深度學習的概念教電腦學習交通標誌，再驗證電腦的學習結果是否能夠正確辨識交通標誌。

成品圖

角色（機器深度學習）

學習遵行標誌

機器深度學習
開發者：mBlock

借助機器自己學習，你就不用再為它寫程式，取而代之的是，你可以訓練電腦學習東西，建立類似人類大腦的人造神經網路。

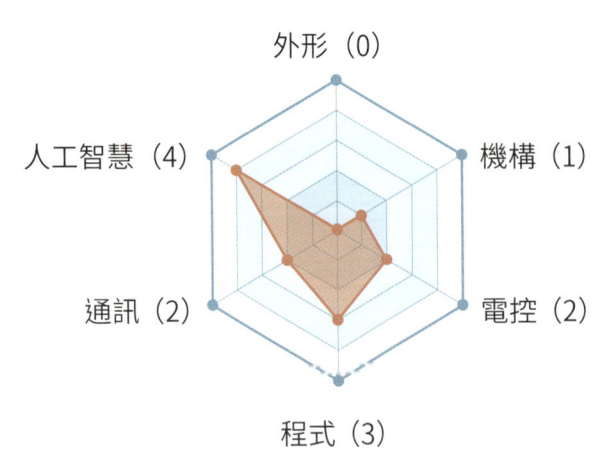

設備（mBot）

依據遵行標誌判斷結果前進、左轉、右轉或左右轉

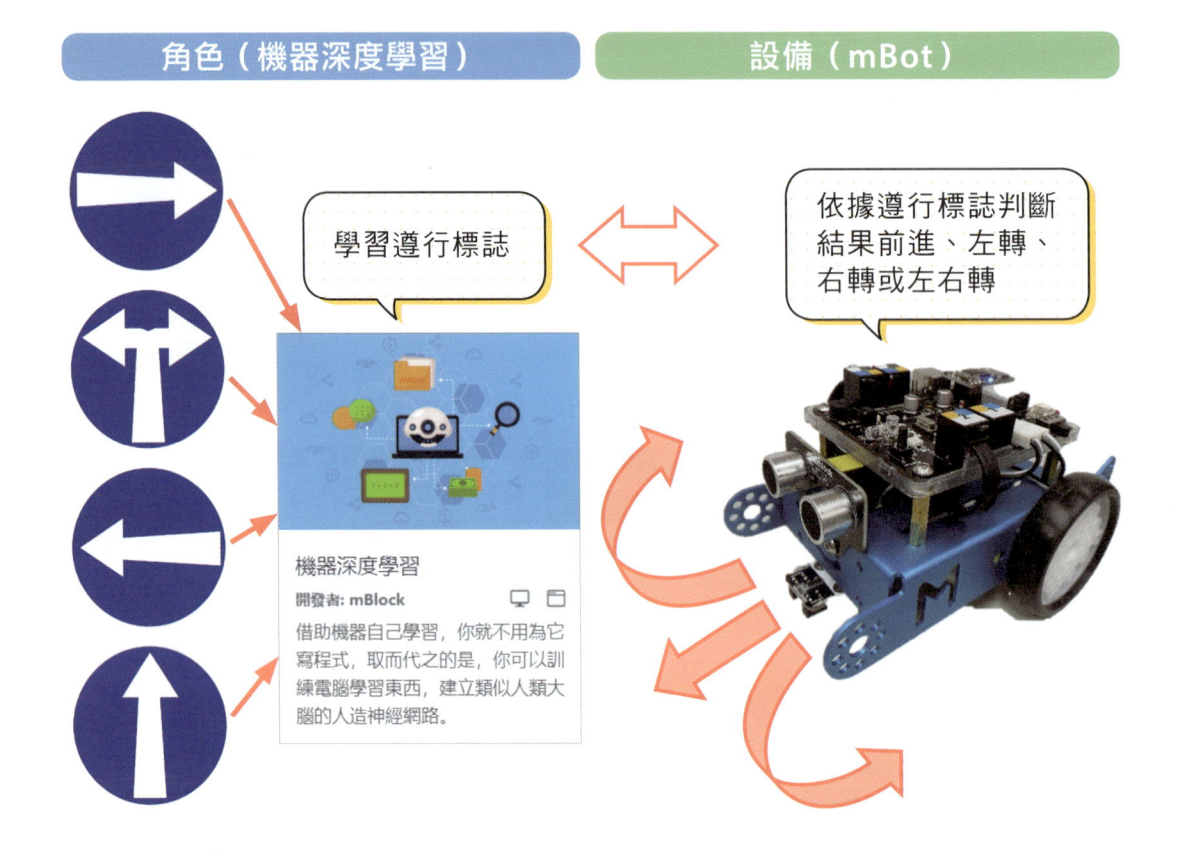

創客指標

外形	0
機構	1
電控	2
程式	3
通訊	2
人工智慧	4
創客總數	12

外形（0）
機構（1）
電控（2）
程式（3）
通訊（2）
人工智慧（4）

創客題目編號：A005053

Chapter 9

Halocode 遙控 mBot 賽車

本章利用 Halocode（光環板）連接無線網路（Wi-Fi），以無線方式遙控 mBot 賽車前進、後退、左轉、右轉等動作。

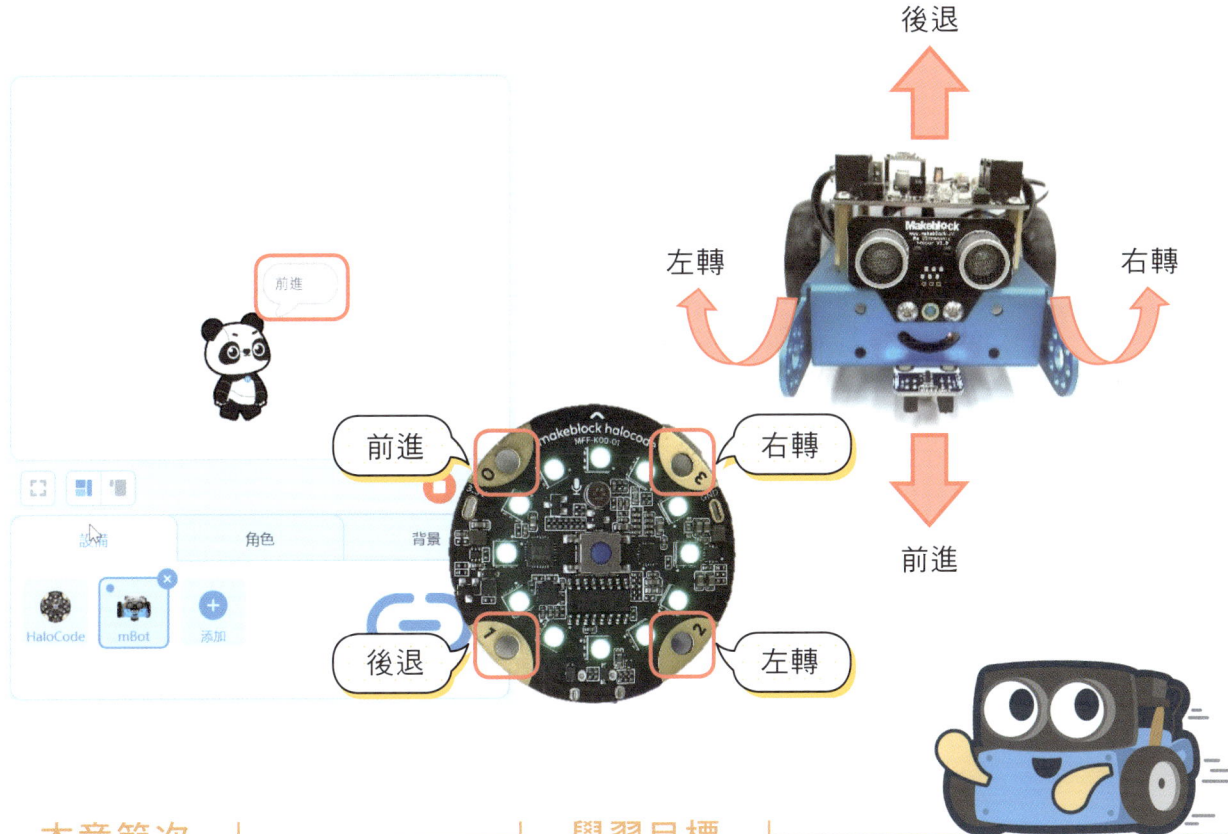

本章節次

9-1 Halocode 遙控 mBot 專題規劃
9-2 Halocode 連接無線網路
9-3 Halocode 發送雲訊息
9-4 角色接收雲訊息
9-5 mBot 接收廣播移動
mBot 補給站：百變人工智慧光環板

學習目標

1. 能夠應用 Halocode 發送雲訊息給角色。
2. 能夠應用角色廣播訊息給 mBot。
3. 能夠應用 Halocode 遙控 mBot。

9-1 Halocode 遙控 mBot 專題規劃

本章將利用 Halocode 內建的無線網路（Wi-Fi），設計 Halocode 遙控 mBot。當 Halocode 連接無線網路時，觸摸 Halocode 的 0～3，發送雲訊息給角色。當角色接收到雲訊息，廣播前進、後退、左轉、右轉等動作給 mBot 執行。

一 Halocode 遙控 mBot 專題規劃

設備（Halocode A）	角色	設備（mBot）
Wi-Fi 無線連網 觸摸 0～3	無線網路雲訊息	廣播
1. 當 Halocode 啟動連接無線網路。 2. 當觸摸 0～3 感測器，發送雲訊息 a～d 給角色。	3. 當角色接收到 a～d 雲訊息，廣播訊息給 mBot。	4. 當 mBot 接收到 a～d 廣播，開始移動。

㊁ Halocode 遙控 mBot 互動流程

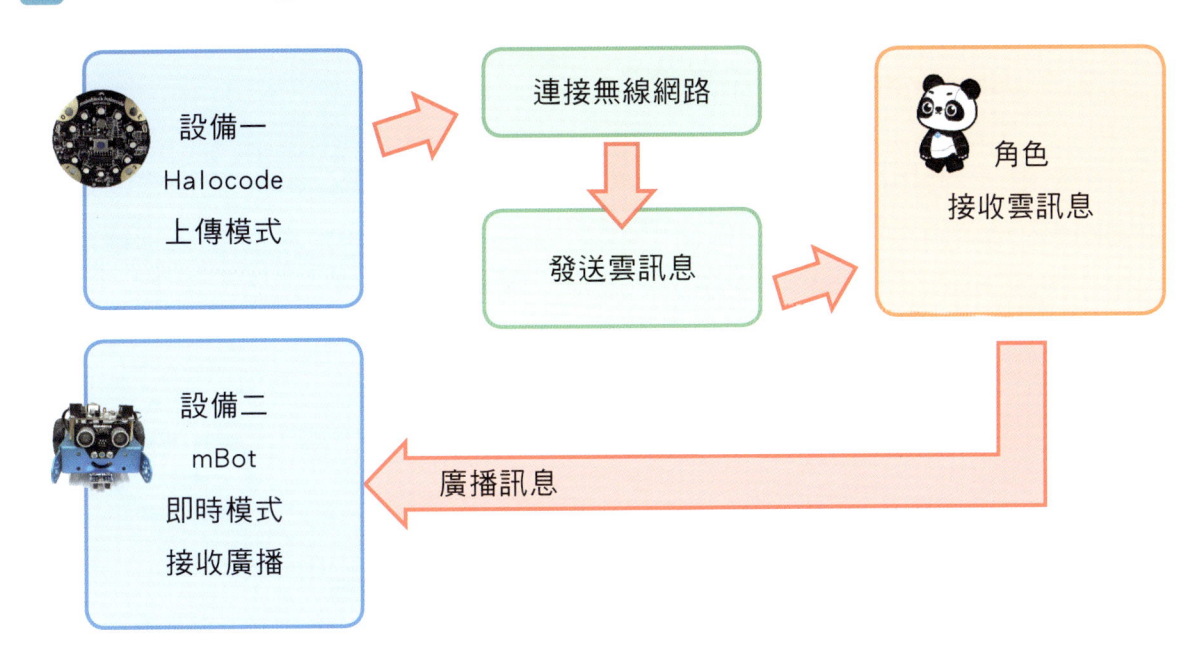

設備一 Halocode 上傳模式 → 連接無線網路 → 發送雲訊息 → 角色 接收雲訊息 → 廣播訊息 → 設備二 mBot 即時模式 接收廣播

㊂ 角色使用者雲訊息積木

當 Halocode 連接無線網路時，能夠利用無線網路發送雲訊息給角色。角色利用電腦網路連線，以使用者雲訊息（使用者雲訊息）接收 Halocode 發送的訊息。

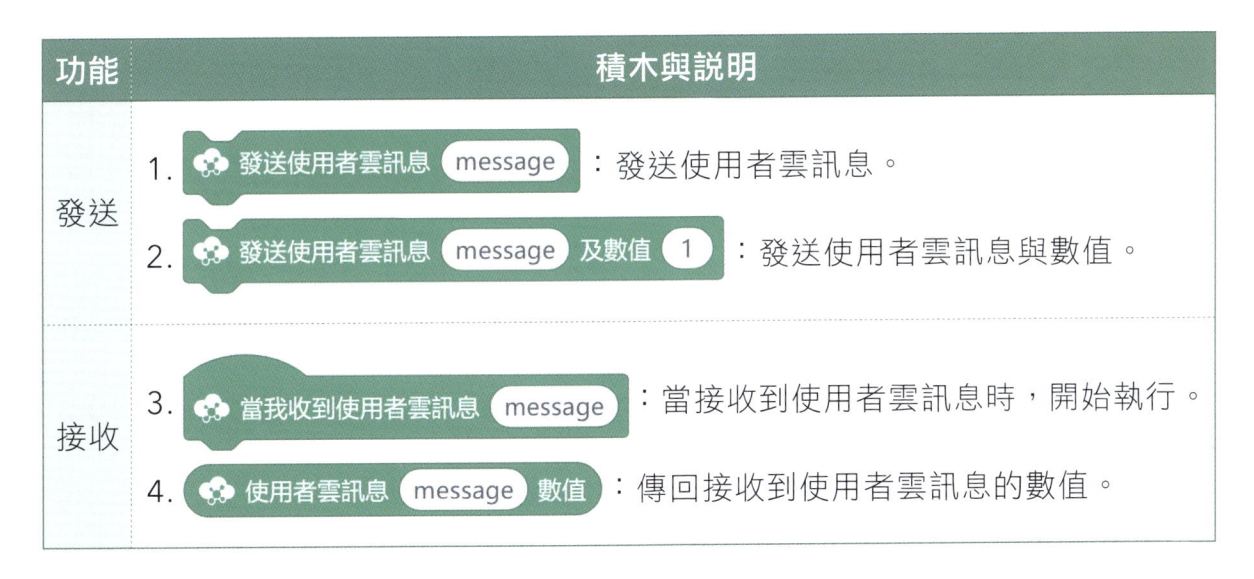

功能	積木與說明
發送	1. 發送使用者雲訊息 message ：發送使用者雲訊息。 2. 發送使用者雲訊息 message 及數值 1 ：發送使用者雲訊息與數值。
接收	3. 當我收到使用者雲訊息 message ：當接收到使用者雲訊息時，開始執行。 4. 使用者雲訊息 message 數值 ：傳回接收到使用者雲訊息的數值。

實作範例

ch9-1　Halocode 發送雲訊息給角色

請設計利用 Halocode 的觸摸感測器傳送訊息給角色 Panda。當程式開始執行時 Halocode 連接無線網路，當連接網路後，發送使用者雲訊息給角色。

1. 將 Halocode 的 Micro USB 序列埠與電腦的 USB 連接，開啟 mBlock 5。

2. 在「設備」按 添加 ，點選【Halocode】，再按【確認】。

3. 按【連接】，將電腦連接 Halocode，並設定為【上傳模式】。

4. 請拖曳下圖積木，讓 Halocode 連接無線網路。

Chapter 9　HaloCode 遙控 mBot 賽車

5 按 事件、Wi-Fi 與 照明，拖曳下圖積木，連接無線網路之後，觸摸 0 發送雲訊息 520，同時亮紅色 LED 1 秒後關閉。

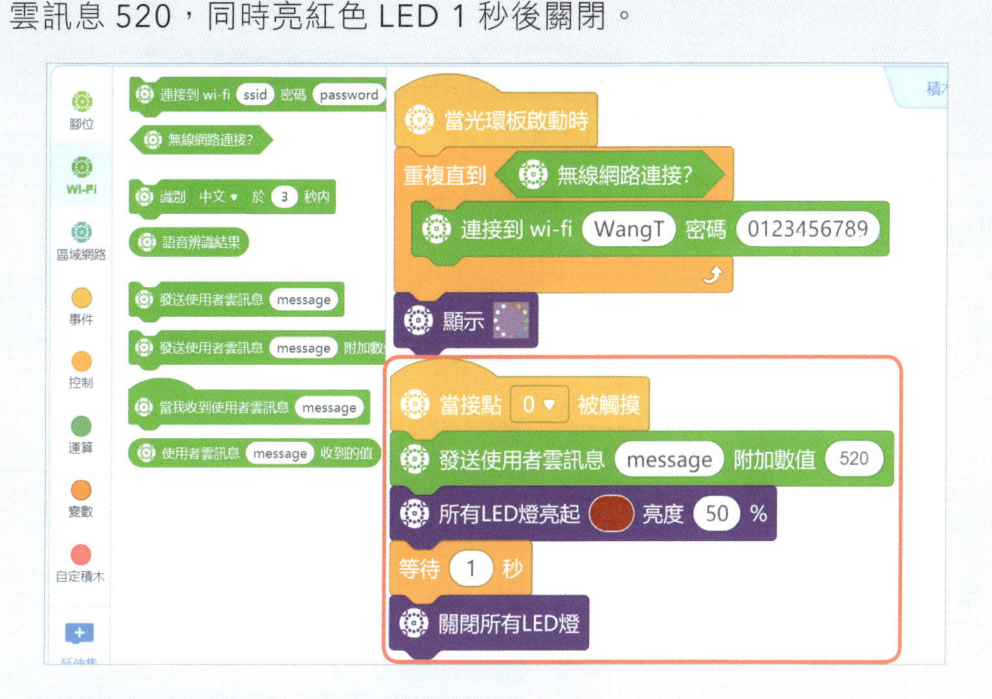

6 按 上傳，將程式上傳 Halocode。

ch9-2　角色接收雲訊息

請設計角色 Panda 接收到 Halocode 發送的使用者雲訊息時，顯示接收的訊息。

1 點選【角色】，按 延伸集，點選「使用者雲訊息」。

211

2 點選 使用者雲訊息，拖曳 當我收到使用者雲訊息 message 。

3 點選 外觀 與 使用者雲訊息，拖曳 說 你好! 與 使用者雲訊息 message 數值 。

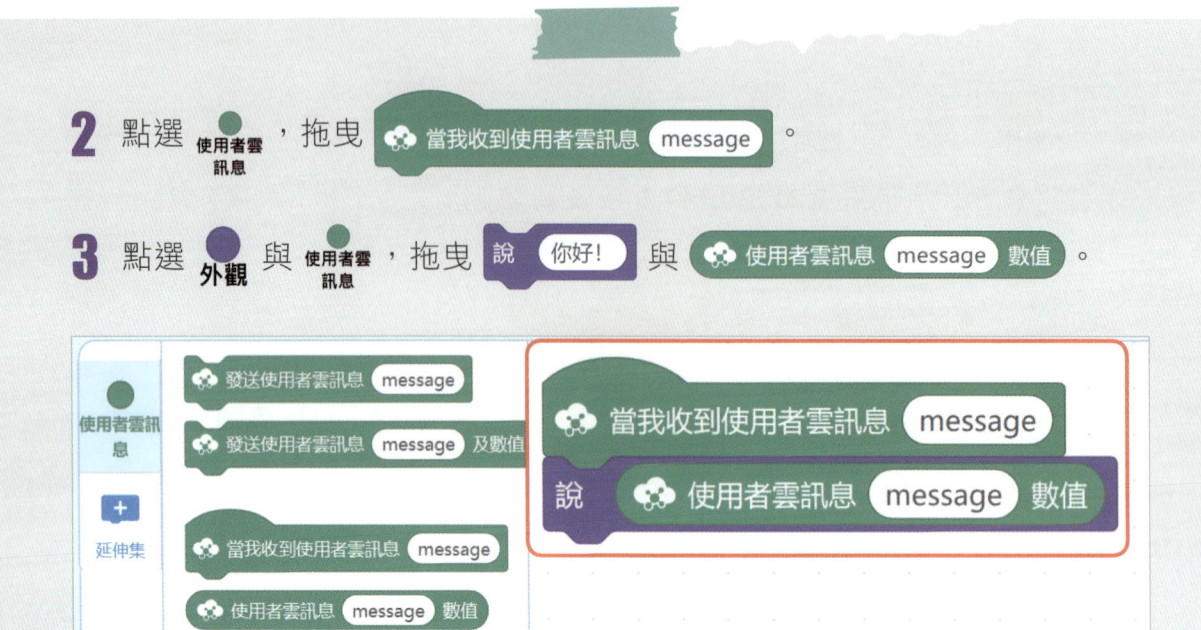

4 當 Halocode 連接無線網路之後，觸摸 0，檢查角色 Panda 是否說：「520」。

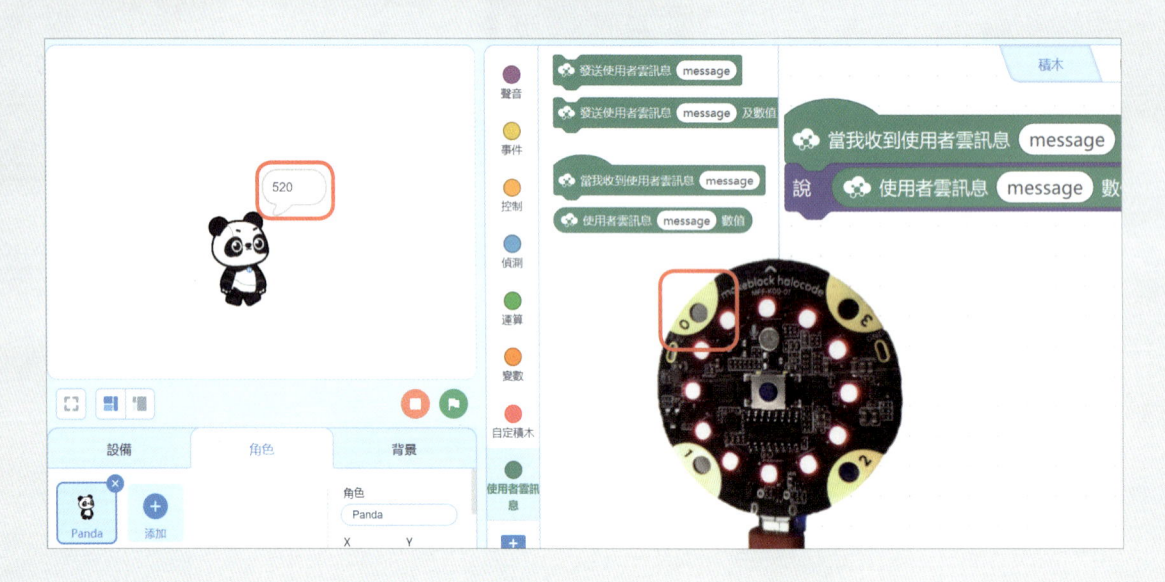

9-2 Halocode 連接無線網路

當按下 Halocode 按鈕時，Halocode 利用內建的無線網路連接網路。

一、Halocode 連接無線網路

1 連接 Halocode 與電腦，並設定為「上傳模式」。

2 按【Halocode】，點選 事件 與 Wi-Fi，拖曳下圖積木，當 Halocode 啟動時，連接無線網路。

二、判斷是否連接無線網路

當 Halocode 啟動時，LED 亮紅燈，等待直到連接無線網路，LED 亮綠燈。

1 點選 事件 與 Wi-Fi，拖曳下圖積木，Halocode 先 LED 亮紅燈，連接無線網路時，LED 亮綠燈。

2. 點擊【上傳】，將程式上傳到 Halocode。

3. 按下 Halocode 按鈕，檢查是否亮紅燈。當無線網路連接成功時，亮綠燈。

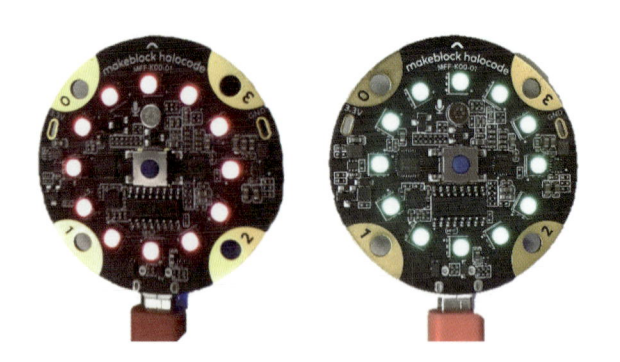

9-3 Halocode 發送雲訊息

Halocode 連接無線網路之後，觸摸 Halocode 的 0～3，發送 A～D 使用者雲訊息給角色。

1. 點選 事件 與 Wi-Fi，拖曳下圖積木，觸摸 Halocode 的 0，發送 A 使用者雲訊息給角色、當觸摸 1、發送 B；當觸摸 2、發送 C；當觸摸 3、發送 D。

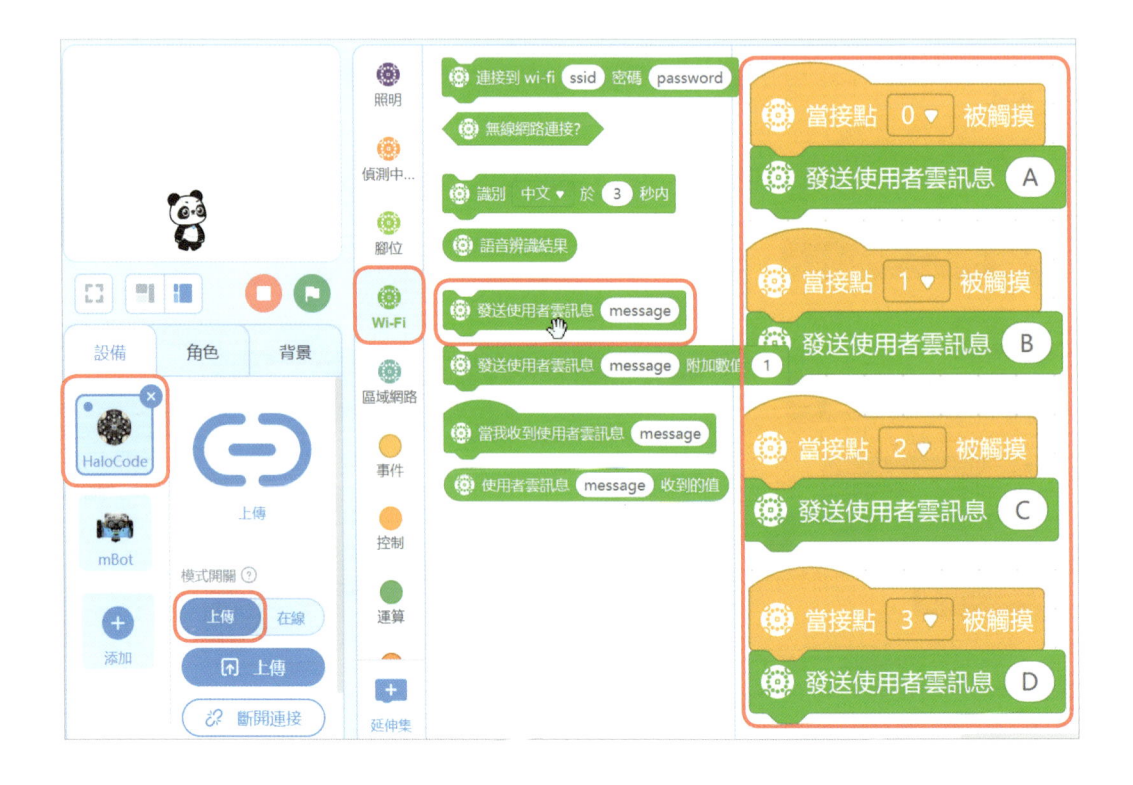

9-4 角色接收雲訊息

角色接收雲訊息「A～D」時,廣播前進、後退、左轉、右轉訊息給 mBot 接收。

1 點選【角色】,按 延伸集,在「使用者雲訊息」按【添加 > 確認】。

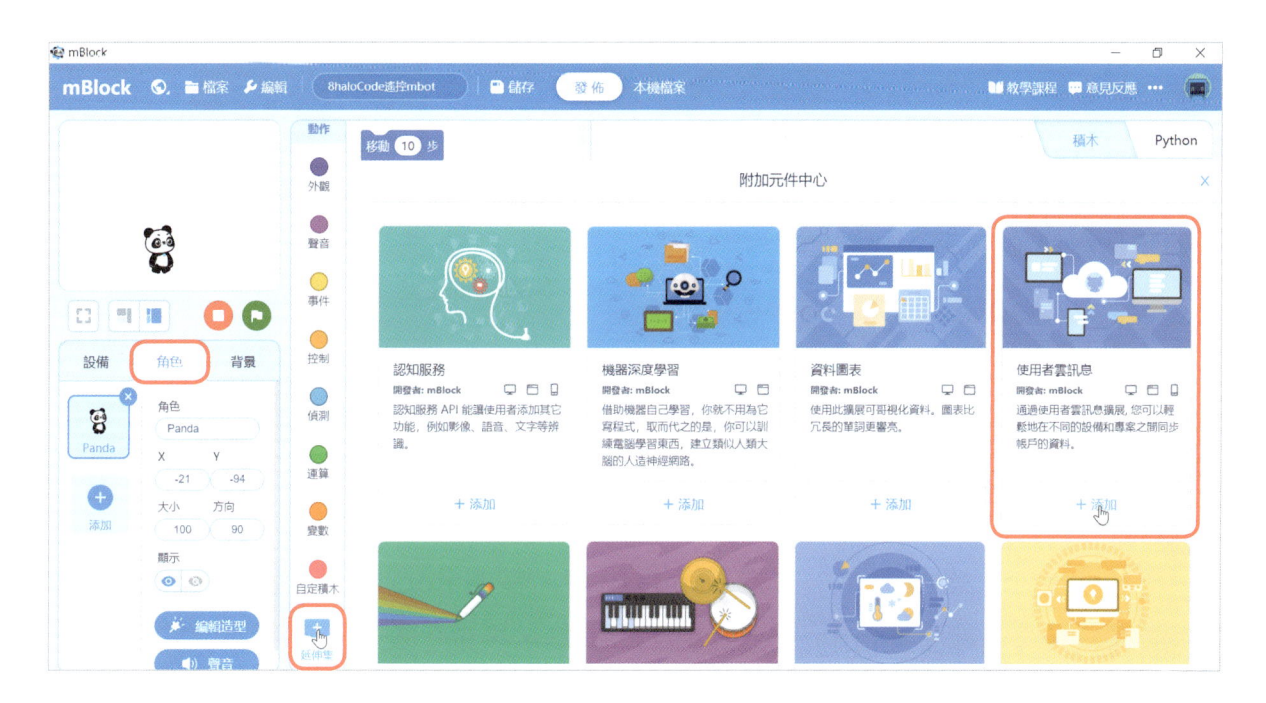

2 按 事件 與 使用者雲訊息,拖曳下圖積木,當角色接收到 A～D 的使用者雲訊息,廣播前進、後退、左轉與右轉。

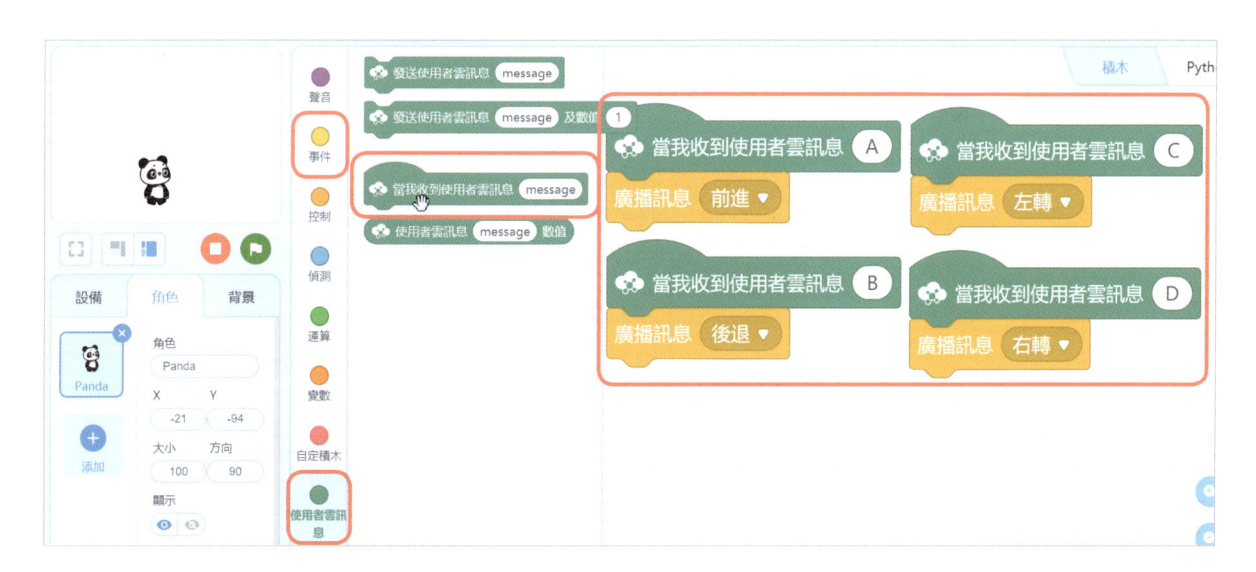

215

用主題範例學運算思維與程式設計

3 按 外觀，拖曳下圖積木，當角色廣播訊息時，舞台的 Panda 同步說出前進、後退、左轉或右轉。

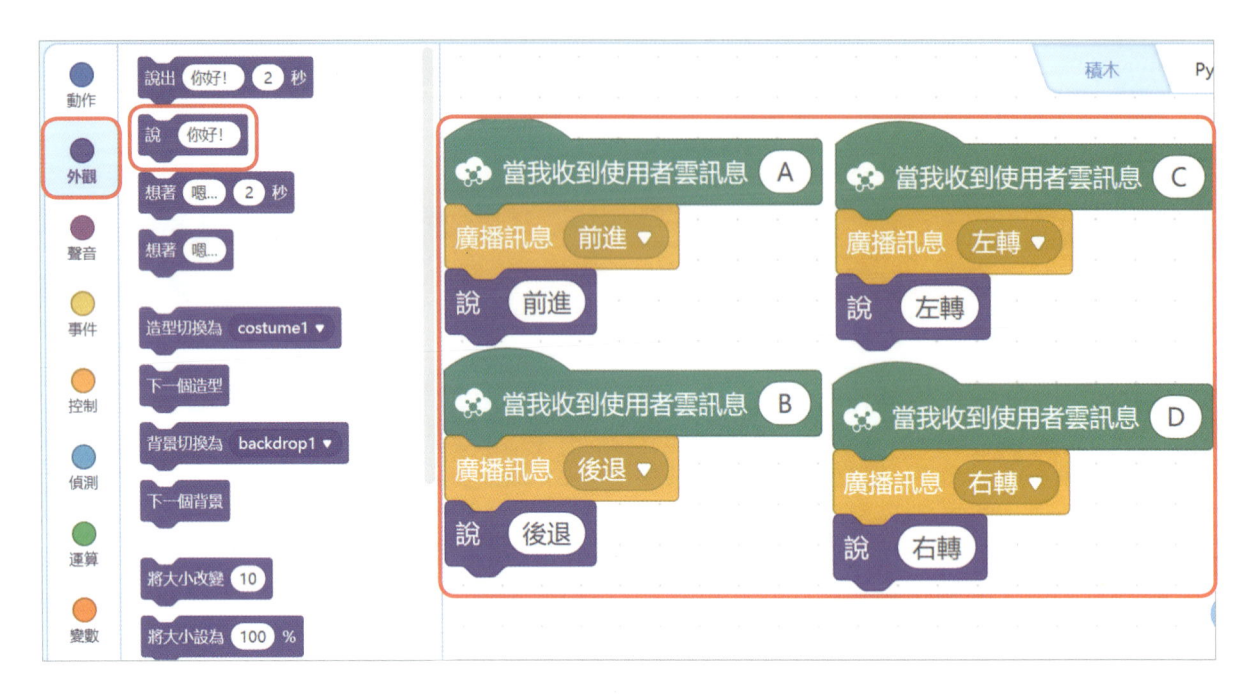

4 將 Halocode 連接電源，並連接無線網路，當 Halocode 顯示綠色 LED 時，觸摸 0～3，檢查 Panda 是否說出：「前進、後退、左轉或右轉」。

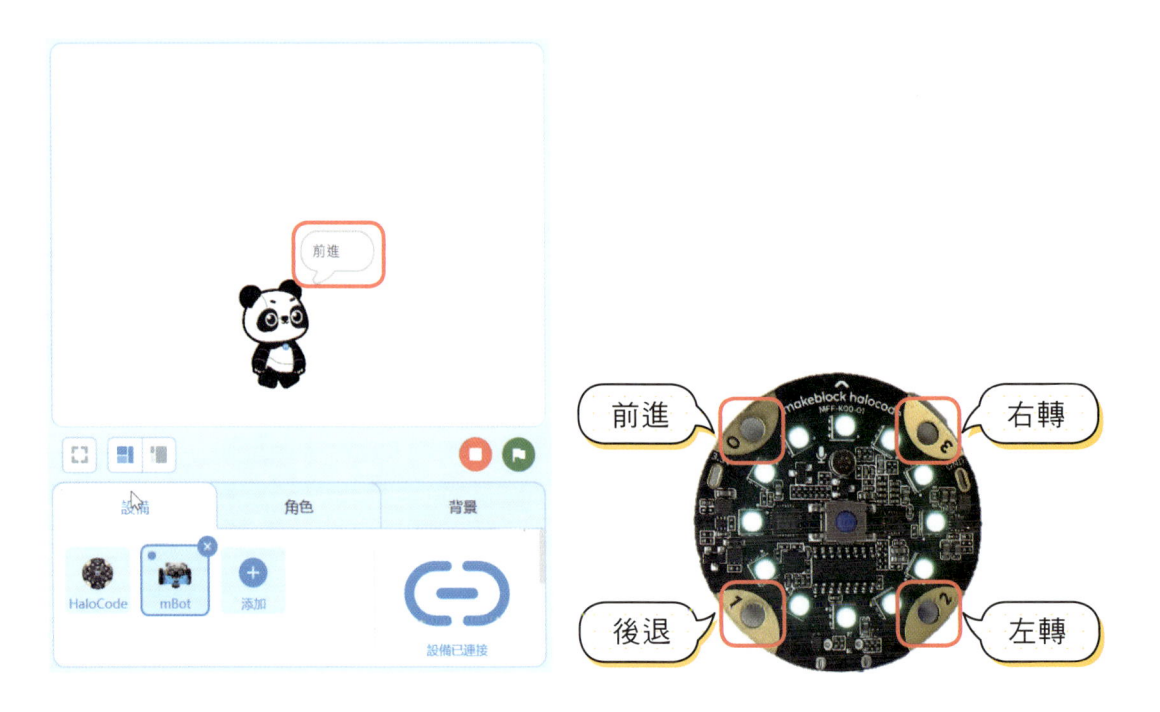

216

Chapter 9　Halocode 遙控 mBot 賽車

9-5　mBot 接收廣播移動

1 在 Halocode，點選 **斷開連接** 結束 Halocode 與 mBlock5 連線。

2 **添加**，點選【mBot】，再按【確認】。

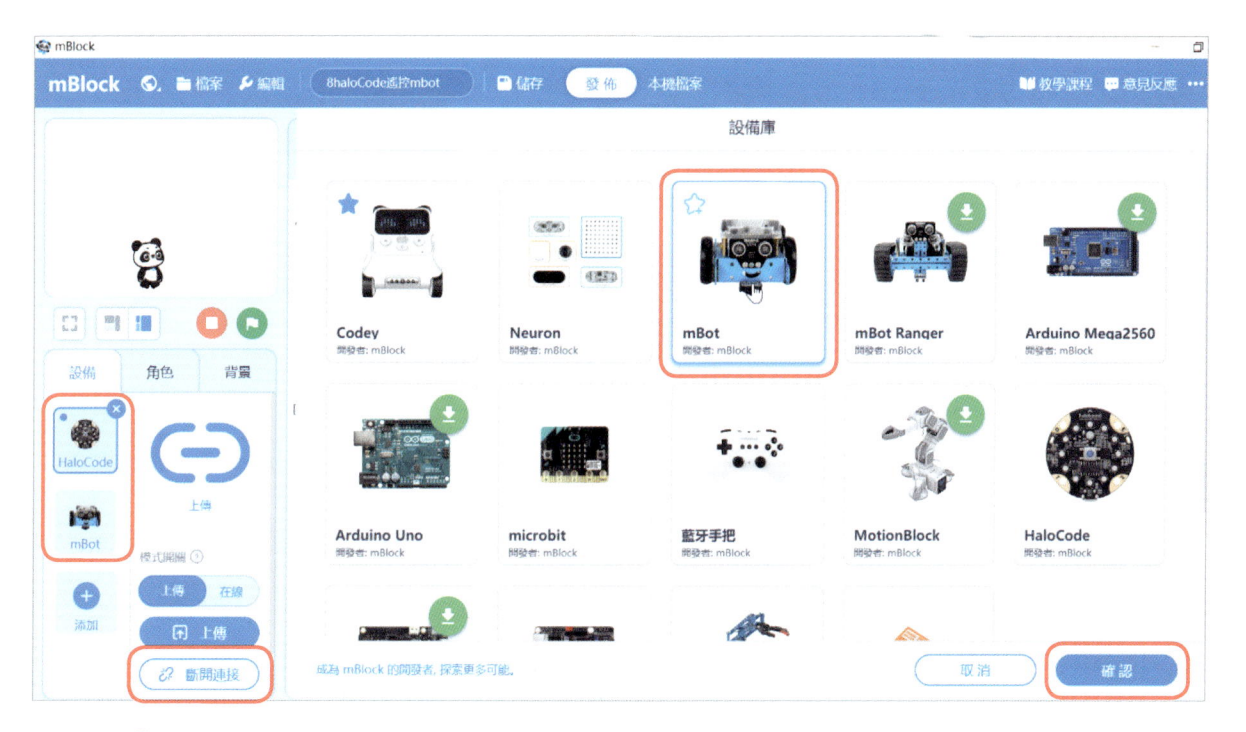

3 點選【mBot】，按【連接】，連接電腦與 mBot，並設定為【即時模式】。

217

4 按 事件 與 運動，拖曳下圖積木，當 mBot 接收到廣播訊息，開始前進、後退、左轉或右轉 1 秒後停止。

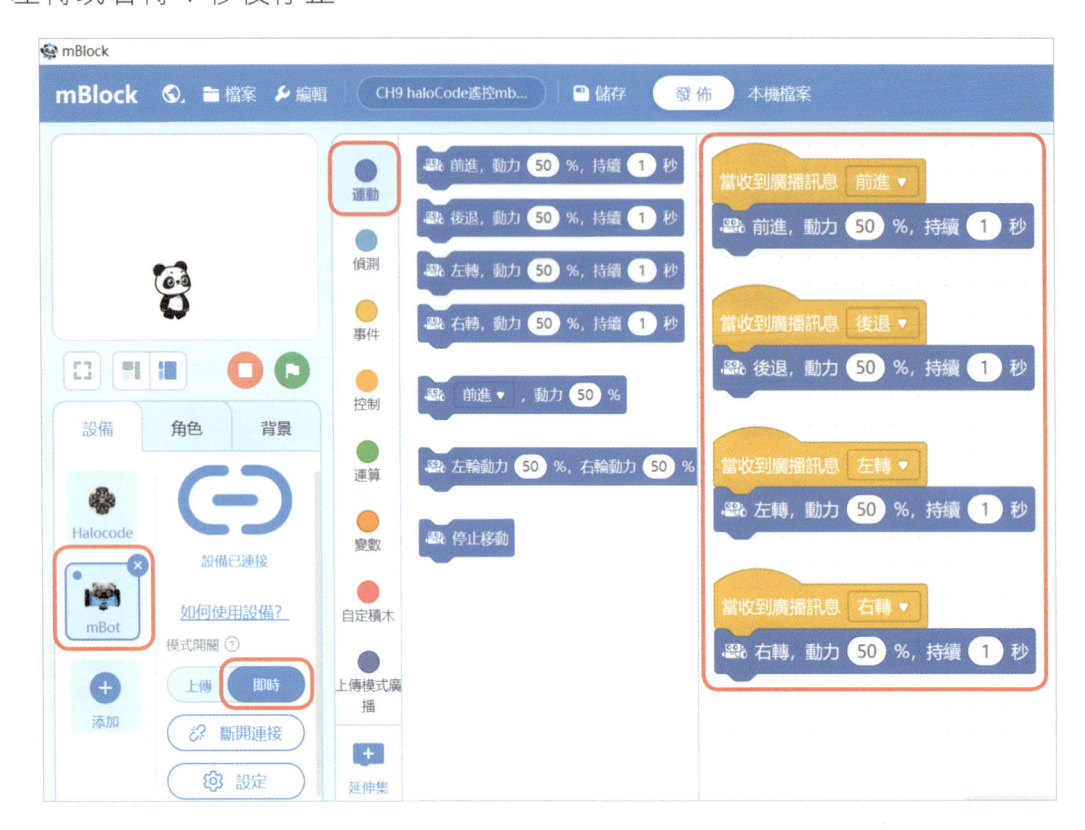

5 將 Halocode 連接電源，並連接無線網路，當 Halocode 顯示綠色 LED 時，觸摸 0，檢查 mBot 是否前進，同時 Panda 說出：「前進」。

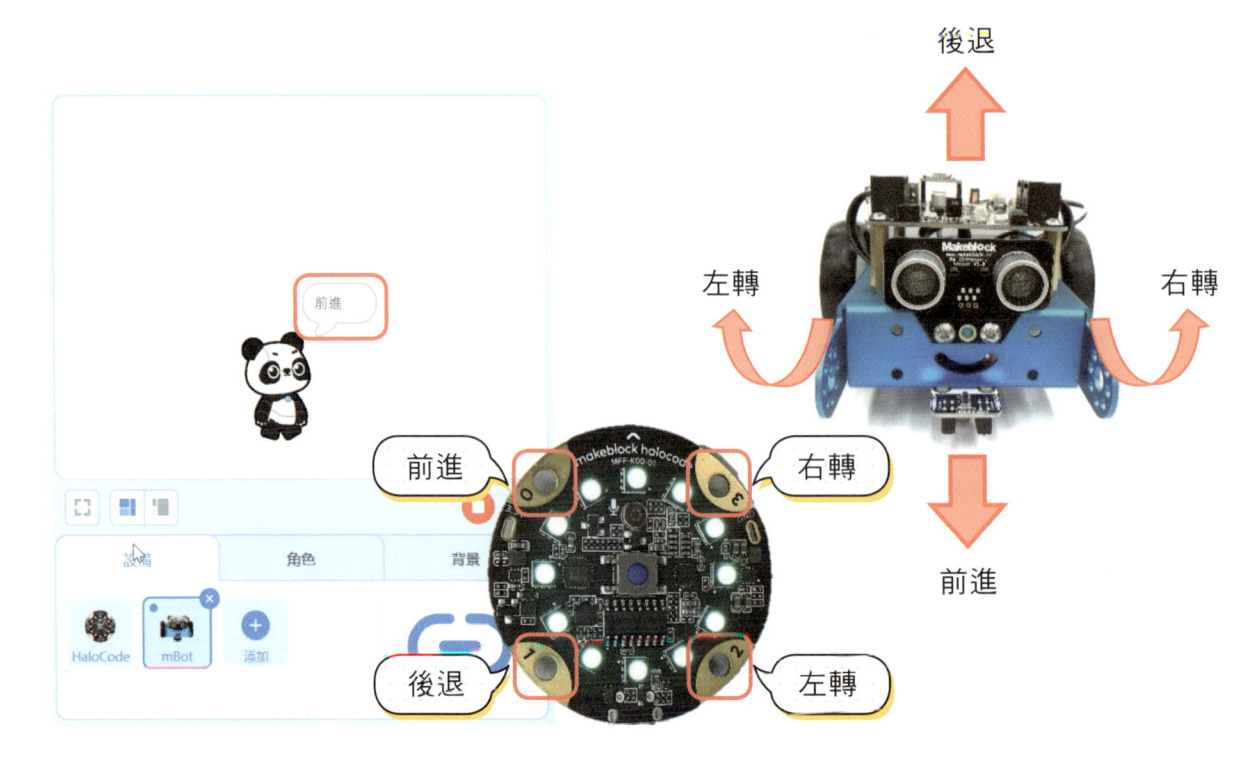

Chapter 9　學習評量

一、選擇題

_____ 1. 如果 Halocode 連接無線網路，傳遞訊息給角色，應該使用下列哪一類積木？

(A)  上傳模式廣播　(B)  上傳模式廣播　(C)  區域網路　(D)  Wi-Fi。

_____ 2. 如果角色要接收 Halocode 以無線網路傳遞的訊息，應該使用下列哪一類積木？

(A)  使用者雲訊息　(B)  上傳模式廣播　(C)  上傳模式廣播　(D)  Wi-Fi。

_____ 3. 如果要設計角色與 Halocode 之間，以無線的方式傳遞訊息，應該使用下列哪一種硬體傳輸？

(A) 區域網路　(B) 無線網路　(C) 藍牙　(D) 以上皆可。

_____ 4. 圖 (一) 程式，應該寫在哪一個位置？
(A) 背景
(B) mBot
(C) Halocode
(D) 角色。

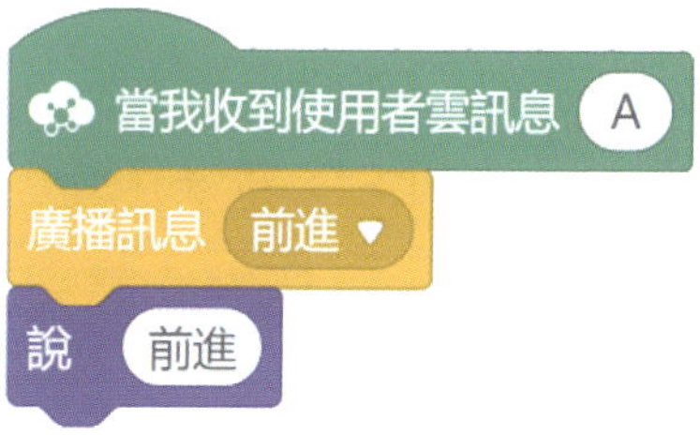

圖 (一)

_____ 5. 關於圖 (二) 程式敘述，何者「正確」？
(A) 當觸摸 Halocode 的 0 觸摸感測器，發送雲訊息 A
(B) 利用上傳模式廣播訊息 A
(C) 利用使用者雲訊息廣播 A
(D) 角色廣播訊息 A。

圖 (二)

_____ 6. 關於圖 (三) 積木敘述，何者「錯誤」？
(A) mBot 前進 1 秒之後停止
(B) Halocode 收到廣播訊息前進
(C) mBot 設定為即時模式
(D) mBot 接收廣播訊息

圖 (三)

219

Chapter 9　學習評量

_____ 7. 下列關於以 Halocode 遙控 mBot 的敘述，何者「正確」？
(A) mBot 設定為即時模式
(B) Halocode 設定為即時模式
(C) mBot 設定為上傳模式
(D) Halocode 上傳程式之後需要保持與電腦的連線。

_____ 8. 如果想設計讓 mBot 前進、後退、左轉或右轉，應該使用下列哪一類積木？
(A) 外觀　　(B) 動作　　(C) 運動　　(D) 偵測。

_____ 9. 如果想設計讓角色發送使用者雲訊息，應該使用下列哪一個積木？
(A)  發送使用者雲訊息 message
(B)  發送上傳模式訊息 message
(C)  在區域網路上廣播 message
(D)  發送使用者雲訊息 message 。

_____ 10. 圖(四)程式中，如果 Halocode 的 LED 亮綠色燈，代表意思為何？
(A) 無線網路連接失敗
(B) 無線網路連接成功
(C) 上傳模式
(D) 即時模式。

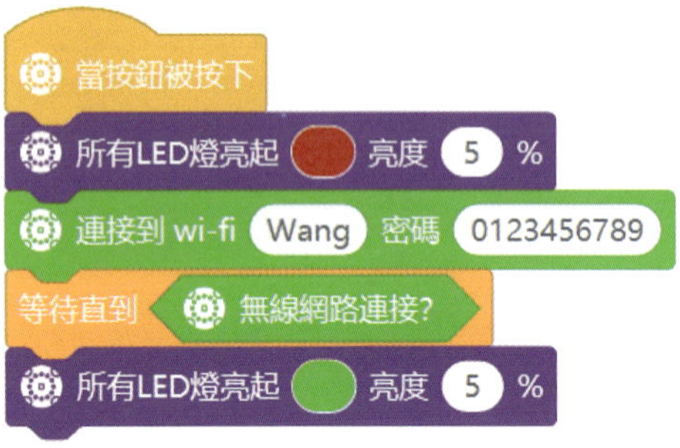

圖(四)

二、實作題

1. 請點選設備 mBot 的 `當接收區域網路 message 廣播時`，利用 Halocode 的觸摸感測器，控制 mBot 的 LED，當觸摸 Halocode 的 0～3 感測器時，發送雲訊息 A～D 給角色。當角色接收到 A～D 的雲訊息時，分別廣播「開」、「關」、「左」、「右」四個訊息。

2. 續接第一題，當 mBot 接收到「開」、「關」、「左」、「右」四個訊息時，分別開啟全部 LED、關閉全部 LED、亮左側 LED、亮右側 LED。

mBot 補給站

百變人工智慧光環板

Halocode（光環板）由童心制物（Makeblock）設計，是一塊直徑 45 公釐（mm），內建藍牙（Bluetooth）與無線（Wi-Fi），能夠無線連接網路的單板電腦。當 Halocode 外接 mBot 或智慧相機時，能夠創造更多人工智慧與物聯網程式設計。

一 Halocode 組成元件

■ Halocode 正面

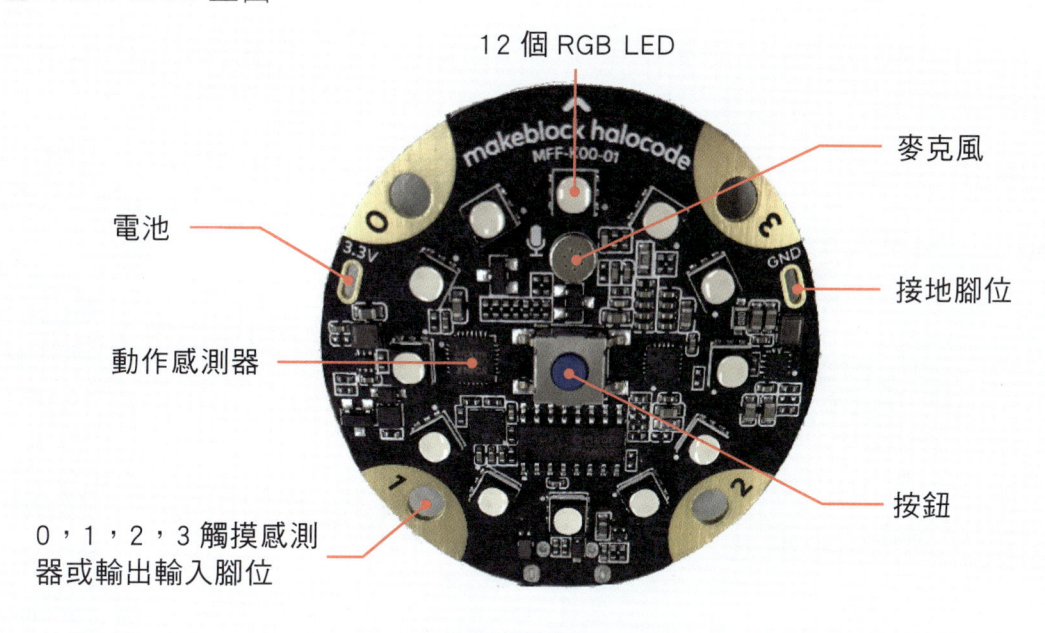

- 12 個 RGB LED
- 麥克風
- 電池
- 接地腳位
- 動作感測器
- 按鈕
- 0，1，2，3 觸摸感測器或輸出輸入腳位

■ Halocode 反面

- ESP32 處理器內建 Wi-Fi 與藍牙
- 擴展元件接口
- 電池接口連接埠
- 擴展板接口
- Micro USB 連接埠

221

mBot 補給站

二 百變人工智慧光環板

Halocode 內建麥克風及 12 個 LED 燈，能夠連接無線網路，以語音控制 LED 播放彩虹等動畫；或者利用麥克風音量控制 LED 亮度，當麥克風聲音愈大聲，LED 愈亮。

1 在「設備」按 添加 ，點選【Halocode】，再按【確認】，並設定為【上傳】模式。

2 點選 Wi-Fi ，拖曳下圖積木，讓 Halocode 連接無線網路，無線網路連接成功之後，進行語音辨識，對著麥克風說：「彩虹」，如果語音辨識結果為彩虹，則 Halocode 點亮彩虹動畫。

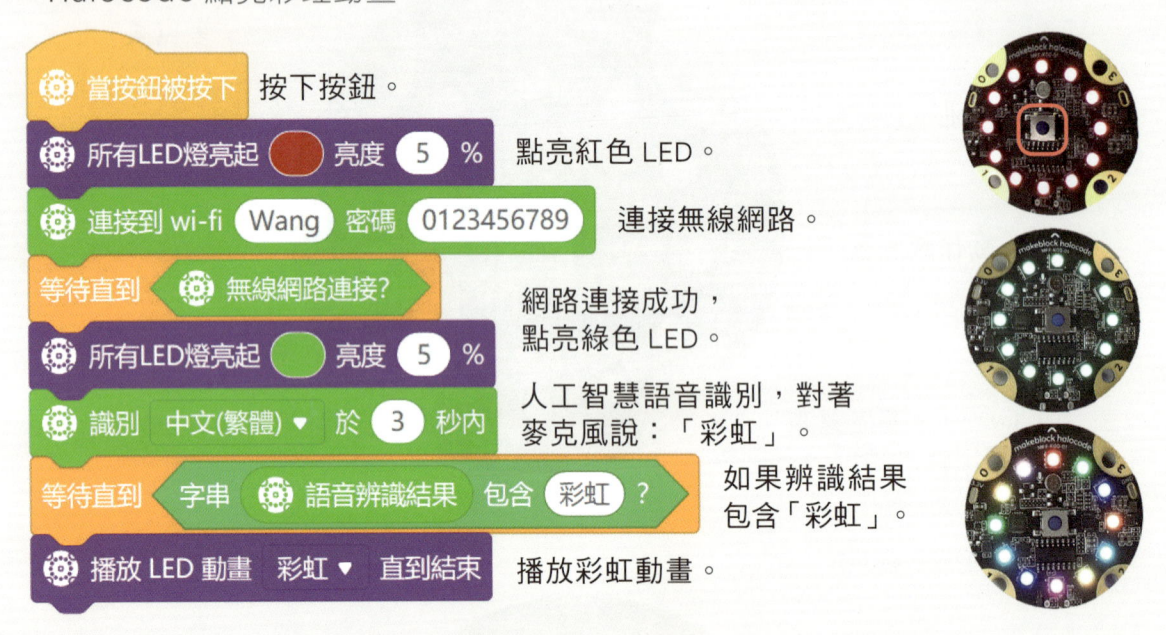

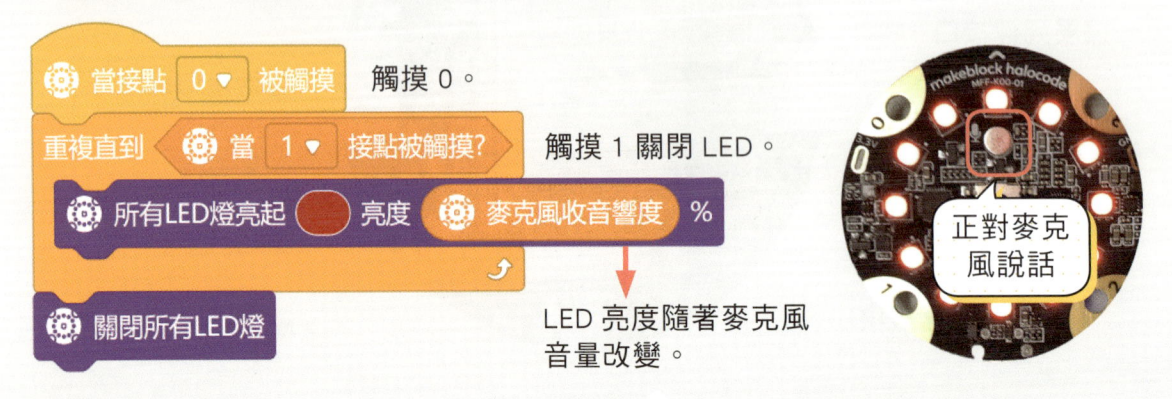

- 當按鈕被按下　按下按鈕。
- 所有LED燈亮起（紅）亮度 5 %　點亮紅色 LED。
- 連接到 wi-fi [Wang] 密碼 [0123456789]　連接無線網路。
- 等待直到 無線網路連接？　網路連接成功，點亮綠色 LED。
- 所有LED燈亮起（綠）亮度 5 %
- 識別 中文(繁體) 於 3 秒內　人工智慧語音識別，對著麥克風說：「彩虹」。
- 等待直到 字串 語音辨識結果 包含 彩虹 ？　如果辨識結果包含「彩虹」。
- 播放 LED 動畫 彩虹 直到結束　播放彩虹動畫。

3 拖曳下圖積木，當觸摸 0 感測器時，對著麥克風說話，音量愈大，LED 愈亮；當觸摸 1 時，關閉 LED 燈。

- 當接點 0 被觸摸　觸摸 0。
- 重複直到 當 1 接點被觸摸？　觸摸 1 關閉 LED。
- 所有LED燈亮起（紅）亮度 麥克風收音響度 %
- 關閉所有LED燈

LED 亮度隨著麥克風音量改變。

正對麥克風說話

MLC 實作題

題目名稱：Halocode 遙控 mBot　　30 mins

題目說明：請利用 Halocode（光環板）連接無線網路（Wi-Fi），以無線方式遙控 mBot 賽車前進、後退、左轉、右轉等動作。

成品圖

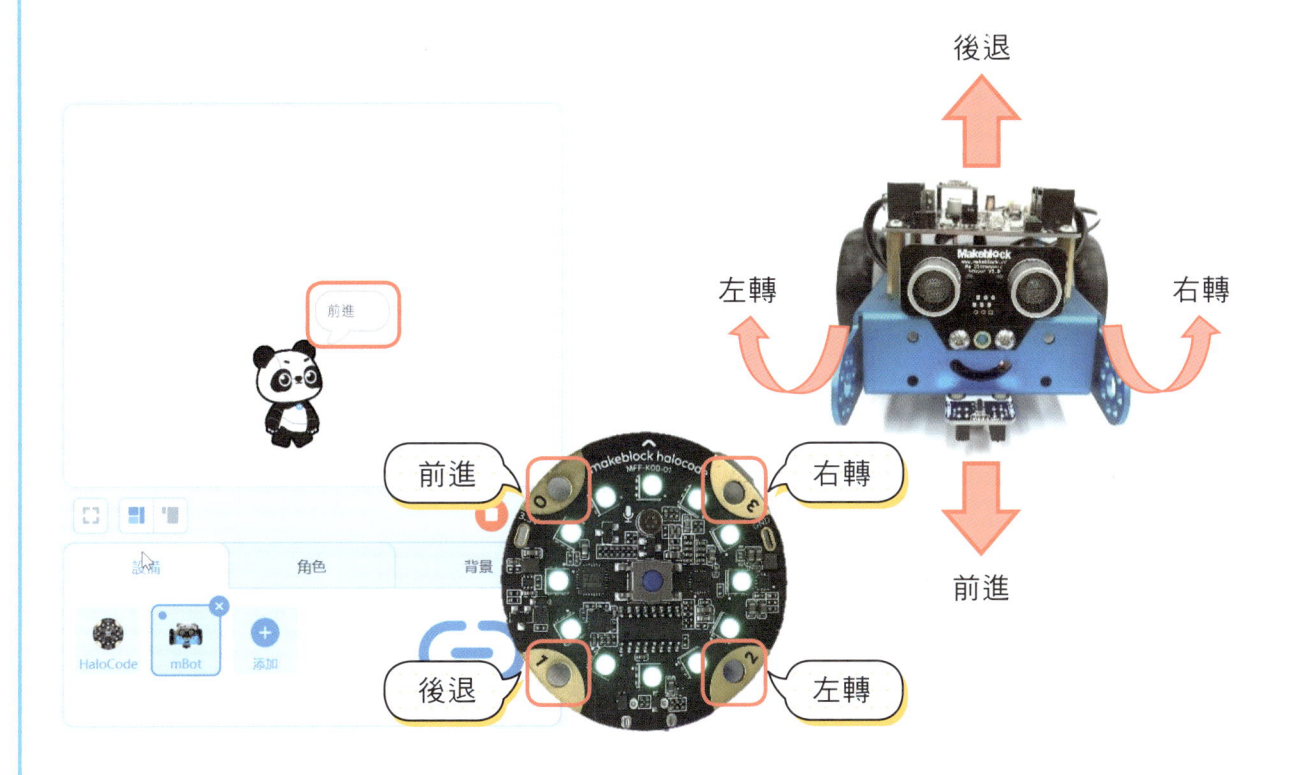

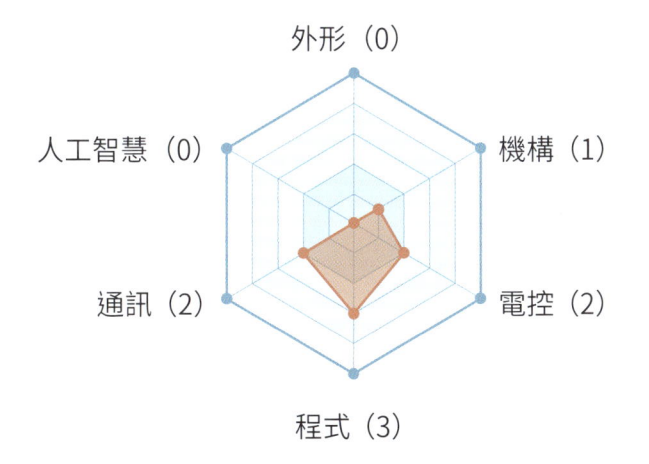

創客指標	
外形	0
機構	1
電控	2
程式	3
通訊	2
人工智慧	0
創客總數	**8**

創客題目編號：A005054

223

MEMO

附錄

本章節次

附錄一 遵行標誌
附錄二 學習評量參考解答

附錄一　遵行標誌

僅准直行

僅准左轉

僅准右轉

僅准左右轉

附錄二　學習評量參考解答

Chapter 1　學習評量

選擇題

1	2	3	4	5	6	7	8	9	10
B	D	C	A	B	C	A	D	B	A

Chapter 2　學習評量

選擇題

1	2	3	4	5	6	7	8	9	10
C	A	B	D	A	B	C	A	D	B

Chapter 3　學習評量

選擇題

1	2	3	4	5	6	7	8	9	10
A	C	D	A	B	C	D	B	B	A

Chapter 4　學習評量

選擇題

1	2	3	4	5	6	7	8	9	10
A	D	D	A	B	C	C	B	B	A

Chapter 5　學習評量

選擇題

1	2	3	4	5	6	7	8	9	10
B	D	A	A	C	D	B	C	A	C

Chapter 6　學習評量

選擇題

1	2	3	4	5	6	7	8	9	10
A	B	D	D	A	B	C	C	D	A

■ Chapter 7　學習評量

選擇題

1	2	3	4	5	6	7	8	9	10
C	A	D	C	B	C	A	B	A	D

■ Chapter 8　學習評量

選擇題

1	2	3	4	5	6	7	8	9	10
C	D	C	A	A	B	D	C	A	B

■ Chapter 9　學習評量

選擇題

1	2	3	4	5	6	7	8	9	10
D	A	B	D	A	B	A	C	D	B

實作題解答請至台科大圖書網站（http://tkdbooks.com/）圖書專區下載；或可直接於台科大圖書網站首頁，搜尋本書相關字（書號、書名、作者），進行書籍搜尋，搜尋該書後，即可下載實作題解答內容。

MEMO

mBot 輪型機器人 V1.1（藍色藍牙版）

產品編號：5001001
建議售價：$3,135

mBot 是基於 Arduino 平台的程式教育機器人，支援藍牙或者 2.4G 無線通訊，具有手機遙控、自動避障和循跡前進等功能，搭配 Scratch(mBlock) 採用直覺式圖形控制介面，只要會用滑鼠，就能學會寫程式！！

自動避障
可偵測前方障礙物距離，完成避障任務。

循跡前進
可沿著地面上的線段行駛前進。

主要元件標示：RGB LED、RJ25 接頭、藍牙模組、蜂鳴器、紅外線接收器、光線感應器、紅外線發射器、按鈕、馬達接頭

擴展 AI 人工智慧

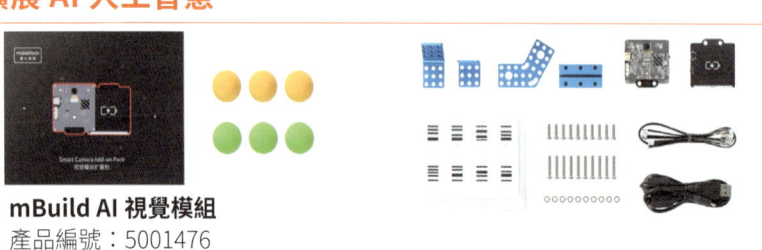

mBuild AI 視覺模組
產品編號：5001476
建議售價：$2,950

Maker 指定教材

用主題範例學運算思維與程式設計 -
使用 mBot 機器人與 Scratch3.0(mBlock5)
含 AIoT 應用專題（範例素材 download）
書號：PN076
作者：王麗君
建議售價：$350

快速組裝 只需要一把螺絲起子，搭配金屬積木與電控模組，快速組裝出可愛 mBot。

零件清單

鋁合金底盤	mCore 主控板	塑膠滾輪	塑膠輪胎	直流馬達
超音波模組	藍牙模組	循跡模組	紅外線遙控器	電池盒
螺絲起子	螺絲包	USB 線	鋰電池	循跡場地圖

創客教育擴展系列

mBot 六足機器人擴展包
產品編號：5001011
建議售價：$890

mBot 伺服機支架擴展包
產品編號：5001012
建議售價：$890

mBot 聲光互動擴展包
產品編號：5001013
建議售價：$890

表情面板 (LED 陣列 8×16)
產品編號：5001102
建議售價：$410

※ 價格・規格僅供參考 依實際報價為準

JYiC.net 勁園國際股份有限公司 www.jyic.net

諮詢專線：02-2908-5945 或洽轄區業務
歡迎辦理師資研習課程

Makeblock Halocode 光環板

產品編號：5001551
建議售價：$660

特色：
1. 內置的 Wi-Fi 模組，具備無線聯網功能，並搭載 Mesh 組網的功能，可以實現多塊板間聯網通訊運用，而不需透過路由器。
2. 內置麥克風，結合慧編程 (mBlock5) 搭載的微軟雲服務 (Azure)、Google 機器人深度學習 (Deep Learning) 等技術，可以實現語音辨識等相關的應用。
3. 搭載 4M 的記憶體和雙核處理器，讓這塊僅有 45mm 的程式設計開發板具備性能強勁的計算處理能力，具備真正的多執行緒功能，簡單幾個程序即可同時執行多個動作。
4. 既可以用 Micro USB 線連接電腦，又可以配合藍牙適配器實現無線燒錄。

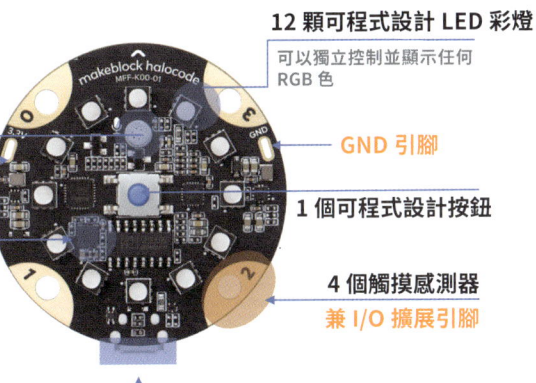

1 個麥克風
檢測音量大小，結合 Wi-Fi 功能可將語音資料上傳雲端，實現語音辨識等功能

12 顆可程式設計 LED 彩燈
可以獨立控制並顯示任何 RGB 色

ESP32 晶片 Wi-Fi、藍牙
- 支援 WiFi 連接互聯網，可創作物聯網作品
- 支援藍牙無線連接和無線上傳程式

3.3v 引腳

GND 引腳

1 個動作感測器
能夠檢測傾斜、姿態及運動加速度，製作可穿戴作品等

1 個可程式設計按鈕

電子模組擴展介面

電池介面

4 個觸摸感測器
兼 I/O 擴展引腳

擴展板介面

MicroUSB 介面
連接電腦，上傳程式

45mm
適合大班教學硬幣大小的尺寸，完美適配課堂管理和教學使用

Maker 指定教材

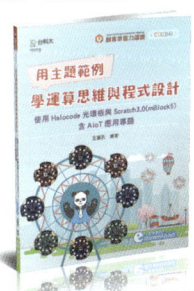

輕課程 用主題範例學運算思維與程式設計 - 使用 Halocode 光環板與 Scratch3.0(mBlock5) 含 AIoT 應用專題（範例素材 download）
書號：PN078　作者：王麗君
建議售價：$320

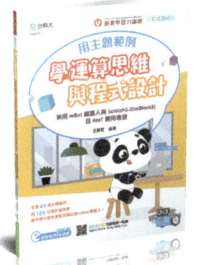

用主題範例學運算思維與程式設計 - 使用 mBot 機器人與 Scratch3.0(mBlock5) 含 AIoT 應用專題（範例素材 download）
書號：PN076
作者：王麗君
建議售價：$350

加購
Micro USB 數據線（線長 90CM）
產品編號：0197014　建議售價：$100

Makeblock 藍牙適配器
產品編號：5001465　建議售價：$600

產品規格比較		Makeblock Halocode 光環板	BBC micro:bit
搭配編程軟體		mBlock5 (Scratch3.0)：可一鍵轉 Python 或直接使用 Python 編輯器。	MakeCode Blocks、Python
處理器	晶片	ESP32 (Xtensa 雙核處理器)	ARM (Cortex-M0 單核處理器)
	主頻	240Mhz	16Mhz
板載記憶體	Flash ROM	440K	256K
	RAM	520K	16K
擴充記憶體	存儲（SPI Flash）	4MB	—
	記憶體（PSRAM）	4MB	—
板載元件	電控模組	麥克風 ×1、RGB LED ×12、動作感測器（加速度計和陀螺儀）×1、按鈕 ×1、觸摸感測器（通用 I/O 埠）×4	單色 LED ×25、動作感測器（加速度計和電子羅盤）×1、按鈕 ×2、觸摸感測器（通用 I/O 埠）×3
	通訊模組	Micro USB 接頭	Micro USB 接頭
		藍牙、Wi-Fi（雙模式，支援 Mesh 組網）	藍牙、2.4G

※ 價格・規格僅供參考　依實際報價為準

勁園國際股份有限公司 www.jyic.net

諮詢專線：02-2908-5945 或洽轄區業務
歡迎辦理師資研習課程

Maker Learning Credential Certification
創客學習力認證

創客學習力認證精神

以創客指標 6 向度：外形（專業）、機構、電控、程式、通訊、AI 難易度變化進行命題，以培養學生邏輯思考與動手做的學習能力，認證強調有沒有實際動手做的精神。

MLC 創客學習力證書，累積學習歷程

學員每次實作，經由創客師核可，可獲得單張證書，多次實作可以累積成歷程證書。藉由證書可以展現學習歷程，並能透過雷達圖及數據值呈現學習成果。

創客師 核發 **創客學習力認證** → **學員**

學員收穫：
1. 讓學習有目標
2. 診斷學習成果
3. 累積學習歷程

單張證書

歷程證書
正面
反面

雷達圖診斷
1. 興趣所在與職探方向
2. 不足之處

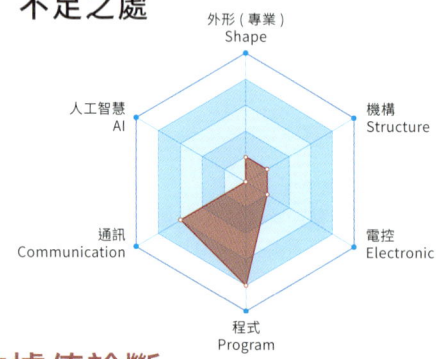

- 外形（專業）Shape
- 機構 Structure
- 電控 Electronic
- 程式 Program
- 通訊 Communication
- 人工智慧 AI

數據值診斷
1. 學習能量累積
2. 多元性（廣度）學習或專注性（深度）學習

9 — 1 — 1
創客指標總數 — 創客項目數 — 實作次數

---

iPOE 國際學院

諮詢專線：02-2908-5945 # 132
聯絡信箱：pacme@jyic.net

書　　　名	用主題範例學運算思維與程式設計 - 使用mBot機器人與Scratch3.0(mBlock5)含AIoT應用專題(範例素材download)
書　　　號	PN076
版　　　次	109年9月初版
編　著　者	王麗君
總　編　輯	張忠成
責　任　編　輯	稀奇文創　吳祈軒
校　對　次　數	8次
版　面　構　成	陳依婷
封　面　設　計	陳依婷
出　版　者	台科大圖書股份有限公司
門　市　地　址	24257新北市新莊區中正路649-8號8樓
電　　　話	02-2908-0313
傳　　　真	02-2908-0112
網　　　址	tkdbooks.com
電　子　郵　件	service@jyic.net
版　權　宣　告	**有著作權　侵害必究** 本書受著作權法保護。未經本公司事前書面授權，不得以任何方式（包括儲存於資料庫或任何存取系統內）作全部或局部之翻印、仿製或轉載。 書內圖片、資料的來源已盡查明之責，若有疏漏致著作權遭侵犯，我們在此致歉，並請有關人士致函本公司，我們將作出適當的修訂和安排。
郵　購　帳　號	19133960
戶　　　名	台科大圖書股份有限公司
	※郵撥訂購未滿1500元者，請付郵資，本島地區100元 / 外島地區200元
客　服　專　線	0800-000-599

國家圖書館出版品預行編目(CIP)資料

用主題範例學運算思維與程式設計：
使用mBot機器人與Scratch3.0(mBlock5)含AIoT
應用專題(範例素材download) /王麗君 編著
-- 初版. -- 新北市：台科大圖書, 2020.09
　　　　面；　公分
ISBN 978-986-523-089-0（平裝）
1.微電腦　2.電腦程式設計
471.516　　　　　　　　109012160

網路購書
PChome商店街
JY國際學院

博客來網路書店
台科大圖書專區

各服務中心
總　公　司　02-2908-5945　　台中服務中心　04-2263-5882
台北服務中心　02-2908-5945　　高雄服務中心　07-555-7947

線上讀者回函
歡迎給予鼓勵及建議
tkdbooks.com/PN076